■ 大学数学应用型本科教材

概率论与数理统计

（第二版）

GAILüLUN YU SHULI TONGJI

主　编 / 王国政　秦春艳
副主编 / 张媛媛　毕晓芳　曾　燕

U0279927

重庆大学出版社

内容提要

本书内容共分为 8 章，第 1 至 4 章介绍概率论的基本知识，包括随机事件与概率、随机变量及其分布、随机变量的数字特征、大数定律及中心极限定理等内容；第 5 至 8 章介绍数理统计的基本知识，包括数理统计的基本概念、参数估计、假设检验、回归分析等内容.

本书注重基本概念的阐释，略去了一些较复杂定理的证明，选取了许多应用性例题与习题，力求做到简明、实用、可操作；二维码链接提供了许多课程思政元素、数学和数学家史料及 WPS 电子表格或 Excel 操作命令. 书末附有习题参考答案，方便读者学习.

本书可作为一般本科院校学生的学习用书，也可作为从事概率与统计工作有关人员的参考用书.

图书在版编目（CIP）数据

概率论与数理统计/王国政，秦春艳主编. --2 版. --重庆：重庆大学出版社，2023.7（2024.7 重印）

ISBN 978-7-5624-8721-0

Ⅰ.①概… Ⅱ.①王…②秦… Ⅲ.①概率论②数理统计 Ⅳ.①O21

中国国家版本馆 CIP 数据核字（2023）第 099025 号

概率论与数理统计

GAILÜLUN YU SHULI TONGJI

（第二版）

主　编：王国政　秦春艳

副主编：张媛媛　毕晓芳　曾　燕

责任编辑：陈　力　　版式设计：陈　力

责任校对：谢　芳　　责任印制：邱　瑶

*

重庆大学出版社出版发行

出版人：陈晓阳

社址：重庆市沙坪坝区大学城西路 21 号

邮编：401331

电话：（023）88617190　88617185（中小学）

传真：（023）88617186　88617166

网址：http://www.cqup.com.cn

邮箱：fxk@cqup.com.cn（营销中心）

全国新华书店经销

重庆升光电力印务有限公司印刷

*

开本：787mm×1092mm　1/16　印张：12.5　字数：328 千

2015 年 2 月第 1 版　2023 年 7 月第 2 版　2024 年 7 月第 22 次印刷

ISBN 978-7-5624-8721-0　　定价：49.00 元

本书如有印刷、装订等质量问题，本社负责调换

版权所有，请勿擅自翻印和用本书

制作各类出版物及配套用书，违者必究

前　言

概率论与数理统计是一门研究与探索随机现象统计规律性的科学,它在自然科学和社会科学的许多领域中得到了广泛的应用;并且在金融、保险、经济与企业管理等方面都发挥了重要的作用.

为适应一般本科院校学生的知识基础和实用性要求,本教材在系统阐述概率论与数理统计的基本概念、基本思想与基本方法的基础上,本着简明实用的原则,删减了一些较复杂的内容,注重概念的引入与讲授,省略了许多定理的证明推导,精选了较多应用性例题、习题.通过二维码链接方式,增加了不少课程思政内容,以及介绍了一些数学史料及数学家.在拓展课程知识的同时,结合相关的 WPS 电子表格或 Excel 命令操作,对部分传统内容进行了改写,弱化了查表计算.

本书在编写过程中参阅了不少优秀的教材及文献资料,谨向这些教材及文献资料的编者或作者及出版单位致以诚挚的感谢!为了使用简便,本书中所有软件命令都基于 WPS 电子表格或 Excel 2013 完成.由于编者水平所限,对于书中不当及错漏之处,恳请专家、同行及读者不吝赐教.

编　者

2023 年 3 月

目　录

第 1 章　随机事件与概率

1.1 随机现象与随机试验

概率论简介

一、随机现象

什么是随机现象呢？当人们观察自然界和人类社会时，会发现存在着两类不同的现象.其中一类现象，如在没有外力作用的条件下，做匀速直线运动的物体必然继续做匀速直线运动；在 1 个标准大气压下，水加热到 100 ℃时必然会沸腾等，这些现象均是在一定条件下必然会发生的现象.反之，也有很多在一定条件下，必然不会发生的现象，这两种现象的实质是相同的，即其发生与否完全取决于它所依存的条件，可以根据其所依存的条件来准确地判定其发生与否.故称这类现象为确定性现象，其广泛地存在于自然现象和社会现象中，概率论以外的数学分支研究的正是确定性现象的数量规律.

另一类现象却与确定性现象有着本质的不同，如用同一仪器多次测量同一物体的质量，所得结果总是略有差异，其原因是大气对测量仪器的影响、观察者生理或心理上的变化等偶然因素的影响.又如，同一门炮向同一目标发射多发同一类型炮弹，弹落点也不一样，从某生产线上用同一种工艺生产出来的灯泡的寿命会有差异等，这些现象有一个共同的特点，即在基本条件不变的情况下，一系列试验或观察会得到不同的结果.换言之，就一次试验或观察而言，它会时而出现这种结果，时而出现那种结果，呈现出一种偶然性.这类现象被称为随机现象.对于随机现象，只讨论它可能出现什么结果，意义不大，而指出各种结果出现的可能性的大小往往更有价值.因此就需要对随机现象进行定量研究，概率论正是研究随机现象数量规律的一门数学学科.

二、随机试验

在概率论中,为叙述方便,人们将对随机现象进行的观察或科学试验统称为试验.用字母 E 表示.

如果在相同条件下重复进行试验,每次试验的可能结果不止一个,并且能事先明确试验的所有可能结果,但在每次试验之前不能确定哪一个结果会出现,则称这样的试验为一个随机试验.

例 1.1 观察下列几个试验:

①投掷一枚骰子,观察出现的点数(即朝上那一面的点数).

②在一批产品中,任取一件,考察其是正品,还是次品.

③投掷两枚质地均匀的硬币,观察它们出现正面和反面的次数.

④记录电话交换台 1 分钟内接到的呼叫次数.

⑤从一批灯泡中,任取一只,测试其寿命.

可以看到,它们都是随机试验,这些试验的结果都是可以观测的.通常将随机试验简称为试验,并通过随机试验来研究随机现象.

1.2 随机事件

一、样本空间

对于随机试验而言,人们感兴趣的是试验的结果,将试验 E 的每一种可能结果称为基本事件,或称为样本点,所有样本点或基本事件组成的集合称为试验 E 的样本空间,记为 Ω.在具体问题中,给定样本空间是描述随机现象的第一步.

例如,在抛掷一枚硬币的试验中,有两个可能结果,即出现正面或出现反面,分别用“正面”“反面”表示,因此这个随机试验中有两个基本事件,这个试验的样本空间是由这两个基本事件组成的集合,即 $\Omega=\{$正面、反面$\}$.

例 1.2 写出例 1.1 中随机试验的样本空间.

①投掷一枚骰子,出现的点数可能是 1,2,3,4,5,6 中的任何一种情况,因此样本空间记为:$\Omega=\{1,2,3,5,4,6\}$.

②在一批产品中,任取一件,其结果可能是正品,也可能是次品,因此样本空间记为: $\Omega=\{$正品,次品$\}$.

③投掷两枚质地均匀的硬币,它们可能出现的结果为:两次都为正面;两次都为反面;第一次出现正面且第二次出现反面;第一次出现反面且第二次出现正面,因此样本空间记为:

$\Omega=\{$(正面、正面),(正面,反面),(反面,正面),(反面,反面)$\}$.

以上 3 个样本空间中只有有限个样本点,是比较简单的样本空间.

④电话交换台接到的呼叫次数的可能结果一定是非负整数,而且很难(实际上也没有必要)指定一个数作为它的上限,因此,可以把样本空间取为 $\Omega=\{0,1,2,\cdots\}$.这个样本空间有无穷多个样本点,但这些样本点可以按照某种次序一个一个地排列出来,人们称其样本点数是可列的.

⑤从一批灯泡中任取一只,灯泡的寿命 t 肯定不能取负值,样本空间可记为:$\Omega=\{t|t\geqslant 0\}$ 或 $\Omega=[0,+\infty)$.这个样本空间包含有无穷多个样本点,它们充满一个区间,人们称其样本点数是不可列的.

事实上,随着问题的不同,样本空间既可以相当简单,也可以相当复杂.对于一个实际问题或一个随机现象,如何用一个恰当的样本空间来进行描述也不是一件易事.在概率论的研究中,一般都认为样本空间是给定的,这是必要的抽象.这种抽象使我们能够更好地把握随机现象的本质,而且得到的结果能够更广泛地应用.通常,一个样本空间可以用来描述各种实际内容大不相同的问题,如只包含两个样本点的样本空间既能作为投掷硬币出现“正面”与“反面”的模型,也能用于产品检验中“正品”与“次品”,又能用于气象中“下雨”及“不下雨”,以及公共服务的排队现象中“有人排队”与“无人排队”等.尽管问题的实际内容如此不同,但都能归结为相同的概率模型.

二、随机事件

随机试验中,有可能发生也可能不发生的结果,人们称其为**随机事件**,简称为**事件**,常用大写字母 $A,B,C,\cdots$ 表示.若 A 表示投掷一枚骰子出现 1 点这一事件,人们通常记为 $A=$“投掷一枚骰子出现 1 点”.

随机事件也是样本空间的子集,样本空间中每一个样本点称为**基本事件**.在每次试验中,一定出现的事件称为**必然事件**,记为 Ω;一定不可能出现的事件称为**不可能事件**,记为 $\varnothing$.如掷一枚骰子的试验,掷出点数为 7 点就是不可能事件.必然事件与不可能事件都具有确定性,它们不是随机事件,但是为了今后讨论方便,人们可以把它们看作一类特殊的随机事件.

例 1.3 在投掷一枚骰子的试验中,若记事件 A="出现的点数为偶数",B="出现的点数小于 5",C="出现的点数为小于 5 的奇数",D="出现的点数大于 6",则 A,B,C,D 都是随机事件,也可表示为:$A=\{2,4,6\}$,$B=\{1,2,3,4\}$,$C=\{1,3\}$,D 为不可能事件,即 $D=\varnothing$.

在这个试验中,记事件 A_n="出现 n 点",$n=1,2,3,4,5,6$.显然,$A_1,A_2,\cdots,A_6$ 都是基本事件.

三、事件间的关系及运算

在一个样本空间中可以定义很多个随机事件,这些事件中,有的比较简单,有的则比较复杂,但是事件与事件之间往往有一定的关系.因此,通过分析事件之间的关系,不仅能让人们更深刻地认识事件的本质,也可以大大地简化一些复杂事件的概率计算.

由例 1.3 可知,事件是样本点的集合,因此事件间的关系与运算可以按照集合与集合之间的关系与运算来处理.

下面假设试验 E 的样本空间为 Ω,$A,B,A_1,A_2,\cdots,A_n$ 分别是 E 的事件.

1.事件的包含与相等

如果事件 A 发生必然导致事件 B 的发生,则称事件 B 包含事件 A,也称事件 A 包含于事件 B,记为 $A\subset B$(或 $B\supset A$).

如例 1.3 中 $\{1,3\}\subset\{1,2,3,4\}$,即事件 $C\subset B$,所以 C 是 B 的子事件,事件 B 包含事件 C.

如果事件 A 包含事件 B,同时事件 B 也包含事件 A,即 $B\subset A$ 且 $A\subset B$,则称事件 A 与事件 B 相等,或称 A 与 B 等价,记为$A=B$.

若 $A\subset B$,则事件 A 中每一个样本点必包含在事件 B 中.对任一事件 A,总有$\varnothing\subset A\subset\Omega$.

2.事件的和(并)

事件 A 与事件 B 中至少有一个发生的事件,称为事件 A 与事件 B 的和事件,也称为事件 A 与事件 B 的并,记作 $A\cup B$ 或 $A+B$.即

$$A\cup B=\{A\text{ 发生或 }B\text{ 发生}\}=\{A,B\text{ 中至少有一个发生}\}$$

事件 A、B 的和是由 A 与 B 的样本点合并而成的事件.

如例 1.3 中 $A=\{2,4,6\}$,$B=\{1,2,3,4\}$,则 $A\cup B=\{1,2,3,4,6\}$.

类似地,n 个事件的和为 $A_1 \cup A_2 \cup \cdots \cup A_n$,或记为$\bigcup\limits_{k=1}^{n} A_k$.

3.事件的积(交)

事件 A 与事件 B 同时发生的事件,称为事件 A 与事件 B 的积事件,也称为事件 A 与事件 B 的交,记作 $A \cap B$ 或 AB.即

$$A \cap B = \{A \text{ 发生且 } B \text{ 发生}\} = \{A, B \text{ 同时发生}\}$$

事件 A 与 B 的积是由 A 与 B 的公共样本点所构成的事件.

如例 1.3 中 $A=\{2,4,6\}$,$B=\{1,2,3,4\}$,则 $A \cap B=\{2,4\}$.

类似地,n 个事件的积为 $A_1 \cap A_2 \cap \cdots \cap A_n$,或记为$\bigcap\limits_{k=1}^{n} A_k$.

4.事件的差

事件 A 发生而事件 B 不发生的事件,称为事件 A 关于事件 B 的差事件,记为 $A-B$.即 $A-B=\{A \text{ 发生而 } B \text{ 不发生}\}$.

事件 A 关于 B 的差是由属于 A 且不属于 B 的样本点所构成的事件.

如例 1.3 中 $A=\{2,4,6\}$,$B=\{1,2,3,4\}$,则 $A-B=\{6\}$,$B-A=\{1,3\}$

5.互不相容事件

如果事件 A 与事件 B 不能同时发生,即 $A \cap B=\varnothing$,则称事件 A 与事件 B 互不相容,或称事件 A 与事件 B 互斥.

如例 1.3 中 $A=\{2,4,6\}$,$C=\{1,3\}$,则 A,C 是互不相容的.

对 n 个事件 $A_1, A_2, \cdots, A_n$,它们两两互不相容是指这 n 个事件中任意两个都有 $A_iA_j=\varnothing$,$i \neq j$,$i,j=1,2,\cdots,n$.

对可列个事件 $A_1, A_2, \cdots, A_n, \cdots$,它们两两互不相容是指任意两个事件都有 $A_iA_j=\varnothing$,$i \neq j$,$i,j=1,2,\cdots$.

显然,随机试验中基本事件都是两两互不相容的.

6.对立事件

试验中"A 不发生"这一事件称为 A 的对立事件或 A 的逆事件,记为 $\overline{A}$.

上述定义意味着在一次试验中,A 发生则 $\overline{A}$ 必不发生,而 $\overline{A}$ 发生则 A 必不发生,因此 A 与 $\overline{A}$ 满足关系

$$A \cup \overline{A} = \Omega, A\overline{A} = \varnothing$$

如例 1.3 中 $A=\{2,4,6\}$,$B=\{1,2,3,4\}$,则 $\overline{A}=\{1,3,5\}$,$\overline{B}=\{5,6\}$.又如"至少发生一次事故"与"没有发生事故"互为对立事件.

由定义可知,两个对立事件一定是互不相容事件;但是,两个互不相容事件不一定为对立事件.

如例 1.3 中 $A=\{2,4,6\}$，$C=\{1,3\}$，则 $AC=\varnothing$，故 A，C 互不相容.但是 $A\cup C=\{1,2,3,4,6\}\neq\Omega$，故 A，C 不是对立事件.

7.完备事件组

如果 n 个事件 $A_1,A_2,\cdots,A_n$ 互不相容，并且它们的和为必然事件（或样本空间），则称 n 个事件 $A_1,A_2,\cdots,A_n$ 构成一个完备事件组.

即如果事件 $A_1,A_2,\cdots,A_n$ 为完备事件组，则必须满足如下两个条件：

约翰·维恩

(1) $A_1\cup A_2\cup\cdots\cup A_n=\Omega$；

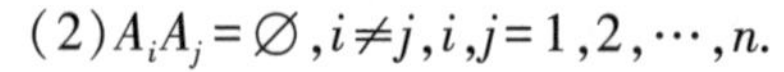

(2) $A_iA_j=\varnothing$，$i\neq j$，$i,j=1,2,\cdots,n$.

显然，$\{A,\overline{A}\}$ 就构成一个完备事件组.

事件间的关系与运算可用维恩（Venn）图（图 1.1）直观地表示.图中方框表示样本空间 Ω，圆 A 和圆 B 分别表示事件 A 和事件 B.

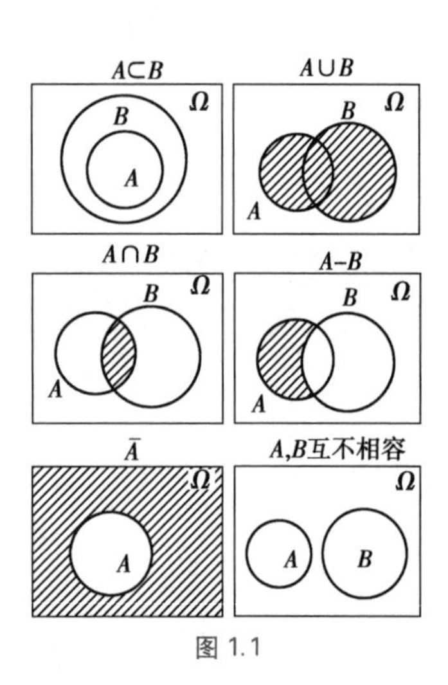

图 1.1

不难验证事件的运算满足如下关系：

1.交换律

$$A\cup B=B\cup A$$

2.结合律

$$(A\cup B)\cup C=A\cup(B\cup C)$$

$$(A\cap B)\cap C=A\cap(B\cap C)$$

3.分配律

$$(A\cup B)\cap C=(A\cap C)\cup(B\cap C)$$

$$(A\cap B)\cup C=(A\cup C)\cap(B\cup C)$$

4.对偶公式（De Morgan 定理）

$$\overline{A\cup B}=\overline{A}\cap\overline{B}$$

$$\overline{A\cap B}=\overline{A}\cup\overline{B}$$

对偶公式还可以推广到多个事件的情况.一般地，对 n 个事件 $A_1,A_2,\cdots,A_n$ 有：

$$\overline{A_1\cup A_2\cup\cdots\cup A_n}=\overline{A_1}\cap\overline{A_2}\cap\cdots\cap\overline{A_n}$$

$$\overline{A_1\cap A_2\cap\cdots\cap A_n}=\overline{A_1}\cup\overline{A_2}\cup\cdots\cup\overline{A_n}$$

对偶公式表明，“至少有一个事件发生”的对立事件是“所有事件都不发生”，“所有事件都发生”的对立事件是“至少有一个事件不发生”.

例 1.4　某人连续 3 次购买体育彩票，每次一张.令 A，B，C 分别表示其第一、二、三次所买的彩票中奖的事件.试用 A，B，C 及其运算表示下列事件：

①第三次未中奖.

②只有第三次中了奖.

③恰有一次中奖.

④至少有一次中奖.

⑤不止一次中奖.

⑥至多中奖两次.

解　①显然“第三次中奖”的对立事件为“第三次未中奖”，表示为 $\overline{C}$.

②“只有第三次中了奖”意味着前两次都没有中奖，表示为 $\overline{A}\,\overline{B}C$.

③“恰有一次中奖”可以是 3 次中的任何一次中奖，表示为 $A\overline{B}\,\overline{C}\cup\overline{A}B\overline{C}\cup\overline{A}\,\overline{B}C$.

④“至少有一次中奖”意味着可以是 3 次中的任何一次中奖，或者看作 3 次都不中的逆事件，该事件表示为 $A\cup B\cup C$ 或 $\overline{\overline{A}\,\overline{B}\,\overline{C}}$.

⑤“不止一次中奖”说明 3 次中至少有两次中奖，表示为 $AB\cup AC\cup BC$.

⑥“至多中奖两次”的对立事件为“3 次都中奖”，因此该事件可表示为 $\overline{ABC}$.

例 1.5　对某产品的质量进行抽样检验，产品分为正品和次品两种，进行 3 次抽样每次抽取一件产品，记事件 A_n =“第 n 次取到正品”，$n=1,2,3$.试用事件运算的关系表示下列事件：

①前两次都取到正品，第三次未取到正品.

②3 次都未取到正品.

③3 次中只有一次取到正品.

④3 次中至多有一次取到正品.

⑤3 次中至少有一次取到正品.

解　显然，$\overline{A}_n$ =“第 n 次未取到正品”.

①$A_1A_2\overline{A}_3$.

②$\overline{A}_1\overline{A}_2\overline{A}_3$ 或 $\overline{A_1\cup A_2\cup A_3}$.

③$A_1\overline{A}_2\overline{A}_3\cup\overline{A}_1A_2\overline{A}_3\cup\overline{A}_1\overline{A}_2A_3$.

④$\overline{A}_1\overline{A}_2\overline{A}_3\cup A_1\overline{A}_2\overline{A}_3\cup\overline{A}_1A_2\overline{A}_3\cup\overline{A}_1\overline{A}_2A_3$ 或 $\overline{A}_1\overline{A}_2\cup\overline{A}_2\overline{A}_3\cup\overline{A}_1\overline{A}_3$.

⑤$A_1\cup A_2\cup A_3$.

事件的关系及运算与集合的关系及运算是一致的.对于初学概率的读者来说，要学会用概率论的语言来解释集合间的关系及运算，并能运用它们.为便于学习，现将事件关系与集合关系比较列于表 1.1.

表 1.1

符号	概率论	集合论
Ω	样本空间、必然事件	全集
$\varnothing$	不可能事件	空集
ω	样本点、基本事件	点(元素)
A	随机事件	Ω的子集
$A\subset B$	A发生导致B发生	A为B的子集
$A=B$	事件A,B相等	集合A,B相等
$A\cup B$或$A+B$	事件A、B至少发生一个	集合A、B的并集
$A\cap B$或AB	事件A、B同时发生	集合A、B的交集
$A-B$	事件A发生而B不发生	集合A、B的差集
$\overline{A}$	事件A的对立事件	A对Ω的补集
$AB=\varnothing$	事件A、B互不相容	集合A、B不相交

1.3 概率及其性质

对一个事件A,用一个恰当的数$P(A)$表示该事件发生的可能性大小,这个数$P(A)$就是事件A的概率,因此概率度量了随机事件发生的可能性大小.既然概率度量了事件发生的可能性大小,可以想到,在n次重复试验中,若概率$P(A)$较大,则事件A发生的频率也较大,反之也一样,而且概率与频率有许多相似的性质.为此先考察频率的有关性质.

一、频率

定义 1.1　设在相同的条件下,重复进行了n次试验,若随机事件A在这n次试验中发生了n_A次,则比值

$$f_n(A)=\frac{n_A}{n}$$

称为事件A在n次试验中发生的**频率**,其中n_A称为事件A发生的**频数**.

事件A发生的频率$f_n(A)$描述了事件A发生的频繁程度.显然,$f_n(A)$越大,事件A发生越频繁,即A发生的可能性越大,反过来也一样.因此,频率$f_n(A)$反映了事件A发生的可能性大小.一般而言,随着试验次数的变化,频率会有所波动,但实验表明,

当试验次数 n 充分大时，随着 n 的增大，事件 A 发生的频率 $f_n(A)$ 总是在某一常数附近波动，且波动幅度越来越小，这种性质称为频率的稳定性.

频率的稳定性——偶然与必然

例如，投掷一枚硬币，既可能出现正面，也可能出现反面，预先做出确定的判断是不可能的，但是假如硬币质地均匀，直观上出现正面与出现反面的机会应该相等，即在大量试验中出现正面的频率应接近于50%. 为了验证这一事实，历史上不少人分别做过这样的试验："大量重复投掷一枚质地均匀的硬币，观察它出现正面或反面的次数"，表 1.2 为他们试验结果的部分记录.

表 1.2

实验者	掷硬币次数/次	出现正面次数/次	频率
德摩根	2 048	1 061	0.518
蒲丰	4 040	2 048	0.506 9
皮尔逊	12 000	6 019	0.501 6
皮尔逊	24 000	12 012	0.500 5

又如，在英语中某些字母出现的频率远远高于另外一些字母. 更进一步研究后，人们发现各个字母被使用的频率相当稳定. 表1.3给出了英语字母使用频率的一份统计结果. 其他各种文字也都有着类似的规律.

表 1.3

字母	空格	E	T	O	A	N	I	R	S
频率	0.2	0.105	0.072	0.065 4	0.063	0.059	0.055	0.054	0.052
字母	H	D	L	C	F	U	M	P	Y
频率	0.047	0.035	0.029	0.023	0.022 5	0.022 5	0.021	0.017 5	0.012
字母	W	G	B	V	K	X	J	Q	Z
频率	0.012	0.011	0.010 5	0.008	0.003	0.002	0.001	0.001	0.001

字母使用频率的研究，对于计算机键盘的设计、信息的编码、密码的破译等很多方面都是十分有用的.

由频率的定义，容易看出频率具有以下 3 条基本性质：

性质 1（非负性） 对任何事件 A，有 $0 \leqslant f_n(A) \leqslant 1$

性质 2（规范性） $f_n(\Omega)=1$

性质 3（可加性） 任意 m 个互不相容事件 $A_1, A_2, \cdots, A_m$ 满足

$$f_n(A_1 \cup A_2 \cup \cdots \cup A_m)=f_n(A_1)+f_n(A_2)+\cdots+f_n(A_m).$$

二、概率的定义

概率定义的发展历程

由以上关于频率稳定性的讨论,似乎可以设想,即当试验次数 n 足够大时,事件 A 发生的频率 $f_n(A)$ 与 $P(A)$ 应充分接近.这一点很有启发性,在历史上它一直是概率论研究的一个重大课题.相应地,有如下的概率定义.

定义 1.2 在相同条件下进行 n 次试验,随着 n 增大时,事件 A 的频率 $f_n(A)$ 将稳定地围绕某个常数 p 波动,且波动幅度越来越小.我们定义这个常数 p 为事件 A 发生的概率,记为 $P(A)$.

以上就是概率的统计定义.概率的统计定义有相当直观的试验背景,易被人们接受.不足之处是,定义中常数 p 的存在只是人们经过大量观察之后的推断,不便于实际应用,因为我们不可能对每一事件都做大量的重复试验,从中得到频率的稳定值.另外,从数学上看,有些说法也不严格,不便于在理论研究上使用.不过,频率与概率的上述关系还是提供了求某事件概率的一种手段,即当试验次数 n 足够大时,用事件的频率作为其概率的近似值,或用频率来估计概率的大小.

注意到频率 $f_n(A)$ 所具有的 3 条基本性质以及 $f_n(A)$ 与 $P(A)$ 很接近,因此可以想象 $P(A)$ 也具有这 3 条基本性质.由此得到启发,可以提出概率的公理化定义如下.

定义 1.3 设随机试验 E 的样本空间为 Ω,对于 E 的每一事件 A,都赋予一个实数 $P(A)$,若集合函数 P 满足下列条件,则称 $P(A)$ 为事件 A 的概率:

1.非负性

$$\forall A \subset \Omega, P(A) \geqslant 0.$$

2.规范性

$$P(\Omega) = 1.$$

3.可列可加性

对任意可列个两两互不相容事件 $A_1, A_2, \cdots$,有

$$P\left(\sum_{i=1}^{\infty} A_i\right) = \sum_{i=1}^{\infty} P(A_i).$$

三、概率的性质

对随机试验 E 及其事件,可以证明概率具有以下基本性质:

性质 1 不可能事件的概率为零,即 $P(\varnothing)=0$.

性质 2 对任意事件 A,都有 $P(A)\leqslant 1$.

性质 3 若事件 A 与事件 B 互不相容,则

$$P(A\cup B)=P(A)+P(B) \tag{1.1}$$

且若 $A_1,A_2,\cdots,A_n$ 为两两互不相容的 n 个事件,则有

$$P(A_1\cup A_2\cup\cdots\cup A_n)=P(A_1)+P(A_2)+\cdots+P(A_n)$$

这个性质称为概率的有限可加性.

性质 4 对事件 A 及其对立事件 $\overline{A}$,有

$$P(A)=1-P(\overline{A}) \tag{1.2}$$

性质 5 对任意两个事件 A 与 B,有

$$P(A\cup B)=P(A)+P(B)-P(AB) \tag{1.3}$$

对任意 3 个事件 A,B,C 有

$$P(A\cup B\cup C)=P(A)+P(B)+P(C)-P(AB)-P(AC)-P(BC)+P(ABC)$$

性质 6 对任意两个事件 A 与 B,有

$$P(A-B)=P(A)-P(AB) \tag{1.4}$$

且若 $A\supset B$,则有

$$P(A-B)=P(A)-P(B)$$

这个性质称为概率的减法公式.

例 1.6 若 $AB=\varnothing$,$P(A)=0.6$,$P(A\cup B)=0.8$,求 $P(\overline{B})$ 及 $P(A-B)$.

解 由式(1.3),有

$$P(A\cup B)=P(A)+P(B)-P(AB)=P(A)+P(B),$$

得 $P(B)=P(A\cup B)-P(A)=0.8-0.6=0.2$

所以 $P(\overline{B})=1-P(B)=0.8$.

由减法公式,得 $P(A-B)=P(A)-P(AB)=0.6-0=0.6$.

例 1.7 设事件 A、B 发生的概率分别为 $\frac{1}{3}$,$\frac{1}{2}$,试就下面 3 种情况分别计算 $P(\overline{A}B)$.

①A、B 互斥;②A 被 B 包含;③A、B 之积的概率为 $\frac{1}{8}$.

解 ①因 $AB=\varnothing$,故 $\overline{A}\supset B$,从而 $P(\overline{A}B)=P(B)=\frac{1}{2}$.

②因为 $A\subset B$,故 $P(\overline{A}B)=P(B-A)=P(B)-P(A)=\frac{1}{2}-\frac{1}{3}=\frac{1}{6}$.

③因为 $P(AB)=\frac{1}{8}$,故有

$$P(\overline{A}B)=P(B-A)$$
$$=P(B-AB)=P(B)-P(AB)=\frac{1}{2}-\frac{1}{8}=\frac{3}{8}$$

例 1.8 考察某城市发行的甲、乙两种报纸,订阅甲报的住户数占总住户数的70%,订阅乙报的住户数占总住户数的50%,同时订阅两报的住户数占总住户的30%.求下列事件的概率:

①C="只订阅甲报".

②D="至少订阅一种报纸".

③E="不订阅任何报纸".

④F="只订阅一种报纸".

解 设A="订阅甲报",B="订阅乙报",根据题设有

$$P(A)=0.7,P(B)=0.5,P(AB)=0.3.$$

①因为 $C=A\overline{B}=A(\Omega-B)=A-AB,AB\subset A$,所以

$$P(C)=P(A-AB)=P(A)-P(AB)=0.4.$$

②因为 $D=A\cup B$,故

$$P(D)=P(A\cup B)$$
$$=P(A)+P(B)-P(AB)=0.7+0.5-0.3=0.9.$$

③因为 $E=\overline{A}\,\overline{B}$,所以

$$P(E)=P(\overline{A}\,\overline{B})=P(\overline{A\cup B})=1-P(A\cup B)=0.1.$$

④因为 $F=A\overline{B}\cup\overline{A}B$,而 $A\overline{B}$与 $\overline{A}B$ 互不相容,故

$$P(F)=P(A\overline{B}\cup\overline{A}B)$$
$$=P(A\overline{B})\cup P(\overline{A}B)$$
$$=P(A)-P(AB)+P(B)-P(AB)$$
$$=0.7-0.3+0.5-0.3$$
$$=0.6.$$

四、古典概型

下面我们先讨论一类最简单的随机现象.这种随机现象具有下列两个特征:

1.有限性

在观察或试验中它的全部可能结果只有有限个,即试验的样本空间中的元素只有有限个,即基本事件的数目有限.不妨设为n个,记为$\omega_1,\omega_2,\cdots,\omega_n$,而且这些事件是两两互不相容的.

2.等可能性

试验中各个基本事件(样本点)$\omega_1,\omega_2,\cdots,\omega_n$发生或出现的

可能性相同,即它们发生的概率都一样.

这类随机现象是在概率论的发展过程中最早出现的研究对象,通常将这类随机现象的数学模型称为**古典概型**.古典概型在概率论中占有相当重要的地位.一方面,由于它简单,通过对它的讨论有助于理解概率论的许多基本概念;另一方面,古典概型在产品质量抽样检查等实际问题以及理论物理的研究中都有重要的应用.

显然,古典概型是有限样本空间的一种特例.若记 $\Omega=\{\omega_1,\omega_2,\cdots,\omega_n\}$,且有

$$P(\omega_1)=P(\omega_2)=\cdots=P(\omega_n)=\frac{1}{n}$$

对任意事件 A,设它所包含的基本事件(样本点)数为 m,如 $A=\omega_{i_1}+\omega_{i_2}+\cdots+\omega_{i_m}$,则事件 A 的概率为

$$P(A)=P(\omega_{i_1})+P(\omega_{i_2})+\cdots+P(\omega_{i_m})=\frac{m}{n}$$

由于 $\omega_{i_1},\omega_{i_2},\cdots,\omega_{i_m}$ 的出现必导致 A 的出现,即它们的出现对 A 的出现"有利",因此习惯上称 $\omega_{i_1},\omega_{i_2},\cdots,\omega_{i_m}$ 是 A 的"有利场合".这样,

$$P(A)=\frac{m}{n}=\frac{A\text{ 包含的样本点数}}{\text{样本点总数}}=\frac{A\text{ 的有利场合的数目}}{\text{样本点总数}} \tag{1.5}$$

法国数学家拉普拉斯在 1812 年将式(1.5)作为概率的一般定义.现在通常称其为概率的古典定义,只适用于古典概型场合.故称式(1.5)为**古典概型公式**.

例 1.9 将一枚匀称的硬币连续掷两次,计算正面只出现一次及正面至少出现一次的概率.

解 该试验共有 4 个等可能的基本事件,即

$$\Omega=\{(\text{正},\text{正}),(\text{正},\text{反}),(\text{反},\text{正}),(\text{反},\text{反})\},$$

因此,样本空间中基本事件总数为 $n=4$.

设事件 $A=$"正面只出现一次",$B=$"正面至少出现一次",则事件 A 所包含的基本事件数 $m_1=2$,事件 B 所包含的基本事件数 $m_2=3$,由古典概型公式,有

$$P(A)=\frac{m_1}{n}=\frac{2}{4}=\frac{1}{2},P(B)=\frac{m_2}{n}=\frac{3}{4}.$$

例 1.10 一箱中有 6 个灯泡,其中 2 个次品 4 个正品,有放回地从中任取两次,每次取一个,试求下列事件的概率:

①取到的两个都是次品;

②取到的两个中正品、次品各一个;

③取到的两个中至少有一个正品.

解 设 A =“取到的两个都是次品”, B =“取到的两个中正品、次品各一个”, C =“取到的两个中至少有一个正品”,其中基本事件总数为 $6^2=36$.

①事件 A 包含的基本事件数为 $2^2=4$,所以 $P(A)=\frac{4}{36}=\frac{1}{9}$.

②事件 B 包含的基本事件数为 $4\times2+2\times4=16$,所以 $P(B)=\frac{16}{36}=\frac{4}{9}$.

③事件 C 的对立事件为“取到的两个中一件正品都没有”,因此 C 包含的基本事件数为 $36-2\times2=32$,所以 $P(C)=\frac{32}{36}=\frac{8}{9}$.

例 1.11 某接待站在某一周共接待了 12 次来访,已知这 12 次接待都是在某两天进行的,问是否可以推断接待时间是有规定的?

解 先假设接待站的接待时间没有规定,来访者在一周内任何一天去接待站是等可能的,都是 $\frac{1}{7}$,又来访者每一次去都可在一周 7 天中任选一天,共有 7 种可能,故 12 次来访总的可能性共有 7^{12} 种,而来访者只在某两天去接待站的可能性有 2^{12} 种,故来访者都在某两天被接待的概率为 $2^{12}/7^{12}\approx0.000\ 000\ 3$,即约千万分之三.

正确认识小概率事件

此概率如此小,让我们想到在接待时间没有规定的情况下,这 12 次来访都是在某两天被接待几乎是不可能的,可见假设接待时间没有规定是不成立的,即接待站接待时间应该是有规定的.

若事件 A 是小概率事件,如果经过一次或少量实验,居然出现了该事件,则可判定此种情形是反常的,这种推理思维称为小概率原理.本例中采用的实际推断原理即为小概率原理,其方法是先做出一个假设,然后在此假设下计算,发现概率很小的事件在一次试验中竟然发生了,故有理由怀疑假设的正确性.

1.4 条件概率与乘法公式

一、条件概率

对概率的讨论总是在一组固定的条件限制下进行的,即任何

事件发生的概率都是有条件的.设 A、B 是试验 E 中的两个事件,前面已讨论了事件 A 与事件 B 的概率,但有时还需考虑在事件 A 已经发生的条件下,事件 B 发生的概率,将其记为$P(B|A)$,即条件概率问题.为明白条件概率的定义,先看例 1.12.

例 1.12 现有一批产品共 200 件,它是由甲、乙两厂共同生产的.其中甲厂的产品中有正品 100 件、次品 20 件,乙厂的产品中有正品 70 件、次品 10 件.现从这批产品中任取一件,设 A =“取得的是乙厂产品”,B =“取得的是正品”,试求 $P(A)$,$P(AB)$ 及$P(B|A)$.

解 根据古典概型计算,得

$$P(A)=\frac{80}{200},P(B)=\frac{170}{200},P(AB)=\frac{70}{200}$$

考虑在已知 A 发生的条件下,原来试验的 200 个基本事件总数缩减为 80 个,再考察 B 发生的概率时,此时在新的样本空间中事件 B 的基本事件总数变为 70 个,样本点总数为 80,此时若 B 发生,则

$$P(B|A)=\frac{70}{80}$$

可见,$P(B|A)$是在缩减了的样本空间中进行计算的.

显然,$P(B)\neq P(B|A)$,即事件 B 发生的概率与在 A 发生的条件下 B 发生的条件概率不等.从上面算式,可得

$$P(B|A)=\frac{70}{80}=\frac{\frac{70}{200}}{\frac{80}{200}}=\frac{P(AB)}{P(A)}$$

一般地,对于古典概型上面算式总是成立的.设试验 E 的基本事件总数为 n,又设事件 A 及 AB 包含的基本事件数(即 A 及 AB 包含的样本点数)分别为 m 及 k ($m>0$),则由古典概型公式有

$$P(B|A)=\frac{k}{m}=\frac{\frac{k}{n}}{\frac{m}{n}}=\frac{P(AB)}{P(A)}$$

在一般场合,我们将上式作为条件概率的定义.

定义 1.4 设 A、B 是两个事件,且 $P(A)>0$,称

$$P(B|A)=\frac{P(AB)}{P(A)} \tag{1.6}$$

为在事件 A 发生的条件下,事件 B 发生的条件概率.

类似地,当 $P(B)>0$ 时,可以定义在事件 B 发生的条件下事件 A 发生的条件概率为

$$P(A|B)=\frac{P(AB)}{P(B)} \tag{1.7}$$

注:与概率类似,条件概率也满足以下3条基本性质:(下列各式中 $P(B)\geqslant 0$)

①非负性:$P(A|B)\geqslant 0$.

②规范性:$P(\Omega|B)=1$.

③可列可加性:对任意可列个两两互不相容事件 $A_1,A_2,\cdots$,有

$$P\Big(\sum_{i=1}^{\infty}A_i\,|B\Big)=\sum_{i=1}^{\infty}P(A_i|B).$$

同时,也满足其他一些性质,如:

④对事件 A 及其对立事件 $\overline{A}$,有 $P(\overline{A}|B)=1-P(A|B)$.

⑤对任意两个事件 A 与 B,有 $P(A\cup B|C)=P(A|C)+P(B|C)-P(AB|C)$.

⑥对任意两个事件 A 与 B,有 $P(A-B|C)=P(A|C)-P(AB|C)$.

以上⑤,⑥式中 $P(C)\geqslant 0$.

例1.13 投掷一枚骰子,设事件 A=“投出的点数为奇数”,事件 B=“投出的点数大于1”,计算 $P(B|A)$,$P(A|B)$.

解 由于 $A=\{1,3,5\}$,$B=\{2,3,4,5,6\}$,$AB=\{3,5\}$.

已知在事件 A 发生的情况下,原来样本空间的6个样本点现缩减为3个,B 发生的基本事件为 $\{3,5\}$,因此 $P(B|A)=\frac{2}{3}$.

由条件概率公式可得

$$P(B|A)=\frac{P(AB)}{P(A)}=\frac{\frac{2}{6}}{\frac{3}{6}}=\frac{2}{3}$$

类似地,可得 $P(A|B)=\frac{2}{5}=0.4$.

例1.14 某地居民活到60岁的概率为0.8,活到70岁的概率为0.4,问某现年60岁的居民活到70岁的概率是多少?

解 设 A=“活到60岁”,B=“活到70岁”,所求的概率为 $P(B|A)$.注意到一居民活到70岁,当然已经活到60岁,因而 B 发生则定有 A 发生,即 $B\subset A$,从而 $AB=B$,由条件概率公式得

$$P(B|A)=\frac{P(AB)}{P(A)}=\frac{P(B)}{P(A)}=\frac{0.4}{0.8}=0.5$$

二、乘法公式

条件概率反映了两个事件之间的联系,在概率计算中,利用某一事件发生的信息来求未知事件发生的概率,往往能起到化难为易的效果.这从下面介绍的乘法公式中可明显看出.

由条件概率的定义,可直接得到下面的公式:

定理 1.1(乘法公式) 对于两个事件 A、B,如果 $P(A)>0$,则有

$$P(AB)=P(A)P(B|A) \tag{1.8}$$

若 $P(B)>0$,则有

$$P(AB)=P(B)P(A|B) \tag{1.9}$$

乘法公式用于求积事件的概率非常有效.式(1.8)可推广到多个事件的积事件的情况.例如,对 3 个事件 A,B,C,且 $P(AB)>0$,则有

$$P(ABC)=P(A)\cdot P(B|A)\cdot P(C|AB)$$

一般地,对于 n 个事件 $A_1,A_2,\cdots,A_n$,如果相应的条件概率都有定义,则有

$$P(A_1A_2\cdots A_n)=P(A_1)\cdot P(A_2|A_1)\cdot P(A_3|A_1A_2)\cdots P(A_n|A_1A_2\cdots A_{n-1}) \tag{1.10}$$

例 1.15 在 10 件产品中有 7 件正品,3 件次品,按不放回抽样,抽取两次,每次抽取一件,求两次都取到次品的概率.

解 设 A_i 表示"第 i 次取到次品",$i=1,2$.由乘法公式,有

$$P(A_1A_2)=P(A_1)P(A_2|A_1)=\frac{3}{10}\times\frac{2}{9}=\frac{1}{15}$$

例 1.16 为了防止意外,矿井内同时装有甲、乙两种报警设备,已知设备甲单独使用时有效的概率为 0.92,设备乙单独使用时有效的概率为 0.93,在设备甲失效的条件下,设备乙有效的概率为 0.85,求发生意外时至少有一种报警设备有效的概率.

解 设事件 A、B 分别表示设备甲、乙为有效,已知

$$P(A)=0.92,P(B)=0.93,P(B|\overline{A})=0.85$$

要求 $P(A\cup B)$,由乘法公式有

$$\begin{aligned}P(\overline{A\cup B})&=P(\overline{A}\,\overline{B})\\&=P(\overline{A})\cdot P(\overline{B}|\overline{A})\\&=P(\overline{A})\cdot[1-P(B|\overline{A})]\\&=0.08\cdot[1-0.85]=0.012\end{aligned}$$

因此可得:$P(A\cup B)=1-P(\overline{A\cup B})=0.988$.

例 1.17 假设在空战中,若甲机先向乙机开火,击落乙机的概率是0.2;若乙机未被击落,进行还击,击落甲机的概率为0.3;若甲机未被击落,再次进攻,击落乙机的概率是0.4,分别计算这几个回合中甲、乙被击落的概率.

解 设A=“乙机被击落”,B=“甲机被击落”,A_1=“乙第一次被击落”,A_2=“乙机第二次被击落”,由题意得:A_1,A_2互不相容,且$A=A_1\cup A_2,\overline{A}_1\supset B,\overline{A}_1\overline{B}\supset A_2$,依题意,有

$$P(A_1)=0.2,P(B|\overline{A}_1)=0.3,P(A_2|\overline{A}_1\overline{B})=0.4$$

由条件概率公式,有

$$\begin{aligned}P(A_2)&=P(\overline{A}_1\overline{B}A_2)\\&=P(\overline{A}_1)P(\overline{B}|\overline{A}_1)P(A_2|\overline{A}_1\overline{B})\\&=0.8\times0.7\times0.4=0.224\end{aligned}$$

由概率的可加性

$$\begin{aligned}P(A)&=P(A_1\cup A_2)\\&=P(A_1)+P(A_2)\\&=0.2+0.224=0.424\end{aligned}$$

又$P(B)=P(\overline{A}_1B)=P(\overline{A}_1)P(B|\overline{A}_1)=0.8\times0.3=0.24$.

即甲机被击落的概率为0.24,乙机被击落的概率为0.424.

例 1.18(抓阄问题) 设某班30位同学仅有一张球票,抽签决定谁拥有.

试问:每人抽得球票的机会是否均等?

解 设A_i=“第i个人抽得球票”,$i=1,2,\cdots,30$,则:

$$P(A_1)=\frac{1}{30}$$

又$A_2=\Omega A_2=(A_1\cup\overline{A}_1)A_2=A_1A_2\cup\overline{A}_1A_2=\overline{A}_1A_2$,这是因为只有一张球票,故$A_1A_2=\varnothing$,所以第二个人抽得球票的概率为

$$P(A_2)=P(\overline{A}_1A_2)=P(\overline{A}_1)P(A_2|\overline{A}_1)=\frac{29}{30}\cdot\frac{1}{29}=\frac{1}{30}$$

类似地,第i个人($i=2,3,\cdots,n$)要抽得球票,必须是在他抽取之前的$i-1$个人都没有抽到球票,即

$$\begin{aligned}P(A_i)&=P(\overline{A}_1\overline{A}_2\cdots\overline{A}_{i-1}A_i)\\&=P(\overline{A}_1)P(\overline{A}_2|\overline{A}_1)\cdots P(A_i|\overline{A}_1\overline{A}_2\cdots\overline{A}_{i-1})\\&=\frac{29}{30}\cdot\frac{28}{29}\cdot\cdots\cdot\frac{1}{30-(i-1)}=\frac{1}{30}\end{aligned}$$

可见,每个人抽得球票的概率都是1/30,即机会均等.读者还可以考虑,当有k张球票($k\leqslant30$)的情形,机会是否均等?

1.5* 全概率公式与贝叶斯公式

一、全概率公式

前面讨论了直接利用概率可加性及乘法公式计算一些简单事件的概率.但是,对于有些复杂事件,经常要把它先分解为一些互不相容的较简单事件的和,通过分别计算这些较简单事件的概率,再利用概率的可加性,来计算这个复杂事件的概率.看下面的例子.

例 1.19 有 3 个箱子,分别编号为 1,2,3.1 号箱装有 1 个红球 4 个白球,2 号箱装有 2 个红球 3 个白球,3 号箱装有 3 个红球.现从 3 箱中任取一箱,再从取到的箱子中任意取出一球,求取得红球的概率.

解 记 A_i=“取到 i 号箱”,$i=1,2,3$;B=“取得红球”,B 发生总是伴随着 A_1,A_2,A_3 之一同时发生,即 $B=A_1B\cup A_2B\cup A_3B$,且 A_1B,A_2B,A_3B 两两互不相容,运用加法公式得

$$P(B)=P(A_1B)+P(A_2B)+P(A_3B)$$

对上式右边和式中的每一项运用乘法公式,代入数据计算得:

$$\begin{aligned}P(B)&=P(A_1)P(B|A_1)+P(A_2)P(B|A_2)+P(A_3)P(B|A_3)\\&=\frac{1}{3}\times\frac{1}{5}+\frac{1}{3}\times\frac{2}{5}+\frac{1}{3}\times 1=\frac{8}{15}\end{aligned}$$

将此例中所用的方法推广到一般的情形,就得到在概率计算中常用的全概率公式.

定理 1.2(全概率公式) 如果事件 $A_1,A_2,\cdots,A_n$ 构成一个完备事件组,而且 $P(A_i)>0,i=1,2,\cdots,n$,则对于任何一个事件 B,有

$$P(B)=\sum_{i=1}^{n}P(A_i)P(B|A_i) \tag{1.11}$$

证明 已知 $A_1,A_2,\cdots,A_n$ 构成一个完备事件组,故 $A_1,A_2,\cdots,A_n$ 两两互不相容,且 $A_1\cup A_2\cup\cdots\cup A_n=\Omega$,对于任何事件 B,有

$$\begin{aligned}B&=\Omega B=(A_1\cup A_2\cup\cdots\cup A_n)B\\&=A_1B\cup A_2B\cup\cdots\cup A_nB\end{aligned}$$

由于 $A_1,A_2,\cdots,A_n$ 两两互不相容,因而 $A_1B,A_2B,\cdots,A_nB$ 两

两两互不相容,根据概率的可加性及乘法公式,有

$$\begin{aligned}P(B)&=P(A_1B)+P(A_2B)+\cdots+P(A_nB)\\&=P(A_1)P(B|A_1)+P(A_2)P(B|A_2)+\cdots+P(A_n)P(B|A_n)\\&=\sum_{i=1}^{n}P(A_i)P(B|A_i).\end{aligned}$$

全概率公式的基本思想是把一个未知的复杂事件分解为若干个已知的简单事件的和来计算其概率,而这些简单事件组成一个互不相容的事件组,使得事件 B 与这组事件中至少一个同时发生.

从证明中可以看出,事件 $A_1,A_2,\cdots,A_n$ 构成一个完备事件组并不是全概率公式的必要条件,实际上只要 $\bigcup_{i=1}^{n}A_i\supset B$ 且 $A_1B,A_2B,\cdots,A_nB$ 两两互不相容甚至更弱的条件即可有全概率公式.

例 1.20 市场上某种商品由 3 个厂家同时供给,其供应量为:甲厂家是乙厂家的 2 倍,乙、丙两个厂家相等,且各厂产品的次品率分别为 2%,2%,4%,求市场上该种商品的次品率.

解 设 A_1,A_2,A_3 分别表示取到甲、乙、丙厂家商品,B 表示取到次品,由题意得

$$P(A_1)=0.5,P(A_2)=P(A_3)=0.25,$$

$$P(B|A_1)=0.02,P(B|A_2)=0.02,P(B|A_3)=0.04$$

由全概率公式有

$$\begin{aligned}P(B)&=\sum_{i=1}^{3}P(A_i)P(B|A_i)\\&=0.5\times0.02+0.25\times0.02+0.25\times0.04=0.025\end{aligned}$$

例 1.21 播种用的一等小麦种子中混有 2%的二等种子,1.5%的三等种子,1%的四等种子.用一、二、三、四等种子长出的穗含 50 颗以上麦粒的概率分别为 0.5,0.15,0.1,0.05,求这批种子所结的穗含 50 颗以上麦粒的概率.

解 设从这批种子中任选一颗是一、二、三、四等种子的事件是 A_1,A_2,A_3,A_4,事件 B=“从这批种子中任选一颗,所结的穗含 50 颗以上麦粒”,则由全概率公式得

敏感问题的调查方法

$$\begin{aligned}P(B)&=\sum_{i=1}^{4}P(A_i)P(B|A_i)\\&=95.5\%\times0.5+2\%\times0.15+1.5\%\times0.1+1\%\times0.05\\&=0.482\,5\end{aligned}$$

二、贝叶斯公式

实际应用中还有另外一类问题.如例 1.20 中,若已取到一件

次品,求该产品是甲厂生产的概率,或者求该产品是哪家工厂生产的可能性最大.这一类问题在实际中很常见,它是全概率公式的逆问题,需要由逆概公式,即贝叶斯公式(Bayes)来解决.

定理 1.3(贝叶斯公式) 如果事件 $A_1, A_2, \cdots, A_n$ 构成一个完备事件组,而且 $P(A_i)>0, i=1,2,\cdots,n$.对于任何一个事件 B,若 $P(B)>0$,则有

$$P(A_m|B)=\frac{P(A_m)P(B|A_m)}{\sum_{i=1}^{n}P(A_i)P(B|A_i)} \tag{1.12}$$

由条件概率的定义及全概率公式不难证明式(1.12),请读者自己完成.

注:该公式于1763年由英国数学家 Thomas Bayes 给出,在概率及数理统计中有着许多方面的应用.假设 $A_1, A_2, \cdots, A_n$ 是导致试验结果即事件 B 发生的原因,因此称 $P(A_i)(i=1,2,\cdots,n)$ 为"先验概率",它反映了各种原因发生的可能性大小,一般是以往经验的总结,在此次试验之前就已经知道.现在试验中事件 B 发生了,这一信息将有助于研究事件发生的各种原因.$P(A_i|B)(i=1,2,\cdots,n)$ 是在附加了信息"B 已发生"的条件下 $P(A_i)$ 发生的概率,称为"后验概率",它反映了试验之后对各种原因发生的可能性大小的新的认识.贝叶斯公式在实际中有很多应用,它可以帮助人们确定某结果(事件 B)发生的最可能原因.例如,在疾病诊断中,医生为了诊断患者到底是患有疾病 $A_1, A_2, \cdots, A_n$ 中的哪一种,对患者进行检查,确定了某一指标 B(如体温、心跳、血液中白细胞数量等)异常,他希望用这一指标来帮助诊断.这时可以用贝叶斯公式来计算有关概率.首先需要确定先验概率 $P(A_i)$,这往往由以往的病情资料数据或相关的统计数据来确定人患以上各种疾病的可能性大小;其次就要确定 $P(B|A_i)$,这主要依靠医学知识.有了这些结果,利用贝叶斯公式就可以算出 $P(A_i|B)$,显然,对应于较大 $P(A_i|B)$ 的病因 A_i,应多加考虑.实际工作中,检查的指标 B 往往有多个,综合所有的后验概率,当然对诊断大有帮助.

例 1.22 例 1.20 中,若从市场上的商品中随机抽取一件,发现是次品,求它是甲厂生产的概率.

解 由贝叶斯公式有

$$\begin{aligned}P(A_1|B)&=\frac{P(A_1)P(B|A_1)}{\sum_{i=1}^{n}P(A_i)P(B|A_i)}\\&=\frac{P(A_1)P(B|A_1)}{P(B)}\\&=\frac{0.5\times0.02}{0.025}=0.40\end{aligned}$$

例 1.23 某种新产品投放市场有面临失败(A_1),勉强成功(A_2),基本成功(A_3)3 种结果.由以往经验,同类产品投放市场后

面临各种情况的概率是 $P(A_1)=0.2, P(A_2)=0.3, P(A_3)=0.5$,而且各种情况下能得到别人大量投资($B$)以便作进一步试验的概率分别为 $P(B|A_1)=0.05, P(B|A_2)=0.3, P(B|A_3)=0.98$,求:

①试验能获得大量投资的概率.

②已获得大量投资,产品面临各种情况的概率.

解 ①显然,A_1, A_2, A_3 构成一个完备事件组,由全概率公式有

$$\begin{aligned} P(B) &= \sum_{i=1}^{3} P(A_i)P(B|A_i) \\ &= 0.2 \times 0.05 + 0.3 \times 0.3 + 0.5 \times 0.98 \\ &= 0.59 \end{aligned}$$

②由贝叶斯公式有

$$P(A_1|B) = \frac{P(A_1)P(B|A_1)}{P(B)} = \frac{0.2 \times 0.05}{0.59} = 0.017,$$

$$P(A_2|B) = \frac{P(A_2)P(B|A_2)}{P(B)} = \frac{0.3 \times 0.3}{0.59} = 0.153,$$

$$P(A_3|B) = \frac{P(A_3)P(B|A_3)}{P(B)} = \frac{0.5 \times 0.98}{0.59} = 0.830.$$

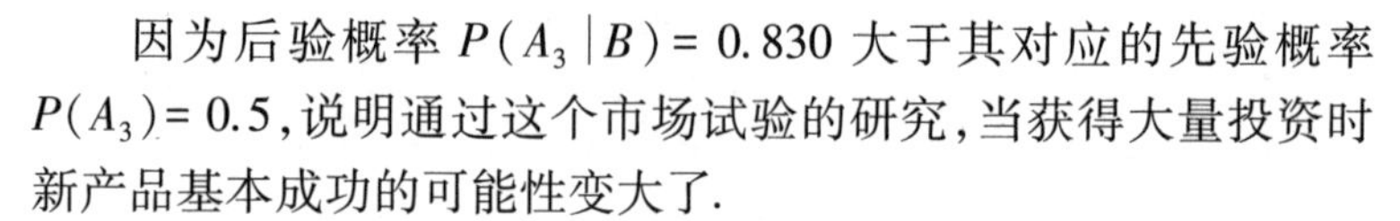

因为后验概率 $P(A_3|B)=0.830$ 大于其对应的先验概率 $P(A_3)=0.5$,说明通过这个市场试验的研究,当获得大量投资时新产品基本成功的可能性变大了.

“狼来了”寓言故事剖析——诚信是金!

例 1.24 假定用血清甲胎蛋白法诊断肝癌.

已知:$P(A|C)=0.95, P(\bar{A}|\bar{C})=0.90$,其中,$C$ 表示被检测者患有肝癌,A 表示判断被检测者患有肝癌;又设人群中 $P(C)=0.000\,4$.现在若有一人被此检验诊断为患有肝癌,求此人确实患有肝癌的概率 $P(C|A)$.

解 由贝叶斯公式

$$\begin{aligned} P(C|A) &= \frac{P(C)P(A|C)}{P(C)P(A|C) + P(\bar{C})P(A|\bar{C})} \\ &= \frac{0.000\,4 \times 0.95}{0.000\,4 \times 0.95 + 0.999\,6 \times 0.1} \approx 0.003\,8 \end{aligned}$$

计算结果表明,虽然检验法相当可靠,但被诊断为肝癌的人确实患有肝癌的可能性并不大!故而医生在诊断时,应采用多种检测手段,对被检者进行综合诊断,才能得出较为正确的判断.

1.6* 事件的独立性与伯努利概型

一、事件的独立性

对于事件 A、B,概率 $P(B)$ 与条件概率 $P(B|A)$ 是两个不同的概念.一般来说,$P(B)\neq P(B|A)$,即事件 A 的发生对事件 B 的发生有影响.若事件 A 的发生对事件 B 的发生没有影响,则有 $P(B|A)=P(B)$.先看一个例子.

例 1.25　一袋中装有 a 只黑球和 b 只白球,采用有放回摸球,求:

①在已知第一次摸得黑球的条件下,第二次摸得黑球的概率.

②第二次摸得黑球的概率.

解　记 A="第一次摸得黑球",B="第二次摸得黑球";则

$$P(A)=\frac{a}{a+b},P(AB)=\frac{a^2}{(a+b)^2},P(\bar{A}B)=\frac{ba}{(a+b)^2}$$

所以

①$P(B|A)=\dfrac{P(AB)}{P(A)}=\dfrac{a}{a+b}$.

②$P(B)=P(AB)+P(\bar{A}B)=\dfrac{a^2}{(a+b)^2}+\dfrac{ba}{(a+b)^2}=\dfrac{a}{a+b}$.

可以看到这时有 $P(B|A)=P(B)$ 或 $P(AB)=P(A)P(B)$,即事件 A 发生与否,对事件 B 发生的概率没有影响.从直观上讲,这是自然的,因为这里采用的是有放回摸球,因此第二次摸球时袋中球的组成与第一次摸球时完全相同,当然第一次摸球的结果不会影响第二次摸球的结果.这时我们也说,事件 A 的发生与事件 B 的发生有某种"独立性".

对此,我们引进如下定义:

定义 1.5　如果两个事件 A 、B 满足等式

$$P(AB)=P(A)P(B) \tag{1.13}$$

则称事件 A 与 B 是相互独立的,简称 A 与 B 独立.

按照这个定义,必然事件 Ω 及不可能事件 $\varnothing$ 与任何事件都是独立的.

推论1 若事件 A 与 B 独立,且 $P(B)>0$,则

$$P(A|B)=P(A)$$

证明 由条件概率定义及式(1.13),得

$$P(A|B)=\frac{P(AB)}{P(B)}=\frac{P(A)P(B)}{P(B)}=P(A)$$

因此,若事件 A、B 相互独立,则 A 关于 B 的条件概率等于无条件概率 $P(A)$,即表明事件 B 的发生对事件 A 是否发生没有提供任何消息,独立性正是将这种关系从数学上加以严格定义.

推论2 设 A 与 B 为两个事件,则下列4对事件:A 与 B,$\bar{A}$ 与 B,A 与 $\bar{B}$,$\bar{A}$ 与 $\bar{B}$中,只要有一对事件独立,其余3对也独立.

证明 不妨设 A、B 独立,则有

$$\begin{aligned}P(\bar{A}B)&=P(B-AB)=P(B)-P(AB)\\&=P(B)-P(A)P(B)=[1-P(A)]P(B)\\&=P(\bar{A})P(B)\end{aligned}$$

所以 $\bar{A}$与 B 相互独立,其他情况很容易推出,请读者自己证明.

在实际问题中,事件的独立性通常不是根据定义来判断,而是由独立性的实际含义,即一个事件的发生对另外一个事件发生是否有影响来判断的.不放回摸球模型提供了不独立的一个简单例子.

例1.26 在例1.25中,若采用不放回摸球,试求同样两个事件的概率.

解 不放回摸球时有

$$P(A)=\frac{a}{a+b},P(AB)=\frac{a(a-1)}{(a+b)(a+b-1)},$$

$$P(\bar{A}B)=\frac{ba}{(a+b)(a+b-1)}$$

所以 $P(B|A)=\dfrac{P(AB)}{P(A)}=\dfrac{a-1}{a+b-1}$

而 $P(B)=P(AB)+P(\bar{A}B)=\dfrac{a}{a+b}$

可见,事件 A 与 B 不是相互独立的.因为第一次摸出黑球后,袋中球的组成已经改变了,当然要影响到第二次摸得黑球的概率.

例1.27 甲、乙两炮进行打靶练习.根据经验知道,甲炮命中率为0.9,乙炮命中率为0.8.现甲、乙两炮各自独立同时发射一

炮.求:

①甲、乙都命中靶的概率.

②甲、乙至少有一个命中靶的概率.

解 设A="甲命中",B="乙命中",根据问题的实际意义,可知甲命中与乙命中互不影响,即认为事件A与事件B相互独立.因此

①甲、乙都命中靶的概率

$$P(AB)=P(A)P(B)=0.9\times 0.8=0.72.$$

②甲、乙至少有一个中靶的概率

$$\begin{aligned}P(A\cup B)&=P(A)+P(B)-P(AB)\\&=0.9+0.8-0.72\\&=0.98.\end{aligned}$$

对3个事件的独立性有下面的定义.

定义1.6 如果3个事件A,B,C满足等式

$$\begin{cases}P(AB)=P(A)P(B)\\P(BC)=P(B)P(C)\\P(CA)=P(C)P(A)\end{cases}$$

则称三事件A,B,C**两两独立**.

进一步,若满足$P(ABC)=P(A)P(B)P(C)$,则称事件A,B,C是**相互独立的**.

多个事件两两独立与相互独立的关系

例1.28 3个元件串联的电路中,每个元件发生断电的概率依次为0.3,0.4,0.6,各元件是否断电为相互独立事件,求电路断电的概率是多少?

解 设A_1,A_2,A_3分别表示第1,2,3个元件断电,A表示电路断电.因A_1,A_2,A_3相互独立,则

$$\begin{aligned}P(A)&=P(A_1\cup A_2\cup A_3)\\&=1-P(\overline{A_1\cup A_2\cup A_3})\\&=1-P(\overline{A}_1\overline{A}_2\overline{A}_3)\\&=1-P(\overline{A_1})P(\overline{A_2})P(\overline{A_3})\\&=1-0.7\times 0.6\times 0.4=0.832\end{aligned}$$

类似地,事件独立性的概念可以推广到有限多个事件.

当事件相互独立时,乘法公式变得十分简单,许多概率计算可以大大简化.

例1.29 假设每个人血清中含有肝炎病毒的概率为0.4%,混合100个人的血清,求此混合血清中含有肝炎病毒的概率?

解 记A_i="第i个人血清中含有肝炎病毒"($i=1,\cdots,100$),B="混合血清中含有肝炎病毒",显然$B=A_1\cup A_2\cup\cdots\cup$

A_{100},且 $A_1,A_2,\cdots,A_{100}$相互独立,从而 $\overline{A}_1,\overline{A}_2,\cdots,\overline{A}_{100}$也相互独立,所求概率

$$\begin{aligned}P(B) &= P(A_1 \cup A_2 \cup \cdots \cup A_{100})\\ &= 1 - P(\overline{A_1 \cup A_2 \cup \cdots \cup A_{100}})\\ &= 1 - P(\overline{A}_1\overline{A}_2\cdots\overline{A}_{100})\\ &= 1 - P(\overline{A}_1)P(\overline{A}_2)\cdots P(\overline{A}_{100})\\ &= 1 - 0.996^{100}\\ &\approx 0.330\ 2\end{aligned}$$

例 1.30 我国先进的近防导舰炮每分钟内可发射 11 000 发炮弹对导弹进行拦截,居世界领先水平.现假设每发炮弹的命中概率为 0.004,且每发炮弹是否命中目标互不影响.为保证拦截成功的概率不低于 99%,至少要发射多少发炮弹?

解 记 A 表示拦截成功,A_i 表示第 i 发炮弹命中导弹,$i=1,2,\cdots,n$.则有 $A_1,A_2,\cdots,A_n$ 相互独立,$P(A_i)=0.004$,且 $A=A_1\cup A_2\cup\cdots\cup A_n$,由

$$\begin{aligned}P(A) &= P(A_1 \cup A_2 \cup \cdots \cup A_n)\\ &= 1 - P(\overline{A}_1)P(\overline{A}_2)\cdots P(\overline{A}_n)\\ &= 1 - (1 - 0.004)^n\\ &\geqslant 0.99\end{aligned}$$

解得,$n\geqslant 1\ 149$.

即至少需要发射 1 149 发炮弹.

从以上计算结果可知,对于我国先进的近防导舰炮而言,拦截成功几乎是肯定的事情.

"三个臭皮匠,顶个诸葛亮"剖析

二、伯努利概型

在理解事件的独立性之后,就可以进一步理解试验的独立性与伯努利概型(Bernoulli).

定义 1.7 若在相同条件下,将试验 E 重复进行 n 次,若各次试验的结果互不影响,即每次试验结果出现的概率都不依赖于其他各次试验的结果,则称这 n 次试验是相互独立的.

雅各布 · 伯努利

特别重要的一类试验是所谓重复独立试验,各次试验的样本空间相同,有关事件的概率保持不变,并且各次试验是相互独立的.如在相同条件下,投掷一枚硬币 n 次.显然,试验中先前投掷硬币的结果,无论是出现"正面"或"反面",均不会影响当前投掷出"正面"或"反面"的结果,即此 n 次试验是重复独立试验.又如从一批灯泡中,任取 n 只进行寿命试验.可知,每一只灯泡的寿命结果都不影响其他灯泡的寿命结果,即此也为 n 次重复独立试验.重复独立试验作为"在相同条件下重复试验"的数学模型,在

概率论中占有重要地位,因为随机现象的统计规律性只有在大量重复试验中才会显现出来.

在许多实际问题中,人们只注意试验 E 中的某一事件 A 是否发生.例如,在产品质量抽查中只注意是否抽到次品;考察天气时只注意是否下雨等.这类问题中试验 E 的样本空间就可以表示为 $\Omega=\{A,\overline{A}\}$,并称出现事件 A 为"成功",出现 $\overline{A}$ 为"失败".这种只有两个可能结果的试验称为伯努利试验.伯努利试验是一类最简单的重复独立试验.将这样的重复独立试验在相同条件下重复进行 n 次,即为下述的伯努利概型.

定义 1.8 设试验 E 的结果只有两个,即 A 或 $\overline{A}$,且 $P(A)=p$, $P(\overline{A})=1-p=q$,其中 $0<p<1$,将 E 独立地重复进行 n 次,则称其为 n 重伯努利试验,或称为 n **重伯努利概型**.

有时尽管试验 E 有很多种不同的结果,但我们能将这些结果分为两类,即转化为伯努利概型.例如,在电报传输中,既要传送数码 0,1,2,…,9,又要传送其他字符,如果只注意数码在传输中的百分比,而不再区分它传送的是哪些数码,这时就将传送数码当成事件 A,而传送其他字符当成事件 $\overline{A}$,使其成为伯努利概型.又如灯泡的寿命可以是不小于零的任一数值,我们若只注意寿命是否大于 500 h,则可令寿命大于 500 h 的事件为 A,不大于 500 h 的事件为 $\overline{A}$,则每一次测试,只有 A 或 $\overline{A}$ 发生,独立地进行 n 次测试,即为伯努利概型.

下面将讨论在伯努利概型中,事件 A 在 n 次试验中出现 k 次的概率问题.

为简单起见,先讨论 $n=3$ 重伯努利试验情况,此时事件 A 出现的可能次数为 0 次,1 次,2 次及 3 次,记事件 A 出现 k 次的概率为 $P_3(k)$,$k=0,1,2,3$,又记 $A_i=\{$第 i 次试验中出现 $A\}$,则由 $P(A)=p$,$P(\overline{A})=1-p=q$ 与试验的独立性知:

$$P(A_i)=p,P(\overline{A_i})=q=1-p,i=1,2,3$$

且有:

$$P_3(0)=P(\overline{A_1}\overline{A_2}\overline{A_3})=P(\overline{A_1})P(\overline{A_2})P(\overline{A_3})=q^3=C_3^0p^0q^{3-0}$$

$$\begin{aligned}P_3(1)&=P(A_1\overline{A_2}\overline{A_3}+\overline{A_1}A_2\overline{A_3}+\overline{A_1}\overline{A_2}A_3)\\&=P(A_1\overline{A_2}\overline{A_3})+P(\overline{A_1}A_2\overline{A_3})+P(\overline{A_1}\overline{A_2}A_3)\\&=P(A_1)P(\overline{A_2})P(\overline{A_3})+P(\overline{A_1})P(A_2)P(\overline{A_3})+P(\overline{A_1})P(\overline{A_2})P(A_3)\\&=3pq^2=C_3^1p^1q^{3-1}\end{aligned}$$

类似地可得到:

$$P_3(2)=C_3^2p^2q^{3-2},P_3(3)=C_3^3p^3q^{3-3}$$

综上可知,3 重伯努利试验中事件 A 出现 k 次的概率为

$$P_3(k)=C_3^k p^k q^{3-k}, k=0,1,2,3$$

一般地,n 重伯努利试验中事件 A 出现 k 次的概率为

$$P_n(k)=C_n^k p^k (1-p)^{n-k}, k=0,1,2,\cdots,n \qquad (1.14)$$

式(1.14)常称为二项概率公式,这是因为

$$\sum_{k=0}^{n} P_n(k)=[p+(1-p)]^n=1$$

且 $P_n(k)$ 恰为二项展开式的第 k 项.

例 1.31 某织布车间有 30 台自动织布机,由于检修、上纱等各种工艺上的原因,每台织布机经常停机.设各台织布机是否停机相互独立.如果每台织布机在任一时刻停机的概率为 1/3,试求在任一时刻里有 10 台织布机停机的概率.

解 显然本例为 30 重伯努利试验,织布机停机的概率 $p=1/3$,故 30 台织布机中有 10 台停机的概率为

$$P_{30}(10)=C_{30}^{10}\left(\frac{1}{3}\right)^{10}\left(1-\frac{1}{3}\right)^{20}\approx 0.153$$

注:这个结果直接计算比较困难,可以通过数学软件来计算.这里给出 Excel 命令方法,在单元格中插入函数命令:
BINOMDIST(10,30,1/3,0)
详细命令介绍后面将会给出.

由此可见,尽管每台织布机有 1/3 的可能停机,但并不表明所有的织布机在每一时刻都有 1/3 的台数停机,上例计算表明,有 10 台同时停机只有 15.3%的可能.

例 1.32 设有甲、乙两队举行对抗赛,其中甲队实力占优.当一个甲队队员与一个乙队队员比赛时,甲队队员获胜的概率为 0.6.现两队商定比赛方式,提出 3 种方案进行比赛:

①双方各出 3 人.

②双方各出 5 人.

③双方各出 7 人.

3 种方案均以得胜人数多的一方为胜,试问对乙队来说,哪一种方案最有利?

解 因为不管各队出多少人,每场比赛只有两种结果,且各场比赛结果相互影响不大,因此可看成相互独立,从而问题可看成是多重伯努利概型.设 $A=\{$甲队队员获胜$\}$,则 $P(A)=0.6$,从而有:

①双方各出 3 人的情况下,乙队获胜的概率为:

$$P_3(0)+P_3(1)=C_3^0(0.6)^0(0.4)^3+C_3^1(0.6)^1(0.4)^2=0.352\ 0$$

②双方各出 5 人的情况下,乙队获胜的概率为:

$$P_5(0)+P_5(1)+P_5(2)=$$
$$C_5^0(0.6)^0(0.4)^5+C_5^1(0.6)^1(0.4)^4+C_5^2(0.6)^2(0.4)^3=0.317\ 4$$

③双方各出 7 人的情况下,乙队获胜的概率为:

$$\sum_{k=0}^{3} P_7(k)=\sum_{k=0}^{3} C_7^k(0.6)^k(0.4)^{7-k}=0.289\ 8$$

以上计算表明,显然双方各出 3 人对乙队最为有利.由实际经验可知,由于甲队实力强(假定队员的水平较平均),所以双方出的人数越多,对乙队越不利,因为这时,即使甲队个别队员出现

失误,但由于比赛场次越多,其他队员更有机会扭转局面.

例 1.33 某厂自称产品的次品率不超过 0.5%,经抽样检查,任抽 200 件产品就查出了 5 件次品,试问:上述的次品率是否可信?

解 如果该厂的次品率为 0.5%,若任取一件检查的结果只有两个,即次品与非次品,且每次检查的结果相互不受影响,看作是独立的,即视为伯努利概型,$n=200$,$p=0.005$,200 件中恰有 5 件次品的概率为:

$$P_{200}(5)=C_{200}^{5}\,(0.005)^{5}\,(0.995)^{195}\approx 0.002\,98$$

注:同前面类似,在单元格中输入以下命令即可求得结果.
=BINOMDIST(5,200,0.005,0)

这个概率相当小,可以说在一次抽查中是不大可能发生的,因而该厂产品的次品率不超过 0.5%是不可信的,很可能次品率在 0.5%以上.

例 1.34 一批电子管 1 000 只,其中寿命(单位:h)在 400 以下的有 100 只,400~500 h 有 200 只,500~600 h 有 400 只,其余为 600 h 以上.按有关规定,电子管寿命达到 500 h 的为合格品,现任取 50 只,试问其中至少有 2 只是合格品的概率是多少?

解 尽管电子管寿命按上述分类有 4 种结果,但我们只关心"合格""不合格"这两种结果,且各次检查是相互不受影响的,故可看作伯努利概型.此时,从 1 000 只电子管中任取一只恰为合格品的概率 $p=400/1\,000+300/1\,000=0.7$,故 50 只电子管中至少有 2 只是合格品的概率为:

$$\sum_{k=2}^{50}P_{50}(k)=1-\sum_{k=0}^{1}P_{50}(k)$$
$$=1-C_{50}^{0}(0.7)^{0}(0.3)^{50}-C_{50}^{0}(0.7)^{1}(0.3)^{49}\approx 1$$

注:题中至少有 2 只是合格品,由概率的基本性质,这个结果可通过以下命令求得:
=1-BINOMDIST(1,50,0.7,1)
注意以上命令中最后一个参数为 1.

习题 1

1.判断题.

①甲、乙两人进行射击,A、B 分别表示甲、乙射中目标,则 $\overline{A}\cup\overline{B}$ 表示两人都没有射中. (　　)

②以 A 表示事件"甲种产品畅销,乙种产品滞销",则其对立事件 $\overline{A}$ 为"甲种产品滞销,乙种产品畅销". (　　)

③如果某种彩票中奖的概率为 1/1 000,那么买 1 000 张彩票一定能中奖. (　　)

④对于任意两个事件 A,B,有 $P(A-B)=P(A)-P(B)$ 成立. (　　)

⑤对于任意两个事件 A、B,有 $P(A-B)=P(A)-P(AB)$ 成立. (　　)

⑥对任意事件 A、B,恒有 $0<P(B|A)<1$ 成立. (　　)

⑦B 是样本空间 Ω 的随机事件,则 $P(\Omega|B)=P(B)$. (　　)

⑧若 $A\subset B$,那么 A 与 B 独立. (　　)

⑨设事件 A 与事件 B 独立，则 $P(A|B)=P(B|A)$. （ ）

⑩设 A,B,C 为三事件，若满足：三事件 A,B,C 两两独立，则三事件 A,B,C 相互独立. （ ）

2.选择题.

①掷一粒骰子的试验，在概率论中将“出现奇数点”称为（ ）.

A. 不可能事件 B. 必然事件 C. 随机事件 D. 样本事件

②在事件 A,B,C 中，A 和 B 至少有一个发生而 C 不发生的事件可表示为（ ）.

A. $A\overline{C}\cup B\overline{C}$ B. $AB\overline{C}$

C. $AB\overline{C}\cup A\overline{B}C\cup \overline{A}BC$ D. $A\cup B\cup \overline{C}$

③设事件 A 与事件 B 互不相容，则（ ）.

A. $P(\overline{AB})=0$ B. $P(AB)=P(A)P(B)$

C. $P(A)=1-P(B)$ D. $P(\overline{A}\cup\overline{B})=1$

④下列事件与事件 $A-B$ 不等价的是（ ）.

A. $A-AB$ B. $(A\cup B)-B$ C. $\overline{A}B$ D. $A\overline{B}$

⑤设 A,B 是任意两个随机事件，则与 $A\cup B=B$ 不等价的是（ ）.

A. $A\subset B$ B. $\overline{B}\subset\overline{A}$ C. $A\overline{B}=\varnothing$ D. $\overline{A}B=\varnothing$

⑥设 A、B 为两事件，且 $P(A)$，$P(B)$ 均大于 0，则下列公式错误的是（ ）.

A. $P(A\cup B)=P(A)+P(B)-P(AB)$ B. $P(AB)=P(A)P(B)$

C. $P(AB)=P(A)P(B|A)$ D. $P(\overline{A})=1-P(A)$

⑦已知事件 A、B 满足 $A\subset B$，则 $P(B-A)\neq$（ ）.

A. $P(B)-P(A)$ B. $P(B)-P(A)+P(AB)$

C. $P(\overline{A}B)$ D. $P(B)-P(AB)$

⑧设 A、B 为两事件，若 $P(A\cup B)=0.8$，$P(A)=0.2$，$P(\overline{B})=0.4$，则下述结果正确的是（ ）.

A. $P(\overline{A}\,\overline{B})=0.32$ B. $P(\overline{A}\,\overline{B})=0.2$

C. $P(B-A)=0.4$ D. $P(\overline{B}A)=0.48$

⑨假设事件 A 和 B 满足 $P(B|A)=1$，则（ ）.

A. A 是必然事件 B. $P(B|\overline{A})=0$

C. $B\subset A$ D. $A\subset B$

⑩设 A、B 为两个事件，$P(A)\neq P(B)>0$，且 $A\supset B$，则下列必成立的是（ ）.

A. $P(A|B)=1$ B. $P(B|A)=1$

C. $P(B|\overline{A})=1$ D. $P(A|\overline{B})=0$

⑪设 A、B 为两个随机事件，且 $0<P(A)<1$，$P(B|A)=P(B|\overline{A})$，则必有（ ）.

A. $P(A|B)=P(\overline{A}|B)$ B. $P(A|B)\neq P(\overline{A}|B)$

C. $P(AB)=P(A)P(B)$ D. $P(AB)\neq P(A)P(B)$

⑫设 A、B 是两个互不相容的事件，且 $P(A)>0$、$P(B)>0$，则下列结论成立的是(　　).

A. $P(A)=1-P(B)$　　B. $P(A|B)=0$　　C. $P(A|\overline{B})=1$　　D. $P(\overline{AB})=0$

⑬对于任意两个事件 A 和 B，(　　).

A. 若 $AB\neq\varnothing$，则 A,B 一定独立　　B. 若 $A\overline{B}\neq\varnothing$，则 A,B 有可能独立

C. 若 $AB=\varnothing$，则 A,B 一定独立　　D. 若 $A\overline{B}=\varnothing$，则 A,B 一定不独立

⑭设 A、B、C 是3个相互独立的随机事件，且 $0<P(C)<1$，则在下列给定的4对事件中不相互独立的是(　　).

A. $\overline{A\cup B}$与 C　　B. $\overline{AC}$与 $\overline{C}$　　C. $\overline{A-B}$与 C　　D. $\overline{AB}$与$\overline{\overline{C}}$

⑮设 $P(A)=0.8$，$P(B)=0.7$，$P(A|B)=0.8$，则下述结论正确的是(　　).

A. A 与 B 相互独立　　B. A 与 B 互斥

C. $A\subset B$　　D. $P(A+B)=P(A)+P(B)$

3.写出下列随机试验的样本空间.

①观察某商场某日开门半小时后场内的顾客数.

②生产某种产品直至得到10件正品为止，记录生产产品的总件数.

③讨论某地区气温.

④已知某批产品中有1、2、3等品及不合格品，从中任取一件观察其等级.

⑤一口袋中装有2只红球、3只白球.从中任取2球，不计顺序，观察其结果.

4.在计算机系的学生中任意选一名学生，设事件 A=“被选学生是男生”，事件 B=“被选学生是一年级学生”，事件 C=“被选学生是运动员”.

①叙述事件 $AB\overline{C}$的含义.

②在什么条件下 $ABC=C$ 成立?

③什么时候关系式 $C\subseteq B$ 是正确的?

④什么时候 $\overline{A}=B$ 成立?

5.设 A,B,C 是某一试验的3个事件，用 A,B,C 的运算关系表示下列事件.

①A,B,C 都发生.

②A,B,C 都不发生.

③A 与 B 发生，而 C 不发生.

④A 发生，而 B 与 C 不发生.

⑤A,B,C 中至少有一个发生.

⑥A,B,C 中不多于一个发生.

⑦A 与 B 都不发生.

⑧A 与 B 不都发生.

6.甲、乙、丙3人各进行一次试验，事件 A_1,A_2,A_3 分别表示甲、乙、丙试验成功，说明下列事件所表示的试验结果：

$$\overline{A}_1,A_1\cup A_2,\overline{A_2A_3},\overline{A_2}\cup\overline{A_3},A_1A_2A_3,$$
$$A_1A_2\cup A_2A_3\cup A_1A_3$$

7.设 A,B 为两个事件,指出下列等式中哪些成立,哪些不成立?

①$A\cup B=A\overline{B}\cup B$.

②$A-B=A\overline{B}$.

③$(AB)(A\overline{B})=\varnothing$.

④$(A-B)+B=A$.

8.通过画维恩图验证对偶公式$\overline{A\cup B}=\overline{A}\cap\overline{B}$及$\overline{A\cap B}=\overline{A}\cup\overline{B}$.

9.证明公式:

$P(A+B+C)=P(A)+P(B)+P(C)-P(AB)-P(AC)-P(BC)+P(ABC)$.

10.证明不等式:$P(AB)\geqslant P(A)+P(B)-1$.

11.设事件 A,B 互不相容,$P(A)=p,P(B)=q$,计算 $P(\overline{A}B)$.

12.设 $P(A)=0.4,P(A\cup B)=0.7$,

①若事件 A,B 互不相容,计算 $P(B)$.

②若事件 A,B 独立,计算 $P(B)$.

13.若 $P(A)=0.6,P(A\cup B)=0.8,P(AB)=0.1$,求 $P(\overline{B}),P(A-B)$.

14.设 A,B,C 是 3 个事件,且

$$P(A)=P(B)=P(C)=\frac{1}{4},P(AB)=P(BC)=0,P(AC)=\frac{1}{8}$$

求 A,B,C 至少有一个发生的概率.

15.3 人独立地破译一密码,已知他们能破译的概率分别为$\frac{1}{5},\frac{1}{3},\frac{1}{4}$,求 3 人中至少有一人能将密码破译的概率.

16.根据天气预报,明天甲城市下雨的概率为 0.7,乙城市下雨的概率为 0.2,甲、乙两城市同时下雨的概率为 0.1.求下列事件的概率:

①明天甲城市下雨而乙城市不下雨.

②明天至少有一个城市下雨.

③明天甲、乙两城市都不下雨.

④明天至少有一城市不下雨.

17.某学生宿舍有 6 名学生,问:

①6 人生日都在星期天的概率是多少?

②6 人生日都不在星期天的概率是多少?

③6 人生日不都在星期天的概率是多少?

18.某工人同时看管 3 台机器,在 1 h 内,这 3 台机器需要看管的概率分别为 0.2,0.3,0.1,假设这 3 台机器是否需要看管是相互独立的,试求在 1 h 内:

①3 台机器都不需要看管的概率.

②至少有一台机器需要看管的概率.

19.某类灯泡使用 1 000 h 以上的概率为 0.3,求 3 个灯泡在使用 1 000 h 以后:

①都没有坏的概率.

②坏了一个的概率.

③最多只有一个坏了的概率.

20.已知 $P(A)=\dfrac{1}{4}$,$P(B|A)=\dfrac{1}{3}$,$P(A|B)=\dfrac{1}{2}$,求 $P(A\cup B)$.

21.盒中装有 10 个小球,其中红球 3 个,白球 7 个.现从中不放回地取两次,每次任取一个球.求第一次取到红球的概率和在第一次取到红球的条件下第二次取到红球的概率.

22.有 100 名学生,其中 96 名数学考试及格,90 名外语考试及格,88 名数学、外语考试都及格.先从中任挑一名学生,已知其外语考试及格,问他数学考试及格的可能性有多大?

23.设某班 30 位同学共有 3 张电影票,抽签决定谁拥有.试问:每人抽到电影票的机会是否均等?

24.证明:$\varnothing$与任何事件 A 相互独立.

25.如果事件 A 与事件 B 独立,事件 B 与事件 C 独立,那么 A 与 C 独立吗?试证明或举例说明.

26.设事件 A 与 B 相互独立,且 $P(A)=0.3$,$P(B)=0.4$,计算 $P(A\cup B)$,$P(AB)$.

27.设如下图中方框代表某种元件,其可靠性(能够正常工作的概率)为 r,计算图示系统正常工作的概率(设每个元件是否正常工作相互独立).

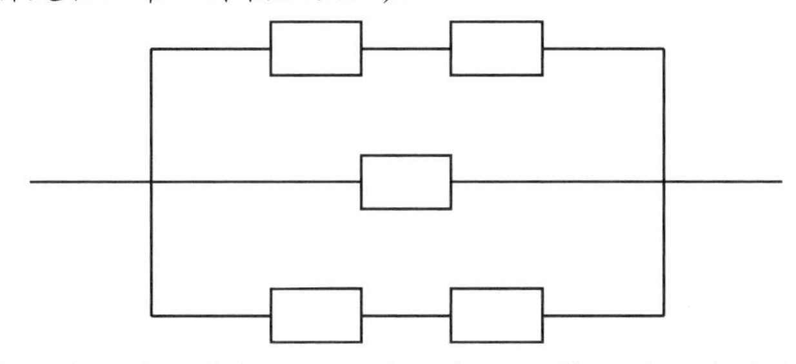

28.某产品的生产过程要经过 3 道相互独立的工序.已知第一道工序的次品率为 3%,第二道工序的次品率为 5%,第三道工序的次品率为 2%,问该种产品的次品率是多大?

29.某商家对其销售的数码相机做出如下承诺:若一年内数码相机出现重大质量问题,商家保证免费予以更换.已知此种数码相机一年内出现重大质量问题的概率为 0.005.试计算该商家每月销售 200 台数码相机中一年内须免费予以更换不超过 1 台的概率.

30.某次考试试卷中有 10 道选择填空题,每题有 4 个选择答案,且其中只有 1 个是正确答案.某同学投机取巧,随意填空,试问他至少答对 6 题的概率是多大?

31.春节期间燃放烟花爆竹是我国的传统习俗,但燃放烟花爆竹也经常引发意外,容易造成极大的损失.假设每次燃放烟花爆竹引发火警的可能性为十万分之一,若春节期间某市有 100 万人次燃放烟花爆竹,计算没有引发火警的概率.

32.某厂生产的每台仪器,可直接出厂的占 70%,需调试的占 30%,调试后出厂的占 80%,不能出厂的不合格品占 20%.新生产 $n(\geqslant 2)$ 台仪器(设每台仪器的生产过程相互独立),试求:

①全部能出厂的概率.

②恰有 2 台不能出厂的概率.

③至少有 2 台不能出厂的概率.

33.进行 4 次独立试验,在每次试验中 A 出现的概率为 0.3.如果 A 不出现,则 B 也不出现.如果 A 出现一次,则 B 出现的概率为 0.6.如果 A 出现不少于 2 次,则 B 出现的概率为 1.试求 B 出现的概率.

34.有位朋友从远方来,他乘火车、轮船、汽车、飞机来的概率分别是0.3,0.2,0.1,0.4,如果他乘火车、轮船、汽车来的话,迟到的概率分别是$\frac{1}{4}$,$\frac{1}{3}$,$\frac{1}{12}$,而乘飞机则不会迟到.求

①他迟到的概率为多少?

②如果他迟到了,求他是乘火车来的概率是多少?

35.某保险公司把被保险人分成3类:“谨慎的”“一般的”“冒失的”,他们在被保险人中依次占20%,50%,30%.统计资料表明,上述3种人在一年内发生事故的概率分别为0.05,0.15和0.30.现有某被保险人在一年内出事故了,求其是“谨慎的”客户的概率.

36.一种传染病在某市的发病率为0.04,医院采用某种检验法检查这种传染病,该方法能使98%的患有此病的人被检出阳性,但也会有3%的未患此病的人被检出阳性.现某人被用此法检出阳性,求此人确实患有这种传染病的概率.

第 2 章　随机变量及其分布

第 1 章讨论了随机事件及其概率.这只是孤立地研究了随机试验的一个或几个结果.为了对随机试验进行全面和深入的研究,揭示出其中客观存在的规律性,人们常将随机试验的结果与实数对应起来,即将随机试验的结果数量化,引入随机变量的概念.随机变量是概率论中最重要的概念之一,用其描述随机现象是概率论中最重要的方法.它使概率论从事件及其概率的研究推进到随机变量及其概率分布的研究,从而可以应用近代数学工具,如微积分、线性代数等研究概率问题.

2.1 随机变量及其分布函数

一、随机变量

对于随机试验,其结果可以是数量性的,也可以是非数量性的,对这两种情况,都可以把结果数量化.

例 2.1　抛掷一枚硬币,观察出现正反面的情况.

该试验有两个可能结果,即 $\Omega=\{\omega\}=\{$出现正面,出现反面$\}$,试验结果是非数量性的.为了便于研究,可以将试验结果数量化,如用 1 代表出现正面,用 0 代表出现反面,则可得到如下的变量

$$X=X(\omega)=\begin{cases}1,\omega=\text{“出现正面”}\\0,\omega=\text{“出现反面”}\end{cases}$$

在上面的例子中,变量 X 的取值都依赖于试验的结果,具有随机性,人们称之为随机变量.

定义 2.1　设 Ω 是随机试验的样本空间,对 Ω 中的每一个样本点 ω,有且仅有一个实数 $X(\omega)$ 与之对应,则称 X 为定义在 Ω 上的**随机变量**.

简言之,随机变量是定义在 Ω 上的一个单值实函数,即 $X=X(\omega)$,$\omega\in\Omega$.

需要注意的是,随机变量与普通函数有差别:普通函数是定义在实

数轴上的，而随机变量是定义在样本空间上的，样本空间中的元素不一定是实数.另外，随机变量取值依试验结果而定，由于试验的各个结果的发生有一定的概率，因而随机变量取各个值也有一定的概率.

例 2.2 用 X 表示一天某人电话的接听次数，则 X 是一个随机变量，X 的可能取值为 $0,1,2,3,\cdots$.

上例中 X 的取值为可列无穷多个.

例 2.3 在灯泡寿命测试试验中，其寿命时间 X 是一个随机变量，则 X 的取值区间为 $[0,\infty)$.

引入随机变量以后，随机事件可以用随机变量的取值来表示.随机变量按其取值情况分为两大类：离散型和非离散型.离散型随机变量的所有可能取值为有限或可列无穷个；非离散型随机变量的情况比较复杂，其中的一种称为连续型随机变量，其取值范围是一个或若干个有限或无限区间.本书只讨论离散型和连续型这两种随机变量.

二、分布函数

由于随机变量的定义域为一般的样本空间，不便于数学处理，故再引入一个与随机变量密切相关的函数概念.

定义 2.2 X 为一随机变量，对任意 $x\in\mathbf{R}$，函数

$$F(x)=P\{X\leqslant x\} \tag{2.1}$$

称为随机变量 X 的分布函数.

分布函数的函数值表示随机变量 X 在区间 $(-\infty,x]$ 上取值的概率，故分布函数 $F(x)$ 的定义域为 $(-\infty,+\infty)$，值域为实数集 $[0,1]$.可见，$F(x)$ 为一普通实函数，通过它就可以运用微积分等工具来研究随机变量.

由定义式(2.1)，对任意实数 $a<b$，显然有

$$P\{a<X\leqslant b\}=P\{X\leqslant b\}-P\{X\leqslant a\}=F(b)-F(a) \tag{2.2}$$

可见，若已知 X 的分布函数，就可得到 X 落在任一区间 $(a,b]$ 上的概率，从这个意义上来说，分布函数完整地描述了随机变量的统计规律性.对于分布函数有以下结论：

定理 2.1 设 $F(x)$ 为随机变量 X 的分布函数，则

①$F(x)$ 是单调不降函数，即当 $a<b$ 时，有 $F(a)\leqslant F(b)$.

②$0\leqslant F(x)\leqslant 1$，且 $F(-\infty)=\lim\limits_{x\to-\infty}F(x)=0$，$F(+\infty)=\lim\limits_{x\to+\infty}F(x)=1$.

③$F(x)$ 右连续，即 $F(x_0+0)=\lim\limits_{x\to x_0^+}F(x)=F(x_0)$.

证明 ①由式(2.2)及概率的非负性即得.

②由概率的性质即知 $0 \leqslant F(x) \leqslant 1$;从直观上看,若 $x \to -\infty$,“随机变量 X 在 $(-\infty, x]$ 内取值”这一事件渐趋于不可能事件,其概率不断变小渐趋为0,即 $F(-\infty)=0$;若 $x \to +\infty$,“随机变量 X 在 $(-\infty, x]$ 内取值”这一事件趋于必然事件,其概率逐渐增大渐趋为1,即 $F(+\infty)=1$.其严格证明略.

③证明超出本书范围,略去.

利用分布函数可以得到:

$$P\{X > b\} = 1 - F(b),$$
$$P\{X < b\} = F(b - 0),$$
$$P\{X = b\} = F(b) - F(b - 0).$$

例 2.4 设随机变量 X 的分布律为

X	0	1
p_i	$\frac{1}{2}$	$\frac{1}{2}$

求分布函数 $F(x)$.

解 当 $x<0$ 时,$F(x)=P\{X \leqslant x\}=0$,

当 $0 \leqslant x<1$ 时,$F(x)=P\{X \leqslant x\}=P\{X=0\}=\frac{1}{2}$,

当 $x \geqslant 1$ 时,$F(x)=P\{X \leqslant x\}=P\{X=0\}+P\{X=1\}=\frac{1}{2}+\frac{1}{2}=1$,

综合得

$$F(x)=\begin{cases}0, & x<0 \\ \frac{1}{2}, & 0 \leqslant x<1 \\ 1, & x \geqslant 1\end{cases}$$

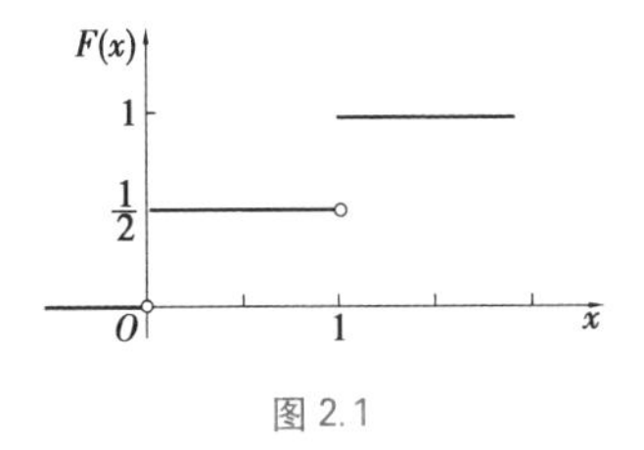

图 2.1

$F(x)$ 的图形如图 2.1 所示,它是阶梯形的,在 $x=0,1$ 点处发生跳跃.

例 2.5 设随机变量 X 的分布函数为

$$F(x)=\begin{cases}a+b \mathrm{e}^{-\lambda x}, & x>0, \\ 0, & x \leqslant 0.\end{cases} \quad (\text{其中 } \lambda>0)$$

试求:

①系数 a, b.

②X 落在区间 $(-1,1]$ 上的概率.

解 ①由分布函数性质 $\lim\limits_{x \to +\infty} F(x)=\lim\limits_{x \to +\infty}(a+b \mathrm{e}^{-\lambda x})=a=1$,

再由分布函数的右连续性,$\lim\limits_{x \to 0^{+}} F(x)=\lim\limits_{x \to 0^{+}}(a+b \mathrm{e}^{-\lambda x})=a+b=0$,

得 $a=1, b=-1$.

②$P\{-1<X \leqslant 1\}=F(1)-F(-1)=1-\mathrm{e}^{-\lambda}$.

2.2 离散型随机变量

一、离散型随机变量及其分布律

定义 2.3 如果随机变量 X 只取有限个值 $x_1,x_2,\cdots x_n$,或可列无穷多个值 $x_1,x_2,\cdots x_n,\cdots$,则称 X 为离散型随机变量.

对 X 的任一取值 x_i,若有

$$P\{X=x_i\}=p_i,(i=1,2,\cdots) \tag{2.3}$$

且满足下列两个条件:

(1)$p_i\geqslant 0,i=1,2,\cdots$;

(2)$\sum_{i=1}^{\infty}p_i=1$.

则称式(2.3)为 X 的概率分布或分布律(分布列).

概率分布也可表示为下列表格形式:

X	x_1	x_2	$\cdots$	x_n	$\cdots$
P	p_1	p_2	$\cdots$	p_n	$\cdots$

要掌握一个离散型随机变量 X 的统计规律,需要且只需要知道 X 的所有可能取值以及取每一可能值的概率,即需要知道 X 的概率分布.由 X 的概率分布也很容易求出其分布函数,即

$$F(x)=P\{X\leqslant x\}=\sum_{x_i\leqslant x}P\{X=x_i\}=\sum_{x_i\leqslant x}p_i \tag{2.4}$$

例 2.6 袋子里有 4 个同样大小的球,编号为 1,2,3,4.从中同时取出 3 个球,记 X 为取出球的最大编号,求 X 的概率分布.

解 X 的取值为 3、4,由古典概率计算得:

$$P\{X=3\}=\frac{1}{C_4^3}=\frac{1}{4},P\{X=4\}=\frac{C_3^2}{C_4^3}=\frac{3}{4},$$

故随机变量 X 的概率分布为:

X	3	4
P	$\frac{1}{4}$	$\frac{3}{4}$

例 2.7 设离散型随机变量 X 的分布律为:

X	0	1	2
P	0.1	c	0.4

求常数 c.

解 由分布律的性质得:$0.1+c+0.4=1$.

则 $c=0.5$.

例 2.8 设 X 的分布律如下,求 X 的分布函数并作图.

X	0	1	2
P	0.2	0.3	0.5

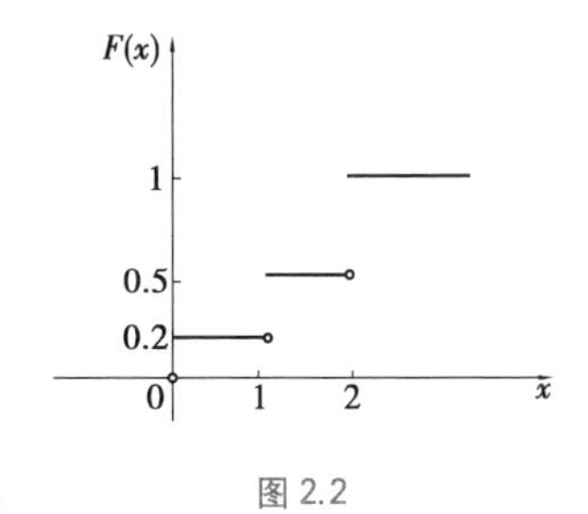

图 2.2

解 由式(2.4),可得

$$F(x)=\begin{cases}0, & x<0\\ 0.2, & 0\leqslant x<1\\ 0.5, & 1\leqslant x<2\\ 1, & x\geqslant 2\end{cases}$$

$F(x)$的图形如图 2.2 所示.

例 2.9 设 10 件产品中有 7 件正品,3 件次品,现随机从中无放回抽取,每次取一件,直到取得正品为止,求抽取次数 X 的概率分布及分布函数.

解 采取无放回抽取,所以最多取 4 次可取到正品,因此 X 的可能取值为 1,2,3,4.令 $A_k=\{$第 k 次取得正品$\}(k=1,2,3,4)$,$B_m=\{$第 m 次取得次品$\}(m=1,2,3)$,则有:

$$P\{X=1\}=P(A_1)=\frac{7}{10},$$

$$P\{X=2\}=P(A_2B_1)=P(B_1)P(A_2|B_1)=\frac{3}{10}\times\frac{7}{9}=\frac{7}{30},$$

$$P\{X=3\}=P(B_1B_2A_3)=P(B_1)P(B_2|B_1)P(A_3|B_1B_2)$$
$$=\frac{3}{10}\times\frac{2}{9}\times\frac{7}{8}=\frac{7}{120},$$

$$P\{X=4\}=P\{B_1B_2B_3A_4\}=P(B_1)P(B_2|B_1)P(B_3|B_1B_2)P\{A_4|B_1B_2B_3\}$$
$$=\frac{3}{10}\times\frac{2}{9}\times\frac{1}{8}\times\frac{7}{7}=\frac{1}{120},$$

故 X 的概率分布为:

X	1	2	3	4
P	$\frac{7}{10}$	$\frac{7}{30}$	$\frac{7}{120}$	$\frac{1}{120}$

X 的分布函数为：

$$F(x)=\begin{cases}0, x<1\\ \dfrac{7}{10}, 1\leqslant x<2\\ \dfrac{14}{15}, 2\leqslant x<3\\ \dfrac{119}{120}, 3\leqslant x<4\\ 1, x\geqslant 4\end{cases}$$

二、常用的离散型分布

1.0—1 分布(两点分布)

若随机变量 X 只可能取 0 和 1 两个值,其分布律为

X	0	1
P	$1-p$	p

或记为

$$P\{X=k\}=p^k(1-p)^{1-k}(k=0,1) \tag{2.5}$$

则称 X 服从 0—1 分布,也称为两点分布.

对伯努利试验,其样本空间只包含两个样本点,即 $\Omega=\{A,\bar{A}\}$,总可以在 Ω 上定义一个服从 0—1 分布的随机变量如下：

$$X=\begin{cases}1, A \text{ 发生};\\ 0, A \text{ 不发生}.\end{cases} \tag{2.6}$$

2.二项分布

若随机变量 X 的取值为 $0,1,2,\cdots,n$,并且

$$P\{X=k\}=C_n^k p^k(1-p)^{n-k}(k=0,1,2,\cdots,n) \tag{2.7}$$

则称 X 服从参数为 n,p 的二项分布,记为 $X\sim B(n,p)$.

显然,在伯努利概型中,令 X 表示 n 重伯努利试验中事件 A 发生的次数(往往把 A 发生看作成功),事件 A 在每次试验中发生的概率为 p, $0<p<1$,则 X 服从的分布为 $B(n,p)$.

特别地,当 $n=1$ 时,$X\sim B(1,p)$,即为 0—1 分布.

二项分布的分布函数为

$$F(x)=P\{X\leqslant x\}=\sum_{0\leqslant k\leqslant x}P\{X=k\}=\sum_{0\leqslant k\leqslant x}C_n^k p^k(1-p)^{n-k} \tag{2.8}$$

两种不同参数的二项分布的概率分布如图 2.3(a)、(b)所示.

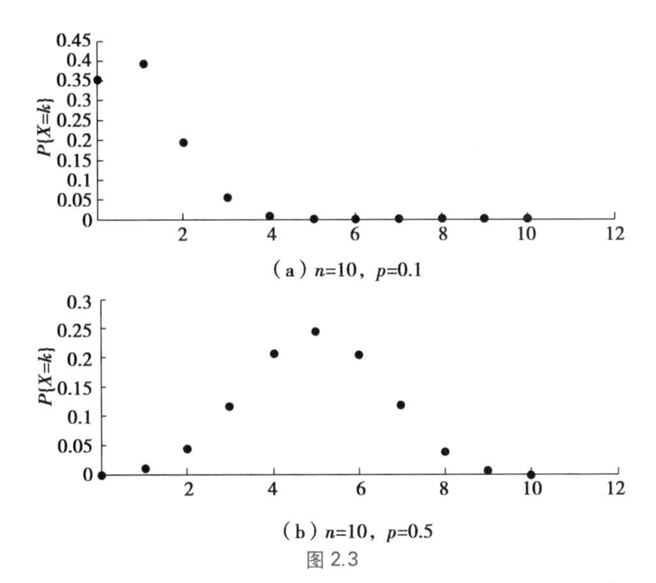

图 2.3

常见分布的概率，很多软件可以直接求出.WPS 电子表格及 Excel 均提供了许多常用的概率分布函数命令，利用这些命令可以计算有关的概率，为方便起见，本书中仅介绍 WPS 电子表格或 Excel 中基本的概率统计的有关命令和操作.

二项分布概率计算命令

例 2.10　某特效药的临床有效率为 0.95.现有 10 人服用，问至少有 8 人治愈的概率是多少？

解　设 X 为 10 人中被治愈的人数，则 $X\sim B(10,0.95)$，故所求的概率为：

$$\begin{aligned}P\{X \geqslant 8\} &= P\{X = 8\} + P\{X = 9\} + P\{X = 10\}\\ &= C_{10}^{8}(0.95)^{8}(0.05)^{2} + C_{10}^{9}(0.95)^{9}(0.05)^{1} + C_{10}^{10}(0.95)^{10} \approx 0.988\ 5.\end{aligned}$$

例 2.11　设 $X\sim B(2,p)$，$Y\sim B(4,p)$.设 $P\{X\geqslant1\}=\dfrac{3}{4}$，试求 $P\{Y\geqslant1\}$.

解　$P\{X\geqslant1\}=\dfrac{3}{4}$，则 $P\{X=0\}=1-P\{X\geqslant1\}=\dfrac{1}{4}\Rightarrow C_2^0p^0(1-p)^2=\dfrac{1}{4}$，

所以 $p=\dfrac{1}{2}$.

从而 $P\{Y\geqslant1\}=1-P\{Y=0\}=1-C_4^0p^0(1-p)^4=\dfrac{15}{16}$.

例 2.12　设在家畜中感染某种疾病的概率是 30%，新发现一种血清可能对预防此疾病有效.为此对 20 只健康动物注射这种血清.若注射后只有一只动物受感染，应对此血清的作用如何评价？

仅凭运气能成功吗？

解　令 X 表示 20 只健康动物注射这种血清后受感染的动物数量.假定这种血清无效，注射这种血清后动物受感染率还应是 30%，此时有 $X\sim B(20,0.3)$.这 20 只动物中只有一只动物受感染的概率为：

$$P\{X = 1\} = C_{20}^{1} \times 0.3^{1} \times 0.7^{19} \approx 0.006\ 8$$

这个概率相当小,因此不能认为血清毫无价值.

关于二项分布概率的计算,有时也可通过查表得到.查表时,对于较小的 n,p,可以直接查表得到 $F(x)$ 的值,如果 p 较大,利用下面定理先转化为 p 较小的二项分布再去查表计算(当然有些 p 的值表中没有列出).

定理 2.2　如果随机变量 $X \sim B(n,p)$,且 $Y=n-X$;则 $Y \sim B(n,1-p)$.

请读者自己证明.

3.泊松分布

泊松

设随机变量 X 的分布律为

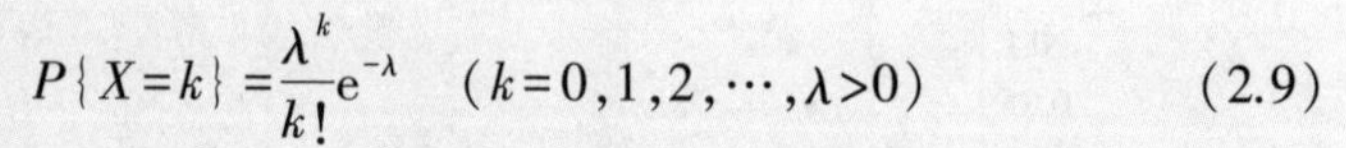

$$P\{X=k\}=\frac{\lambda^k}{k!}e^{-\lambda} \quad (k=0,1,2,\cdots,\lambda>0) \tag{2.9}$$

则称 X 服从参数为 λ 的泊松(Poisson)分布,记为 $X \sim P(\lambda)$.

不同参数的泊松分布的概率分布如图 2.4 所示.

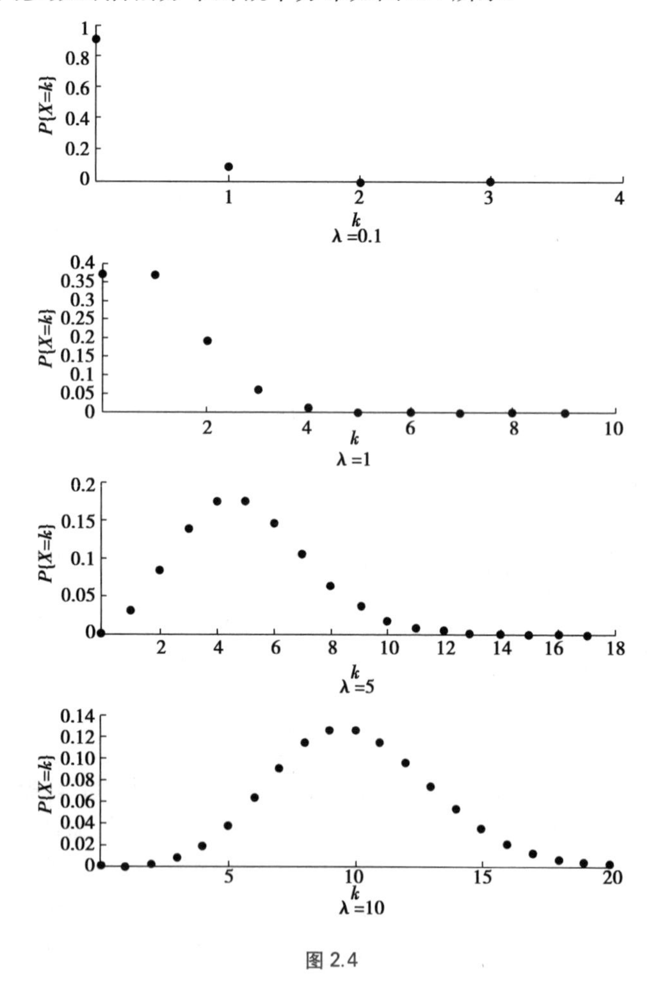

图 2.4

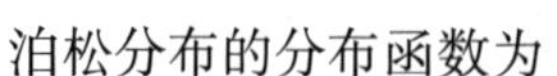

泊松分布的分布函数为

$$F(x) = P\{X \leqslant x\} = \sum_{0 \leqslant k \leqslant x} P\{X = k\} = \sum_{0 \leqslant k \leqslant x} \frac{\lambda^k e^{-\lambda}}{k!} \tag{2.10}$$

同二项分布情形一样,泊松分布的概率值可以利用相关软件或通过查表得到,以后不再赘述.

泊松分布概率计算命令

例 2.13　设一块白布上的疵点数服从参数 $\lambda = 0.5$ 的泊松分布,试求:

①此白布上恰有 3 个疵点的概率.

②此白布上至少有 3 个疵点的概率.

解　设 X 表示白布上的疵点数,则 $X \sim P(0.5)$

①$P\{X=3\} = \frac{0.5^3}{3!} e^{-0.5} \approx 0.012\ 64$

②$P\{X \geqslant 3\} = 1 - P\{X \leqslant 2\} = 1 - \sum_{k=0}^{2} \frac{0.5^k}{k!} e^{-0.5} \approx 0.014\ 39$

当 n 比较大,p 比较小时,在 n 次试验中事件 A 发生的次数就近似服从参数为 $\lambda = np$ 的泊松分布,即

$$P\{X = k\} = C_n^k p^k (1-p)^{n-k} \approx \frac{\lambda^k}{k!} e^{-\lambda} \tag{2.11}$$

式(2.11)也称为泊松定理.

实际计算时,当 $n \geqslant 100, p < 0.1$ 时就可用泊松分布近似计算二项分布的概率.

注:泊松分布实际上是二项分布的极限形式,因此,历史上泊松分布的一个重要应用是用作二项分布的近似计算.现在对于复杂的二项分布计算,直接利用软件命令即可求得,已不需要采用泊松近似计算.

例 2.14　一个工厂生产的产品废品率为 0.001,任取 5 000 件,求其中至多有 5 件是废品的概率.

解　设 X 表示该批产品中的废品数,则 $X \sim B(5\ 000, 0.001)$.

$$P\{X \leqslant 5\} = \sum_{k=0}^{5} C_{5\ 000}^k (0.001)^k (0.999)^{5\ 000-k} \approx 0.615\ 960\ 669$$

由于 $n = 5\ 000, p = 0.001$,取 $\lambda = np = 5$,则 X 近似服从参数为 5 的泊松分布,于是有

$$P\{X \leqslant 5\} = \sum_{k=0}^{5} \frac{5^k}{k!} e^{-5} \approx 0.615\ 960\ 655$$

从以上结果可见近似效果非常好.

例 2.15　假设一天内光顾某商场的顾客人数服从参数为 λ 的泊松分布,而每位顾客购买商品的概率为 p,设 X 表示一天内光顾该商场并购买商品的顾客人数,求随机变量 X 的分布律.

解　设 Y 表示一天内光顾该商场的顾客人数,则 $Y \sim P(\lambda)$,

由全概率公式,对于 $n = 0, 1, 2, \cdots$,有

$$\begin{aligned} P\{X = m\} &= \sum_{n=m}^{\infty} P\{X = m \mid Y = n\} \cdot P\{Y = n\} \\ &= \sum_{n=m}^{\infty} C_n^m p^m (1-p)^{n-m} \cdot \frac{\lambda^n}{n!} e^{-\lambda} \end{aligned}$$

$$
\begin{aligned}
&= \frac{(\lambda p)^m}{m!} e^{-\lambda} \sum_{n=m}^{\infty} \frac{1}{(n-m)!} [(1-p)\lambda]^{n-m} \\
&= \frac{(\lambda p)^m}{m!} e^{-\lambda} e^{(1-p)\lambda} \\
&= \frac{(\lambda p)^m}{m!} e^{-\lambda p}
\end{aligned}
$$

即 $X \sim P(\lambda p)$.

2.3 连续型随机变量

在实际问题中,除了离散型随机变量以外,常用的还有连续型随机变量,如前面提到的炮弹落地点和目标之间的距离,列车到达某个车站的时间,电子元件的寿命等.对于连续型随机变量,它可能取某一区间内的所有值,这些可能取值不能一一列举出来,也就不能像离散型随机变量那样用概率分布来描述连续型随机变量.下面将会看到,连续型随机变量取任一指定值的概率都等于零.因此,应该考察连续型随机变量 X 的取值落在一个区间 (x_1, x_2) 内的概率 $P\{x_1<X<x_2\}$,这也符合实际情况,例如对灯泡的使用寿命,通常我们感兴趣的不是灯泡的寿命为 1 000 h的概率,而是灯泡的寿命大于 1 000 h 的概率.

一、概率密度函数

定义 2.4　设 $F(x)$ 是随机变量 X 的分布函数,如果存在非负可积函数 $f(x)$,使得对于任意实数 x,均有

$$
F(x) = P\{X \leqslant x\} = \int_{-\infty}^{x} f(t)\,dt \tag{2.12}
$$

则称 X 为连续型随机变量,其中 $f(x)$ 称为 X 的概率密度函数,简称概率密度或密度函数.

连续型随机变量的概率密度满足下列基本性质:

性质 1　$f(x) \geqslant 0$.

性质 2　$\int_{-\infty}^{+\infty} f(x)\,dx = 1$.

凡是满足上述两条性质的函数 $f(x)$ 一定是某个连续型随机变量的概率密度.

性质 3　$P\{x_1 < X \leqslant x_2\} = F(x_2) - F(x_1) = \int_{x_1}^{x_2} f(x)\,dx$.

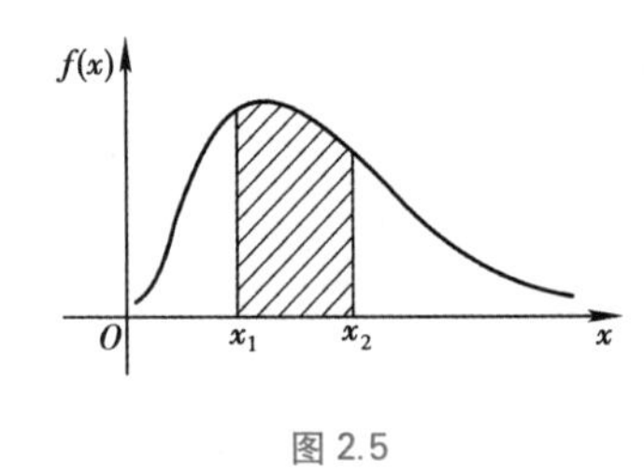

图 2.5

在几何上,$P\{x_1<X\leqslant x_2\}$ 表示以 x 轴上的区间 $(x_1, x_2]$ 为底,曲线 $y=f(x)$ 为顶的曲边梯形的面积,如图 2.5 所示.

性质 4 对连续型随机变量，$F(x)$是连续函数；且在$f(x)$的连续点处，有 $F'(x)=f(x)$.

性质 5 对任意实数 x，有 $P\{X=x\}=0$.

以上性质的证明略.

由性质 3 可知

$$P\{x < X \leqslant x + \Delta x\} = \int_{x}^{x+\Delta x} f(t)\,\mathrm{d}t \approx f(x)\Delta x \tag{2.13}$$

由式(2.13)可知，给定较小的 Δx，$f(x)\Delta x$ 反映了 X 落在点 x 附近的概率的大小.

由性质 4 可知，当密度函数$f(x)$连续时，分布函数 $F(x)$与密度函数$f(x)$能够相互确定.因此，描述连续型随机变量往往只需要知道其密度函数即可.

性质 5 表明，连续型随机变量 X 取任意常数值的概率为 0，这正是连续型随机变量与离散型随机变量最大的区别.因此当讨论连续型随机变量 X 在某一区间上的取值情况时，由于该区间是否包含端点不影响其概率的值，因此对开区间与闭区间不再仔细区分.而对于离散型随机变量，若考虑它在一个区间上取值情况时，则不能忽略端点处的概率取值.

注：若将概率理解为长为 Δx 的某物体的质量，则 $f(x)$正好就是物体的线密度，这正是称它为“密度”的原因.从物理上讲，物体中任何一点的质量为 0，某点密度大小反映了该点附近单位体积的质量大小.由性质 5 及式(2.13)可知，连续型随机变量及其概率密度在这些方面与物理中的情形类似.

例 2.16 设随机变量 X 具有概率密度 $f(x)=\begin{cases} k\mathrm{e}^{-x}, & x>0 \\ 0, & x\leqslant 0 \end{cases}$，试确定常数 k，并求 X 的分布函数及 $P\{X>1\}$.

解 ① 由$\int_{-\infty}^{+\infty} f(x)\,\mathrm{d}x = 1$，得$\int_{0}^{+\infty} k\mathrm{e}^{-x}\,\mathrm{d}x = k = 1$；

② 当 $x \leqslant 0$ 时，$F(x) = \int_{-\infty}^{x} 0\,\mathrm{d}t = 0$；

当 $x > 0$ 时，$F(x) = \int_{0}^{x} \mathrm{e}^{-t}\,\mathrm{d}t = 1 - \mathrm{e}^{-x}$.

综合得 X 的分布函数为：

$$F(x)=\begin{cases} 1-\mathrm{e}^{-x}, & x>0 \\ 0, & x\leqslant 0 \end{cases}$$

③$P\{X>1\}=1-P\{X\leqslant 1\}=1-F(1)=\mathrm{e}^{-1}$

或者

$$p\{x > 1\} = \int_{1}^{\infty} f(x)\,\mathrm{d}x = \int_{1}^{\infty} \mathrm{e}^{-x}\,\mathrm{d}x = \mathrm{e}^{-1}.$$

例 2.17 设 X 的分布函数为 $F(x)=\begin{cases} 0, & x\leqslant 0, \\ x^2, & 0<x<1, \\ 1, & x\geqslant 1. \end{cases}$ 试求 X 的概率密度 $f(x)$.

解 由 $f(x)=F'(x)$得到：

$$f(x)=\begin{cases} 2x, & 0<x<1, \\ 0, & \text{其他}. \end{cases}$$

二、常用的连续型分布

1.均匀分布

若随机变量 X 具有概率密度

$$f(x)=\begin{cases}\dfrac{1}{b-a},a\leqslant x\leqslant b;\\0, \quad 其他.\end{cases} \tag{2.14}$$

则称 X 服从区间 $[a,b]$ 上的均匀分布,记为 $X\sim U[a,b]$.

若随机变量 $X\sim U[a,b]$,则对任意长度为 l 的子区间 $(c,c+l)\subset[a,b]$,有

$$P\{c<X\leqslant c+l\}=\int_c^{c+l}f(x)\mathrm{d}x=\int_c^{c+l}\frac{1}{b-a}\mathrm{d}x=\frac{l}{b-a},$$

即 X 落在 $[a,b]$ 的任一子区间内的概率只依赖于该子区间的长度,而与子区间的位置无关.

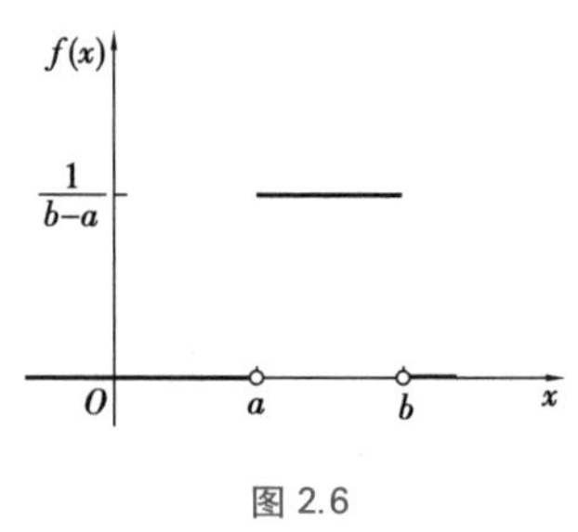

图 2.6

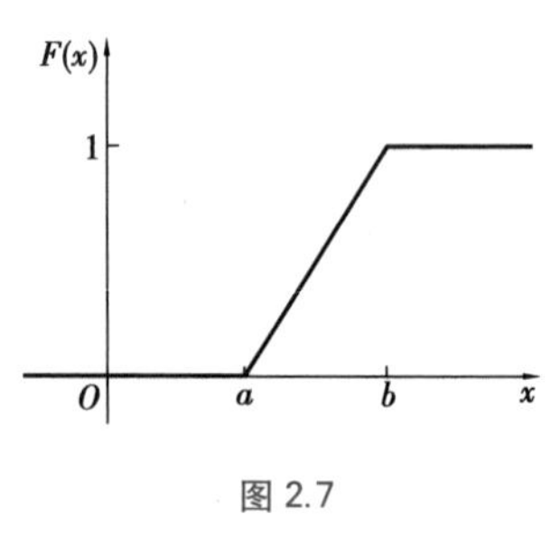

图 2.7

容易计算均匀分布的分布函数如下:

当 $x<a$ 时,$F(x)=\int_{-\infty}^{x}0\mathrm{d}t=0$;

当 $a\leqslant x<b$ 时,$F(x)=\int_{-\infty}^{x}f(t)\mathrm{d}t=\int_a^x\frac{1}{b-a}\mathrm{d}t=\frac{x-a}{b-a}$;

当 $x\geqslant b$ 时,$F(x)=\int_a^b f(t)\mathrm{d}t=1$.

因此

$$F(x)=\begin{cases}0, & x<a\\ \dfrac{x-a}{b-a}, & a\leqslant x<b\\ 1, & x\geqslant b\end{cases} \tag{2.15}$$

均匀分布的概率密度与分布函数分别如图 2.6 及图 2.7 所示.

均匀分布无论在理论上还是在应用上都是非常有用的一种分布.例如,计算机在进行计算时,对末位数字要进行“四舍五入”,如对小数点后第一位数字进行四舍五入时,那么一般认为舍入误差服从区间 $[-0.5,0.5]$ 上的均匀分布;在区间 $[a,b]$ 上随机地掷质点,质点的坐标也可看作是服从在区间 $[a,b]$ 上的均匀分布.

例 2.18 某公共汽车站每隔 6 min 有一辆汽车通过,乘客在 6 min 内任一时刻到达汽车站是等可能性的,求乘客候车时间在 2~5 min 的概率.

解 设 X 表示乘客的候车时间(单位:min),则 $X\sim U[0,6]$,其概率密度为

$$f(x)=\begin{cases}\dfrac{1}{6},0\leqslant x\leqslant 6,\\0,\ 其他.\end{cases}$$

所求概率为：

$$P\{2\leqslant X\leqslant 5\}=\int_2^5\frac{1}{6}\mathrm{d}x=\frac{1}{2}.$$

2.指数分布

若随机变量 X 具有概率密度

$$f(x)=\begin{cases}\lambda e^{-\lambda x},x>0\\0,\quad x\leqslant 0\end{cases}\tag{2.16}$$

其中 $\lambda>0$ 为常数，则称 X 服从参数为 λ 的指数分布，记为 $X\sim E(\lambda)$.

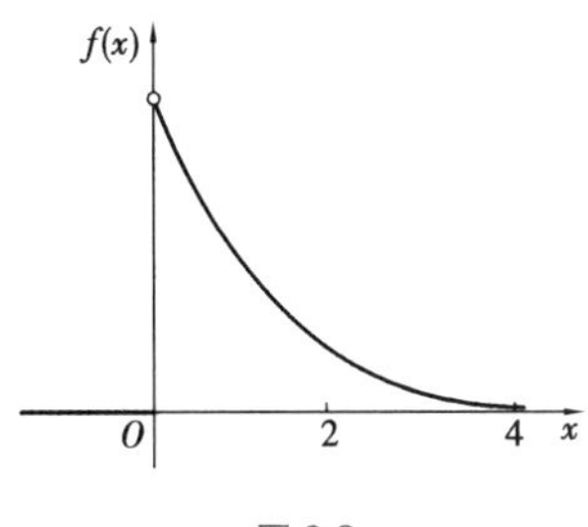

图 2.8

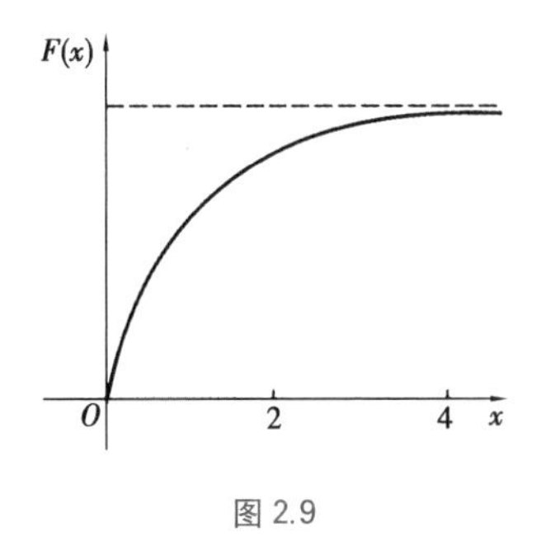

图 2.9

指数分布的分布函数，是连续型随机变量中少数的有简单表达式的分布函数之一.不难求得

$$F(x)=\begin{cases}1-e^{-\lambda x},x\geqslant 0\\0,\quad x<0\end{cases}\tag{2.17}$$

参数 $\lambda=1$ 的指数分布的概率密度如图 2.8 所示，分布函数如图 2.9 所示.

指数分布常用作各种“寿命”分布的近似，比如随机服务系统中的服务时间，一些消耗性产品（电子元器件）的使用寿命等多近似服从指数分布.

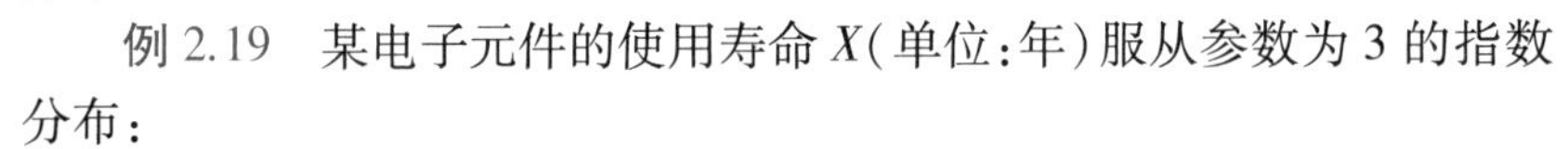

例 2.19　某电子元件的使用寿命 X（单位：年）服从参数为 3 的指数分布：

①求该电子元件寿命超过 2 年的概率.

②已知该电子元件已经使用了 1.5 年，求它还能使用两年的概率.

解　由于参数 $\lambda=3$，X 的密度函数为

$$f(x)=\begin{cases}3e^{-3x},x>0\\0,\quad x\leqslant 0\end{cases}$$

①$P\{X\geqslant 2\}=\int_2^{+\infty}3e^{-3x}\mathrm{d}x=e^{-6}.$

②$P\{X\geqslant 3.5\mid X\geqslant 1.5\}=\dfrac{p\{X>3.5,X>1.5\}}{\{X>1.5\}}=\dfrac{\int_{3.5}^{+\infty}3e^{-3x}\mathrm{d}x}{\int_{1.5}^{+\infty}3e^{-3x}\mathrm{d}x}=e^{-6}.$

计算结果表明：$P\{X\geqslant 3.5\mid X\geqslant 1.5\}$，即在已使用了 1.5 年未损坏的条件下，可以继续使用 2 年的条件概率，等于其寿命不小于 2 年的无条件概率.这种性质称为“无后效性”，也就是说，产品以前曾经无故障使用的时间，不影响其以后使用寿命的统计规律.在连续型分布中只有指数分布具有这种性质，这决定了指数分布在排队论及可靠性理论中的重要地位.

3.正态分布

高斯与正态分布

若随机变量 X 具有概率密度

$$f(x)=\frac{1}{\sqrt{2\pi}\sigma}e^{-\frac{(x-\mu)^2}{2\sigma^2}},x\in\mathbf{R} \tag{2.18}$$

其中 μ,σ 都是常数,$\sigma>0$,则称 X 服从参数为 μ,σ^2 的正态分布,记为 $X\sim N(\mu,\sigma^2)$,相应地,称 X 为正态变量.

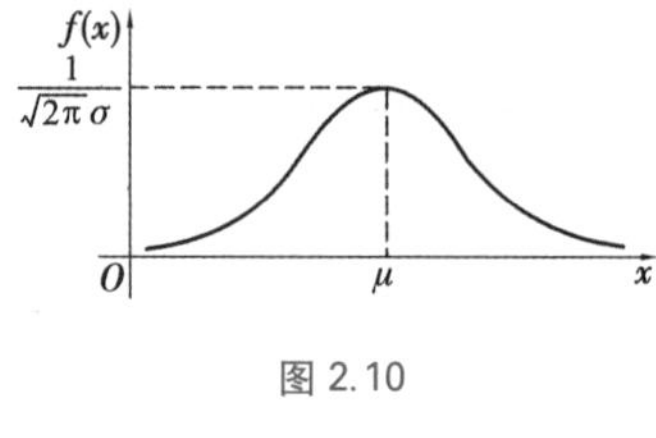
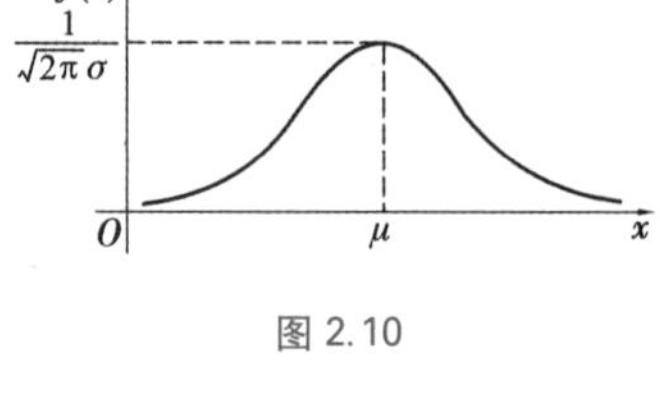

图 2.10

$f(x)$ 的图形如图 2.10 所示,从图形可以看出:

①$f(x)$ 的图形呈钟形曲线,关于 $x=\mu$ 对称.

②$f(x)$ 在 $x=\mu$ 处取得最大值 $\frac{1}{\sqrt{2\pi}\sigma}$,在 $(-\infty,\mu)$ 内单调增加,在 $(\mu,+\infty)$ 内单调减少,以 x 轴为渐近线.

③参数 μ 决定曲线的位置,参数 σ^2 决定曲线的形状.当 σ^2 较大时,曲线较平坦,当 σ^2 较小时,曲线较陡峭,即参数 σ^2 反映了随机变量取值的分散程度,如图 2.11 与图 2.12 所示.

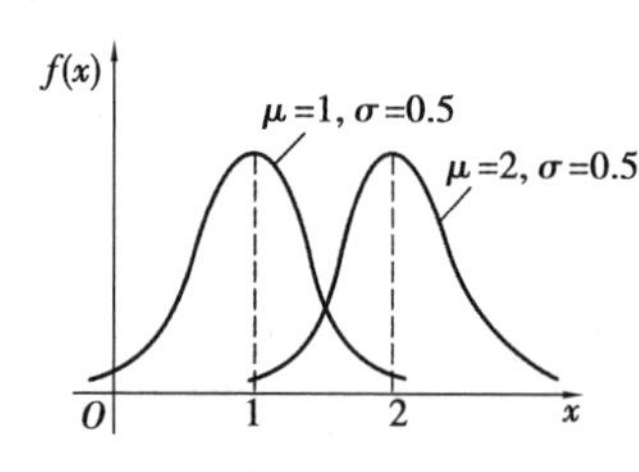

图 2.11 μ 对 $f(x)$ 图形的影响

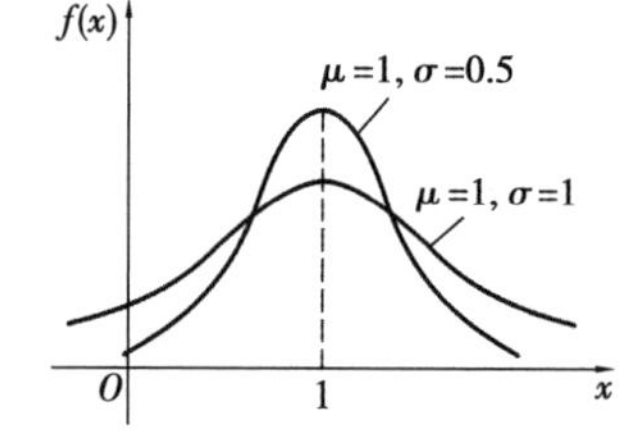

图 2.12 σ 对 $f(x)$ 图形的影响

显然,X 的分布函数为(图 2.13):

$$F(x)=\frac{1}{\sqrt{2\pi}\sigma}\int_{-\infty}^{x}e^{-\frac{(t-\mu)^2}{2\sigma^2}}dt,x\in\mathbf{R} \tag{2.19}$$

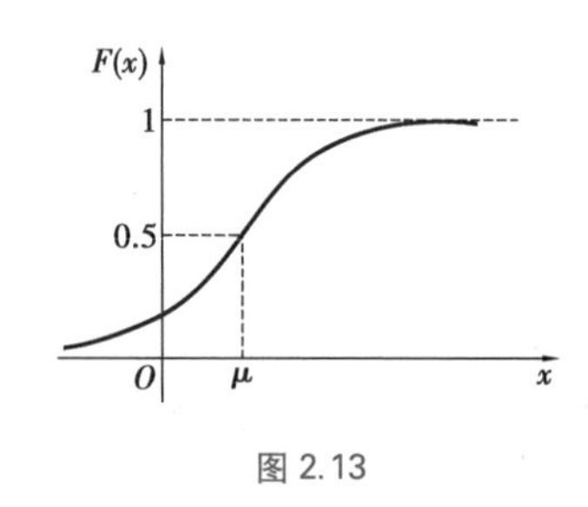

图 2.13

注:形如式(2.19)的广义积分积不出来,故为了计算正态分布的概率值,以前是转化为标准正态分布,通过查表求得,现在可利用软件直接求得.

特别地,当 $\mu=0,\sigma=1$ 时,即 $X\sim N(0,1)$,称 X 服从标准正态分布,

其概率密度为 $\varphi(x)=\frac{1}{\sqrt{2\pi}}e^{-\frac{x^2}{2}}(x\in\mathbf{R})$,

分布函数为 $\Phi(x)=\frac{1}{\sqrt{2\pi}}\int_{-\infty}^{x}e^{-\frac{t^2}{2}}dt(x\in\mathbf{R})$.

例 2.20 设 $X\sim N(2,0.16)$,试求:

①$P\{X\leqslant1.76\}$.

②$P\{X\geqslant2.3\}$.

③$P\{1.8\leqslant X\leqslant2.1\}$.

解 题中 $\mu=2,\sigma^2=0.16$,则 $\sigma=0.4$,调用函数命令 NORMDIST 计算如下:

正态分布概率计算函数命令

①$P\{X\leqslant1.76\}$ =NORMDIST(1.76,2,0.4,1)= 0.274 3.

②$P\{X\geqslant2.3\}=1-P(X<2.3)=$ 1-NORMDIST(2.3,2,0.4,1)= 0.226 6.

③$P\{1.8\leqslant X\leqslant2.1\}$ =NORMDIST(2.1,2,0.4,1)-NORMDIST(1.8,2,

0.4,1)= 0.290 2.

例 2.21 设 $X \sim N(0,1)$,计算

①$P\{X<1.96\}$.

②$P\{1<X<2\}$.

③$P\{|X|<1.96\}$.

解 调用函数命令 NORMSDIST 计算如下:

①$P\{X<1.96\}=\Phi(1.96)=$ NORMSDIST(1.96)= 0.975.

②$P\{1<X<2\}=\Phi(2)-\Phi(1)=$ NORMSDIST(2) −NORMSDIST(1)= 0.135 9.

③$P\{|X|<1.96\}=\Phi(1.96)-\Phi(-1.96)=$ NORMSDIST(1.96) − NORMSDIST(−1.96)= 0.95.

下面简要介绍一下正态分布函数的查表求法.

(一)标准正态分布

若 $X \sim N(0,1)$,则有

$$P\{a<X<b\}=\int_a^b \varphi(x)\mathrm{d}x=\int_{-\infty}^b \varphi(x)\mathrm{d}x-\int_{-\infty}^a \varphi(x)\mathrm{d}x=\Phi(b)-\Phi(a)$$

$$P\{X>a\}=\int_a^{\infty} \varphi(x)\mathrm{d}x=\int_{-\infty}^{+\infty} \varphi(x)\mathrm{d}x-\int_{-\infty}^a \varphi(x)\mathrm{d}x=1-\Phi(a)$$

$$P\{X<b\}=\int_{-\infty}^b \varphi(x)\mathrm{d}x=\Phi(b)$$

当 $x \geqslant 0$,$\Phi(x)$ 的值可以直接查表得到;当 $x<0$ 时,可以使用下面的结论转化再查表.

定理 2.3 $\Phi(-x)=1-\Phi(x)$.

证明 由 $\Phi(x)$ 定义知 $\Phi(-x)=\dfrac{1}{\sqrt{2\pi}}\int_{-\infty}^{-x} \mathrm{e}^{-\frac{t^2}{2}}\mathrm{d}t$,作变量代换,

令 $t=-y$,得

$$\begin{aligned}\Phi(-x)&=-\frac{1}{\sqrt{2\pi}}\int_{\infty}^{x} \mathrm{e}^{-\frac{y^2}{2}}\mathrm{d}y\\&=\frac{1}{\sqrt{2\pi}}\int_{x}^{\infty} \mathrm{e}^{-\frac{y^2}{2}}\mathrm{d}y\\&=1-\Phi(x)\end{aligned}$$

(二)一般正态分布

需要先转化为标准正态分布再查表,具体转化方法如下:

对于一般的正态分布,设 $X \sim N(\mu,\sigma^2)$,有

$$P\{a<X<b\}=\int_a^b f(x)\mathrm{d}x=\frac{1}{\sqrt{2\pi}\sigma}\int_a^b \mathrm{e}^{\frac{(x-\mu)^2}{2\sigma^2}}\mathrm{d}x$$

作变量代换,令 $t=\dfrac{x-\mu}{\sigma}$,得

$$\frac{1}{\sqrt{2\pi}\sigma}\int_a^b \mathrm{e}^{-\frac{(x-\mu)^2}{2\sigma^2}}\mathrm{d}x=\frac{1}{\sqrt{2\pi}}\int_{\frac{a-\mu}{\sigma}}^{\frac{b-\mu}{\sigma}} \mathrm{e}^{-\frac{t^2}{2}}\mathrm{d}t$$

$$= \int_{\frac{a-\mu}{\sigma}}^{\frac{b-\mu}{\sigma}} \varphi(t)\,\mathrm{d}t$$

$$= \Phi\left(\frac{b-\mu}{\sigma}\right) - \Phi\left(\frac{a-\mu}{\sigma}\right)$$

于是得到关于一般正态分布的计算公式

$$P\{a<X<b\} = \Phi\left(\frac{b-\mu}{\sigma}\right) - \Phi\left(\frac{a-\mu}{\sigma}\right)$$

特别地：

$$P\{X>a\} = 1-\Phi\left(\frac{a-\mu}{\sigma}\right)$$

$$P\{X<b\} = \Phi\left(\frac{b-\mu}{\sigma}\right)$$

如对例 2.20，可查表计算如下：

①$P\{X\leqslant 1.76\} = \Phi\left(\frac{1.76-2}{0.4}\right) = \Phi(-0.6) = 1-\Phi(0.6) = 1-0.725\ 7 = 0.274\ 3.$

②$P\{X\geqslant 2.3\} = 1-P\{X<2.3\} = 1-\Phi\left(\frac{2.3-2}{0.4}\right) = 1-\Phi(0.75) = 1-0.773\ 4 = 0.226\ 6;$

③$P\{1.8\leqslant X\leqslant 2.1\} = \Phi\left(\frac{2.1-2}{0.4}\right) - \Phi\left(\frac{1.8-2}{0.4}\right) = \Phi(0.25) - \Phi(-0.5)$

$= \Phi(0.25) - 1 + \Phi(0.5) = 0.598\ 7 - 1 + 0.691\ 5 = 0.290\ 2.$

例 2.22　设 $X\sim N(\mu,\sigma^2)$，试求 $P\{|X-\mu|<k\sigma\}\ (k=1,2,3)$.

解　$P\{|X-\mu|<\sigma\} = P\{\mu-\sigma<X<\mu+\sigma\} = \Phi\left(\frac{\mu+\sigma-\mu}{\sigma}\right) - \Phi\left(\frac{\mu-\sigma-\mu}{\sigma}\right)$

$$= \Phi(1) - \Phi(-1) = 2\Phi(1) - 1 = 0.682\ 6;$$

$P\{|X-\mu|<2\sigma\} = 2\Phi(2) - 1 = 0.954\ 5;$

$P\{|X-\mu|<3\sigma\} = 2\Phi(3) - 1 = 0.997\ 3.$

3σ 准则

由此可见，正态变量 X 落在以 μ 为中心，半径为 3σ 的对称区间内的概率达到了 0.997 3，因而落在$(\mu-3\sigma,\mu+3\sigma)$之外的可能性非常小，几乎不可能发生，这就是实际应用中的“3σ”准则.

例 2.23　某高校抽样调查，考生的数学成绩（按百分制计算，近似服从正态分布），平均成绩为 72 分，96 分以上的考生占考生总数的 2.3%，试求考生的数学成绩为 60～84 分的概率.

解　设 X 为考生的数学成绩，由题意知 $X\sim N(\mu,\sigma^2)$，其中 $\mu=72$，σ 未知，现由已知条件先确定 σ.

由题设 $P\{X\geqslant 96\} = 0.023$，即有 $P\left\{\frac{X-\mu}{\sigma}\geqslant\frac{96-72}{\sigma}\right\} = 0.023$，故

$$1-\Phi\left(\frac{24}{\sigma}\right)=0.023,\Phi\left(\frac{24}{\sigma}\right)=0.977$$

可知$\frac{24}{\sigma}$=NORMSINV(0.977)≈2,解得$\sigma=12$.

所以$X\sim N(72,12^2)$,所求概率为

$P\{60<X<84\}$=NORMDIST(84,72,12,1)-NORMDIST(60,72,12,1)≈0.682 7

注:例2.23中,NORMSINV函数返回标准正态分布的反函数值,即对于$\Phi(x)=\alpha$,给出α,返回x的值.命令格式为:NORMSINV(probability).
对一般的正态分布,也有类似函数NORMINV.
命令格式为:NORMINV(probability, mean, standard_dev),返回正态分布函数的反函数值.

2.4 随机变量的函数的分布

在实际问题中,人们不仅要研究一个随机变量X的分布情况,还经常要研究函数$Y=g(X)$的分布状况,如设X表示某一物体的速度,则其动能$Y=\frac{1}{2}mX^2$,Y随X的变化而随机取值.一般而言,随机变量的连续函数也是一个随机变量.直接求函数Y的分布往往较困难,因此,需要研究随机变量之间的关系,由已知的随机变量的分布求出另一随机变量的分布.

一、离散型随机变量函数的分布

离散型随机变量X的函数$Y=g(X)$仍是离散型随机变量.求Y的分布律,首先求出Y的所有可能取值,然后计算它取各个值的概率即可,有时需要将Y相同取值的概率合并.下面通过实例来说明.

例2.24　设随机变量X的分布律为

X	-1	0	1	2
P	0.1	0.2	0.3	0.4

试求:①$Y=2X+1$的分布律.

②$Z=X^2$的分布律.

解　由X的分布律容易列出下表

X	-1	0	1	2
$Y=2X+1$	-1	1	3	5
$Z=X^2$	1	0	1	4
P	0.1	0.2	0.3	0.4

然后,分别列出所求的分布律得

①$Y=2X+1$的分布律为

Y	-1	1	3	5
P	0.1	0.2	0.3	0.4

②$Z=X^2$的分布律为(通常把随机变量的所有取值按从小到大排列)

Z	0	1	4
P	0.2	0.4	0.4

一般地,若X的概率分布为

X	x_1	x_2	$\cdots$	x_n	$\cdots$
P	p_1	p_2	$\cdots$	p_n	$\cdots$

记$y_i=g(x_i),i=1,2,3,\cdots$,则$Y=g(X)$的概率分布为

Y	y_1	y_2	$\cdots$	y_n	$\cdots$
P	p_1	p_2	$\cdots$	p_n	$\cdots$

若$g(x_1),g(x_2),\cdots,g(x_n),\cdots$中有相等的值时,则应把这些相等的值对应的概率相加,然后再写出Y的概率分布.

二、连续型随机变量函数的分布

若X是连续型随机变量,$g(x)$是连续函数,则$Y=g(X)$仍是连续型随机变量.通常把X的密度函数和分布函数分别记作f_X,F_X,将Y的密度函数和分布函数分别记作f_Y,F_Y.为了求Y的密度函数,可先求出Y的分布函数F_Y(一般只需要用X的密度函数或分布函数将F_Y表示出来),然后再利用$f_Y=F'_Y$求出密度函数f_Y.先看实例.

例2.25 设随机变量X的密度函数为$f_X(x)$,试求$Y=aX+b,(a\neq0)$的概率密度.

解 对任意实数y,随机变量Y的分布函数

$$F_Y(y)=P\{Y\leqslant y\}=P\{aX+b\leqslant y\}=P\{aX\leqslant y-b\}$$

下面分两种情况进行讨论.

①当$a>0$时,有

$$F_Y(y)=P\left\{X\leqslant\frac{y-b}{a}\right\}=F_X\left(\frac{y-b}{a}\right).$$

因此

$$f_Y(y)=F'_Y(y)=\frac{\mathrm{d}}{\mathrm{d}y}\left[F_X\left(\frac{y-b}{a}\right)\right]$$

$$= F'_X\left(\frac{y-b}{a}\right)\cdot\left(\frac{y-b}{a}\right)'$$

$$= \frac{1}{a}f_X\left(\frac{y-b}{a}\right).$$

②当 $a<0$ 时,有

$$F_Y(y) = P\left\{X \geqslant \frac{y-b}{a}\right\} = 1 - P\left\{X \leqslant \frac{y-b}{a}\right\} = 1 - F_X\left(\frac{y-b}{a}\right).$$

同样有

$$f_Y(y) = F'_Y(y) = \frac{\mathrm{d}}{\mathrm{d}y}\left[1 - F_X\left(\frac{y-b}{a}\right)\right]$$

$$= - F'_X\left(\frac{y-b}{a}\right)\cdot\left(\frac{y-b}{a}\right)'$$

$$= - \frac{1}{a}f_X\left(\frac{y-b}{a}\right).$$

综合以上两种情况,得 Y 的密度函数为

$$f_Y(y) = \frac{1}{|a|}\cdot f_X\left(\frac{y-b}{a}\right).$$

将上述解题方法推广到一般情形,可以证明下面的结论.

定理 2.4　设连续型随机变量 X 的概率密度为 $f_X(x)\ (-\infty<x<+\infty)$,函数 $y=g(x)$ 处处可导,且严格单调,则 $Y=g(X)$ 是连续型随机变量,其概率密度为

$$f_Y(y) = \begin{cases} f_X[g^{-1}(y)]\cdot|[g^{-1}(y)]'|, & \alpha < y < \beta; \\ 0, & \text{其他}. \end{cases}$$

其中 $\alpha=\min\{g(-\infty),g(+\infty)\}$,$\beta=\max\{g(-\infty),g(+\infty)\}$.

证明略.

例 2.26　设随机变量 $X\sim N(\mu,\sigma^2)$,求 $Y=aX+b$ 的概率密度.

解　$X\sim N(\mu,\sigma^2)$,$f(x)=\dfrac{1}{\sigma\sqrt{2\pi}}\mathrm{e}^{-\frac{(x-\mu)^2}{2\sigma^2}}$,$(x\in\mathbf{R})$,

$g(x)=ax+b$ 在 $(-\infty,+\infty)$ 上处处可导,且严格单调,其反函数

$$g^{-1}(y)=\frac{y-b}{a},[g^{-1}(y)]'=\frac{1}{a},$$

由定理 2.4,得 Y 的概率密度为

$$f_Y(y) = \frac{1}{\sigma\sqrt{2\pi}}\mathrm{e}^{-\frac{\left(\frac{y-b}{a}-\mu\right)^2}{2\sigma^2}}\cdot\left|\frac{1}{a}\right| = \frac{1}{|a|\sigma\sqrt{2\pi}}\mathrm{e}^{-\frac{[y-(a\mu+b)]^2}{2(a\sigma)^2}}(y\in\mathbf{R})$$

可见 $Y\sim N(a\mu+b,a^2\sigma^2)$,即正态变量的线性函数仍然服从正态分布.

若令 $a=\dfrac{1}{\sigma}$,$b=-\dfrac{\mu}{\sigma}$,则有 $Y=\dfrac{X-\mu}{\sigma}\sim N(0,1)$.

例 2.27 设随机变量 $X\sim U\left[-\frac{\pi}{2},\frac{\pi}{2}\right]$,求 $Y=\tan X$ 的概率密度.

解 概率密度函数 $f(x)=\begin{cases}\frac{1}{\pi},-\frac{\pi}{2}\leqslant x\leqslant\frac{\pi}{2},\\0,其他\end{cases}$

$y=g(x)=\tan x$ 在$\left(-\frac{\pi}{2},\frac{\pi}{2}\right)$上处处可导,且严格单调,其反函数

$$g^{-1}(y)=\arctan y,[g^{-1}(y)]'=\frac{1}{1+y^2}.$$

由定理 2.4,得 Y 的概率密度为

$$f_Y(y)=f_X[g^{-1}(y)]\,|[g^{-1}(y)]'|=\frac{1}{\pi}\frac{1}{1+y^2}\quad(-\infty<y<\infty)$$

这一概率分布称为柯西(Cauchy)分布.

在应用定理 2.4 时应注意验证是否满足条件"$y=g(x)$处处可导,且严格单调",否则可按定义先求分布函数再求概率密度.

2.5 二维随机变量简介

本章上述几节仅限于讨论能用一个随机变量所描述的随机现象.但在许多实际问题中,某些随机现象往往需要两个或两个以上的随机变量来描述.例如,研究某一地区的学龄前儿童的发育情况,需要观察当地每个儿童的身高、体重等身体指标;研究一个地区的财政收入情况,需要同时分析当地的国内生产总值,税收和其他收入等.而这多个随机变量之间还存在着一定的联系,因此,人们需要探讨多维随机变量及其分布规律.关于二维随机变量的讨论,不难推广到 $n(n>2)$ 维随机变量的情况,故着重研究二维随机变量及其分布.

一、二维随机变量及其分布

定义 2.5 设 Ω 是随机试验的样本空间,对 Ω 中的每一个样本点 ω,有两个实数 $X(\omega)$,$Y(\omega)$与之对应,则称(X,Y)为定义在 Ω 上的一个二维随机变量(或称为二维随机向量).

对于二维随机变量,虽然可以分别讨论它的各个分量,但更重要的是各个分量间的相互联系,故需要将它作为一个整体来研究.

首先引入二维随机变量的分布函数.

定义 2.6 设(X,Y)是二维随机变量,对任意$x,y\in\mathbf{R}$,称二元函数

$$F(x,y)=P\{X\leqslant x,Y\leqslant y\} \tag{2.20}$$

为二维随机变量(X,Y)的**分布函数**,或称为随机变量X和Y的**联合分布函数**.

注意,式(2.20)右端为两个事件$\{X\leqslant x\}$与$\{Y\leqslant y\}$同时发生的概率,即

$$\{X\leqslant x,Y\leqslant y\}=\{X\leqslant x\}\cap\{Y\leqslant y\}.$$

如果将二维随机变量(X,Y)看成平面上随机点的坐标,则分布函数$F(x,y)$值就是随机点(X,Y)落在以点(x,y)为顶点,位于该点左下方的无穷矩形区域内的概率,如图 2.14 中所示的阴影部分区域.

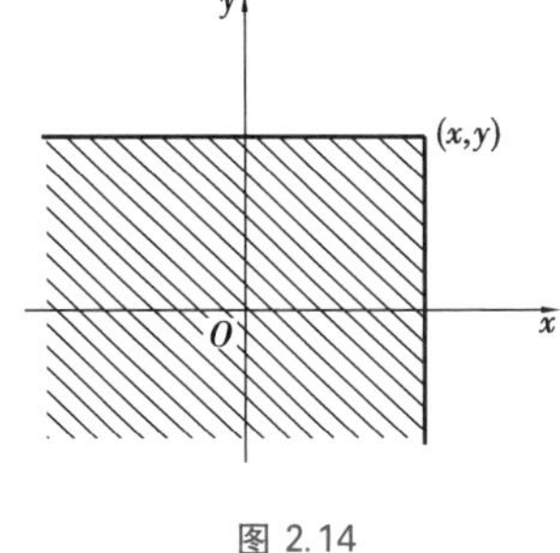

图 2.14

由分布函数的定义,易知随机点(X,Y)落在矩形区域(如图 2.15 所示阴影部分)$\{x_1<X\leqslant x_2,y_1<Y\leqslant y_2\}$内的概率为:

$$\begin{aligned}&P\{x_1<X\leqslant x_2,y_1<Y\leqslant y_2\}\\&=P\{X\leqslant x_2,Y\leqslant y_2\}-P\{X\leqslant x_2,Y\leqslant y_1\}-\\&\quad P\{X\leqslant x_1,Y\leqslant y_2\}+P\{X\leqslant x_1,Y\leqslant y_1\}\\&=F(x_2,y_2)-F(x_2,y_1)-F(x_1,y_2)+F(x_1,y_1)\end{aligned} \tag{2.21}$$

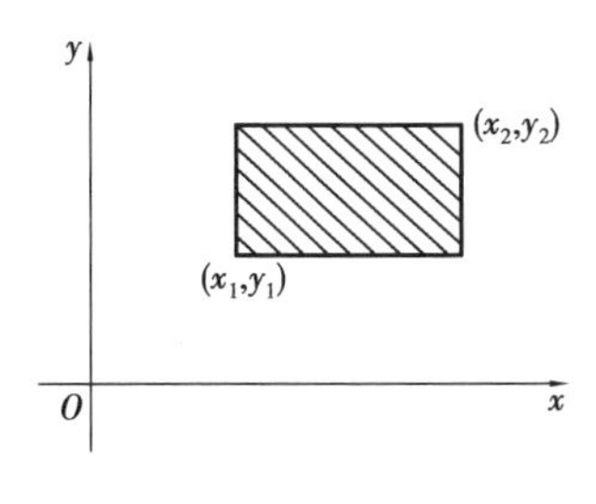

图 2.15

由此可知,只要知道了(X,Y)的联合分布函数,那么,(X,Y)取值于任一个区域$\{x_1<X\leqslant x_2,y_1<Y\leqslant y_2\}$内的概率即可求得.这也说明,联合分布函数完全刻画了二维随机变量的概率分布规律.

X和Y的分布函数$F_X(x)=P\{X\leqslant x\}$,$F_Y(y)=P\{Y\leqslant y\}$分别称为(X,Y)关于X、Y的**边缘分布函数**.

如果已知(X,Y)的联合分布函数$F(x,y)$,则由$F(x,y)$可以导出X和Y的边缘分布函数:

$$\begin{aligned}F_X(x)&=P\{X\leqslant x\}=P\{X\leqslant x,Y<+\infty\}=F(x,+\infty)=\lim_{y\to+\infty}F(x,y)\\F_Y(y)&=P\{Y\leqslant y\}=P\{X<+\infty,Y\leqslant y\}=F(+\infty,y)=\lim_{x\to+\infty}F(x,y)\end{aligned} \tag{2.22}$$

例 2.28 已知二维随机变量(X,Y)的分布函数为

$$F(x,y)=\begin{cases}(1-\mathrm{e}^{-ax})(1-\mathrm{e}^{-by}), & x\geqslant 0,y\geqslant 0\\0, & \text{其他}\end{cases}$$

其中a,b为大于 0 的常数.

①求(X,Y)落在区域$D=\{(X,Y)\mid 1\leqslant X\leqslant 2,1\leqslant Y\leqslant 2\}$内的概率.

②求X,Y的边缘分布函数.

解 ①由式(2.21),得

$$\begin{aligned}p\{1\leqslant X\leqslant 2,1\leqslant Y\leqslant 2\}&=F(2,2)-F(2,1)-F(1,2)+F(1,1)\\&=\mathrm{e}^{-a-b}(1+\mathrm{e}^{-a-b}-\mathrm{e}^{-a}-\mathrm{e}^{-b})\end{aligned}$$

②由式(2.22),得

$$F_X(x)=F(x,+\infty)=\lim_{y\to+\infty}F(x,y)$$
$$=\begin{cases}1-\mathrm{e}^{-ax}, & x\geqslant 0\\ 0, & \text{其他}\end{cases}$$
$$F_Y(y)=F(+\infty,y)=\lim_{x\to+\infty}F(x,y)$$
$$=\begin{cases}1-\mathrm{e}^{-by}, & y\geqslant 0\\ 0, & \text{其他}\end{cases}$$

例 2.29　设二维随机变量(X,Y)的联合分布函数为

$$F(x,y)=\begin{cases}1-\mathrm{e}^{-x}-\mathrm{e}^{-y}+\mathrm{e}^{-x-y-\lambda xy}, & x>0,y>0\\ 0, & \text{其他}\end{cases}\quad(\lambda>0)$$

求 X 和 Y 的边缘分布函数.

解　X 的边缘分布函数

$$F_X(x)=\lim_{y\to+\infty}F(x,y)=\begin{cases}1-\mathrm{e}^{-x}, & x>0\\ 0, & x\leqslant 0\end{cases}$$

Y 的边缘分布函数

$$F_Y(x)=\lim_{x\to+\infty}F(x,y)=\begin{cases}1-\mathrm{e}^{-y}, & y>0\\ 0, & y\leqslant 0\end{cases}$$

这两个分布都是一维指数分布,它们与 λ 无关.对不同的 λ 取值,对应的二维分布不同,但它们的边缘分布却相同.这说明,仅由边缘分布不能完全确定联合分布,这是因为二维随机变量不仅与两个分量有关,还与各分量间的联系有关.

与一维随机变量的分布函数类似,二维随机变量的分布函数 $F(x,y)$ 具有以下基本性质:

性质 1　$F(x,y)$分别关于变量 x 或 y 都是单调不减函数.

性质 2　$0\leqslant F(x,y)\leqslant 1$,且固定 y 时有 $\lim\limits_{x\to-\infty}F(x,y)=0$,固定 x 时有 $\lim\limits_{y\to-\infty}F(x,y)=0$,以及 $\lim\limits_{\substack{x\to-\infty\\y\to-\infty}}F(x,y)=0$, $\lim\limits_{\substack{x\to+\infty\\y\to+\infty}}F(x,y)=1$.

性质 3　$F(x,y)$关于变量 x,y 都是右连续的.

以上性质的证明略.可以证明,满足以上性质的二元函数 $F(x,y)$,一定是某个二维随机变量的分布函数.

二、二维离散型随机变量

定义 2.7　如果二维离散型随机变量(X,Y)的所有可能取值只有有限多对或者无限可列对(x_i,y_j) $(i,j=1,2,3\cdots)$,则称(X,Y)为二维离散型随机变量.

与一维随机变量的情形类似,记为

$$P\{X=x_i,Y=y_j\}=p_{ij}\quad(i,j=1,2,\cdots)\tag{2.23}$$

则由概率的定义应有:

①$p_{ij}\geqslant 0(i,j=1,2,\cdots)$.

②$\sum\limits_{i=1}^{\infty}\sum\limits_{j=1}^{\infty}p_{ij}=1$.

式(2.23)称为二维离散型随机变量(X,Y)的**概率分布**或**分布律**,或称为随机变量X和Y的**联合概率分布**或**联合分布律**.

分布律也可表示为下列表格形式:

X \ Y	y_1	y_2	$\cdots$	y_j	$\cdots$
x_1	p_{11}	p_{12}	$\cdots$	p_{1j}	$\cdots$
x_2	p_{21}	p_{22}	$\cdots$	p_{2j}	$\cdots$
$\vdots$	$\vdots$	$\vdots$		$\vdots$	
x_i	p_{i1}	p_{i2}	$\cdots$	p_{ij}	$\cdots$
$\vdots$	$\vdots$	$\vdots$		$\vdots$	

二维离散型随机变量(X,Y)的分布函数为

$$\begin{aligned}F(x,y)&=P\{X\leqslant x,Y\leqslant y\}\\&=\sum_{x_i\leqslant x}\sum_{y_j\leqslant y}P\{X=x_i,Y=y_j\}\\&=\sum_{x_i\leqslant x}\sum_{y_j\leqslant y}p_{ij}\end{aligned}\tag{2.24}$$

其中求和符号表示对满足$x_i\leqslant x$且$y_j\leqslant y$的那些(i,j)求和.

例2.30 将一均匀硬币投掷3次.设X表示3次投掷中正面出现的次数,而Y表示正面出现的次数与反面出现的次数之差的绝对值,求(X,Y)的联合分布律.

解 显然X可能取值为0,1,2,3,Y的可能取值为1,3,二维离散型随机变量(X,Y)的取值为(0,3),(1,1),(2,1),(3,3).

$$P\{X=0,Y=3\}=\left(\frac{1}{2}\right)^3=\frac{1}{8},P\{X=1,Y=1\}=3\left(\frac{1}{2}\right)^3=\frac{3}{8},$$

$$P\{X=2,Y=1\}=3\left(\frac{1}{2}\right)^3=\frac{3}{8},P\{X=3,Y=3\}=\left(\frac{1}{2}\right)^3=\frac{1}{8}$$

由此可得到X和Y的联合分布律如下:

X \ Y	1	3
0	0	$\frac{1}{8}$
1	$\frac{3}{8}$	0
2	$\frac{3}{8}$	0
3	0	$\frac{1}{8}$

如果想要求出例 2.30 中随机变量 Y 的概率分布,由联合分布律,有

$$P\{Y=1\}=P\{X=0,Y=1\}+P\{X=1,Y=1\}+$$
$$P\{X=2,Y=1\}+P\{X=3,Y=1\}=0+\frac{3}{8}+\frac{3}{8}+0=\frac{3}{4}$$
$$P\{Y=3\}=P\{X=0,Y=3\}+P\{X=1,Y=3\}+$$
$$P\{X=2,Y=3\}+P\{X=3,Y=3\}=\frac{1}{8}+0+0+\frac{1}{8}=\frac{1}{4}$$

一般地,由(X,Y)的联合分布律可得到 X 的分布律为

$$\begin{aligned}P\{X=x_i\}&=P\{X=x_i,Y<+\infty\}\\&=\sum_{j=1}^{\infty}P\{X=x_i,Y=y_j\}=\sum_{j=1}^{\infty}p_{ij}\quad(i=1,2,\cdots)\\&\triangleq p_{i\cdot}\end{aligned}\tag{2.25}$$

同样,Y 的分布律为

$$\begin{aligned}P\{Y=y_j\}&=P\{X<+\infty,Y=y_j\}\\&=\sum_{i=1}^{\infty}P\{X=x_i,Y=y_j\}=\sum_{i=1}^{\infty}p_{ij}\quad(j=1,2,\cdots)\\&\triangleq p_{\cdot j}\end{aligned}\tag{2.26}$$

式(2.25)与式(2.26)可以从 X 和 Y 的联合分布律表中,分别按各行和各列相加求和得到,并可列在联合分布表的右边和下边,故称它们分别为 X 和 Y 的边缘分布律.

例 2.31　设随机变量 X 在 1,2,3,4 中等可能地取值,另一随机变量 Y 在 $1\sim X$ 中等可能地取值.试求 X,Y 的联合分布律及边缘分布律.

解　易知 X 的边缘分布律为:$P\{X=i\}=\frac{1}{4},i=1,2,3,4$

又由乘法公式,有

$$P\{X=i,Y=j\}=P\{X=i\}P\{Y=j\mid X=i\}=\frac{1}{4}\times\frac{1}{i}$$
$$i=1,2,3,4,j\leqslant i$$

于是(X,Y)的联合分布律及边缘分布律为:

X \ Y	1	2	3	4	$p_{i\cdot}$
1	$\frac{1}{4}$	0	0	0	$\frac{1}{4}$
2	$\frac{1}{8}$	$\frac{1}{8}$	0	0	$\frac{1}{4}$
3	$\frac{1}{12}$	$\frac{1}{12}$	$\frac{1}{12}$	0	$\frac{1}{4}$
4	$\frac{1}{16}$	$\frac{1}{16}$	$\frac{1}{16}$	$\frac{1}{16}$	$\frac{1}{4}$
$p_{\cdot j}$	$\frac{25}{48}$	$\frac{13}{48}$	$\frac{7}{48}$	$\frac{3}{48}$	1

条件概率分布

三、二维连续型随机变量

与一维连续型随机变量相似,对于二维连续型随机变量(X,Y),可引入联合概率密度函数来描述其概率分布规律.

定义 2.8　设二维随机变量(X,Y)的分布函数为$F(x,y)$,如果存在非负可积函数$f(x,y)$,使得对于任意实数x,y,都有

$$F(x,y)=\int_{-\infty}^{x}\int_{-\infty}^{y}f(u,v)\,\mathrm{d}u\mathrm{d}v \tag{2.27}$$

则称(X,Y)为二维连续型随机变量,函数$f(x,y)$称为(X,Y)的概率密度函数或X和Y的联合概率密度(简称为概率密度).

二维连续型随机变量的概率密度满足下列性质:

性质 1　$f(x,y)\geqslant 0$;

性质 2　$\int_{-\infty}^{+\infty}\int_{-\infty}^{+\infty}f(x,y)\,\mathrm{d}x\mathrm{d}y=1$.

凡是满足上述两条性质的二元函数$f(x,y)$,一定是某个二维连续型随机变量的概率密度.

性质 3　在$f(x,y)$的连续点处,有$\frac{\partial^2F(x,y)}{\partial x\partial y}=f(x,y)$.

性质 4　随机点(X,Y)落在平面区域D上的概率为

$$P\{(X,Y)\in D\}=\iint_D f(x,y)\,\mathrm{d}x\mathrm{d}y \tag{2.28}$$

例 2.32　设二维随机变量的密度函数为

$$f(x,y)=\begin{cases}Ce^{-(x+y)}, x\geqslant 0, y\geqslant 0;\\ 0, 其他.\end{cases}$$

试求:①常数C;

②求(X,Y)落入区域:$0<x<1,0<y<1$的概率.

解　①由密度函数的性质 2 可知,

$$1=\int_{-\infty}^{+\infty}\int_{-\infty}^{+\infty}f(x,y)\,dxdy=\int_{0}^{+\infty}\int_{0}^{+\infty}Ce^{-(x+y)}\,dxdy=C$$

所以,$C=1$.

②$P\{0<x<1,0<y<1\}=\int_0^1\int_0^1 e^{-(x+y)}\,dxdy=(1-e^{-1})^2$.

对于二维连续型随机变量(X,Y).一般说来,其两个分量X,Y都是一维连续型随机变量.若已知(X,Y)的联合概率密度$f(x,y)$,如何由$f(x,y)$求得X,Y各自的概率密度$f_X(x)$及$f_Y(y)$呢? 由式(2.22),有

$$F_X(x)=F(x,+\infty)=\int_{-\infty}^{x}\left[\int_{-\infty}^{+\infty}f(u,v)\,dv\right]du \tag{2.29}$$

这说明X是一个连续型随机变量,其概率密度为

$$f_X(x)=\int_{-\infty}^{+\infty}f(x,y)\,dy \tag{2.30}$$

同样可知,Y也是一个连续型随机变量,其概率密度为

$$f_Y(y)=\int_{-\infty}^{+\infty}f(x,y)\,dx \tag{2.31}$$

$f_X(x)$,$f_Y(y)$分别称为(X,Y)关于X、Y的边缘概率密度.

例2.33 设二维随机变量(X,Y)的联合概率密度为

$$f(x,y)=\begin{cases}Ae^{-(2x+y)}, & x>0,y>0\\0, & \text{其他.}\end{cases}$$

试求:①求常数A.

②边缘概率密度$f_X(x)$,$f_Y(y)$.

③$P\{X+Y\leqslant 1\}$.

④(X,Y)的联合分布函数$F(x,y)$.

解 ①由

$$1=\int_{-\infty}^{+\infty}\int_{-\infty}^{+\infty}f(x,y)\,dxdy=\int_{-\infty}^{+\infty}\int_{-\infty}^{+\infty}Ae^{-(2x+y)}\,dxdy=A\int_0^{+\infty}e^{-2x}dx\int_0^{+\infty}e^{-y}dy=\frac{A}{2}$$

得$A=2$.

②由式(2.30),式(2.31),得

$$f_X(x)=\int_{-\infty}^{+\infty}f(x,y)\,dy=\begin{cases}\int_0^{+\infty}2e^{-2x}e^{-y}dy, & x>0;\\0, & x\leqslant 0.\end{cases}=\begin{cases}2e^{-2x}, & x>0;\\0, & x\leqslant 0.\end{cases}$$

$$f_Y(y)=\int_{-\infty}^{+\infty}f(x,y)\,dx=\begin{cases}\int_0^{+\infty}2e^{-2x}e^{-y}dx, & y>0;\\0, & y\leqslant 0.\end{cases}=\begin{cases}e^{-y}, & y>0;\\0, & y\leqslant 0.\end{cases}$$

③$P\{X+Y\leqslant 1\}=\iint\limits_{x+y\leqslant 1}f(x,y)\,dxdy=\iint\limits_{\{x+y\leqslant 1\}\cap\{x>0,y>0\}}f(x,y)\,dxdy$

$$=\int_0^1dx\int_0^{1-x}2e^{-(2x+y)}dy=1-2e^{-1}+e^{-2}$$

④$F(x,y)=\int_{-\infty}^{x}\int_{-\infty}^{y}f(u,v)\,\mathrm{d}u\mathrm{d}v=\begin{cases}\int_0^x\int_0^y 2\mathrm{e}^{-2u}\mathrm{e}^{-v}\mathrm{d}u\mathrm{d}v, & x>0,y>0\\ 0, & \text{其他}.\end{cases}$

$=\begin{cases}(1-\mathrm{e}^{-2x})(1-\mathrm{e}^{-y}), & x>0,y>0;\\ 0, & \text{其他}.\end{cases}$

设 G 为平面上某个有界区域，其面积记为 S_G，如果二维随机变量 (X,Y) 具有概率密度

$$f(x,y)=\begin{cases}\dfrac{1}{S_G}, & (x,y)\in G\\ 0, & (x,y)\notin G\end{cases} \tag{2.32}$$

则称 (X,Y) 服从区域 G 上的二维均匀分布，记为 $(X,Y)\sim U(G)$.

若二维随机变量 $(X,Y)\sim U(G)$，则对任意区域 $D\subset G$，有

$$P\{(X,Y)\in D\}=\iint_D f(x,y)\,\mathrm{d}\sigma=\frac{1}{S_G}\iint_D \mathrm{d}\sigma=\frac{S_D}{S_G} \tag{2.33}$$

即 (X,Y) 落在 G 的任何子区域中的概率只与该子区域的面积有关，而与其位置无关.

上述结论与一维的均匀分布类似，这种借助于几何度量（长度，面积，体积等）来计算的概率，称为几何概率.

例 2.34 甲、乙两人相约上午 9 至 10 点在某地见面，先到者等 15 min（不超过 10 点），过时不候.求两人见面的概率.

解 设 X、Y 分别表示甲、乙两人到达的时间（单位：min），

则 $(X,Y)\sim U(G)$，其中 $G=\{(x,y)\mid 0\leqslant x\leqslant 60,0\leqslant y\leqslant 60\}$，

两人见面即要求 (X,Y) 落在 $D=\{(x,y)\mid |x-y|\leqslant 15\}$ 内，如图2.16所示.

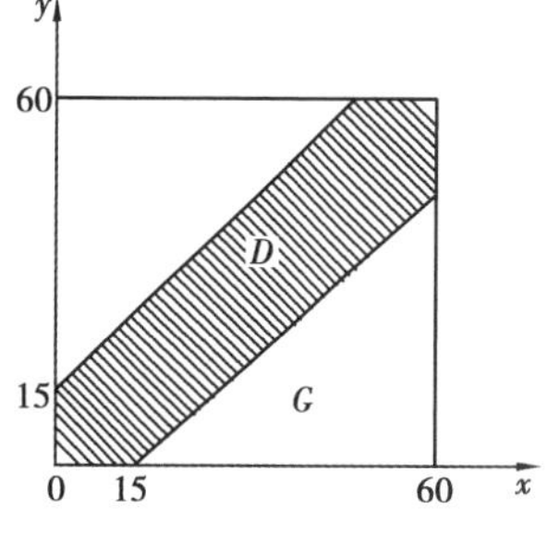

图 2.16

由式(2.33)，所求概率为

$$p=\frac{S_D}{S_G}=\frac{60^2-45^2}{60^2}=\frac{7}{16}=0.437\ 5.$$

若二维随机变量 (X,Y) 具有联合概率密度

$$f(x,y)=\frac{1}{2\pi\sigma_1\sigma_2\sqrt{1-\rho^2}}\exp\left\{\frac{-1}{2(1-\rho^2)}\left[\frac{(x-\mu_1)^2}{\sigma_1^2}-2\rho\frac{(x-\mu_1)(y-\mu_2)}{\sigma_1\sigma_2}+\frac{(y-\mu_2)^2}{\sigma_2^2}\right]\right\}$$

$x\in\mathbf{R},y\in\mathbf{R}$，其中 $\mu_1,\mu_2,\sigma_1,\sigma_2,\rho$ 都是常数，且 $\sigma_1>0,\sigma_2>0,-1<\rho<1$，则称 (X,Y) 服从参数为 $\mu_1,\mu_2,\sigma_1,\sigma_2,\rho$ 的二维正态分布，记为 $(X,Y)\sim N(\mu_1,\sigma_1^2;\mu_2,\sigma_2^2;\rho)$.相应地，$(X,Y)$ 称为二维正态随机变量.

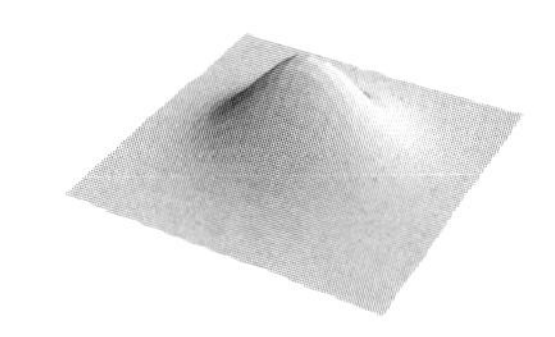
图 2.17

二维正态分布的密度曲面如图 2.17 所示.

定理 2.5 若二维连续型随机变量 $(X,Y)\sim N(\mu_1,\sigma_1^2;\mu_2,\sigma_2^2;\rho)$，则

$$X\sim N(\mu_1,\sigma_1^2),\ Y\sim N(\mu_2,\sigma_2^2).$$

条件概率密度

证明略.

定理说明,二维正态分布的边缘分布均为一维正态分布,且都与参数ρ无关.这一事实再次表明由联合分布可以确定边缘分布,反过来,由边缘分布一般不能确定联合分布.

四、随机变量的独立性

随机变量的独立性是概率论中一个极其重要的概念,粗略地讲,若两个随机变量各自取值的概率相互无关时,人们称这两个变量是相互独立的.下面借助于随机事件的独立性,引进随机变量的相互独立性.

定义 2.9 设(X,Y)为二维随机变量,若对任意实数x,y,有

$$P\{X \leqslant x, Y \leqslant y\} = P\{X \leqslant x\} P\{Y \leqslant y\} \tag{2.34}$$

成立,则称随机变量X与Y相互独立.

设(X,Y)的分布函数为$F(x,y)$,X和Y的边缘分布函数分别为$F_X(x)$,$F_Y(y)$,则式(2.34)也等价于

$$F(x,y) = F_X(x) \cdot F_Y(y) \tag{2.35}$$

由以上定义式,容易得到如下定理:

定理 2.6 ①离散型随机变量X与Y相互独立的充要条件是它们的联合分布律等于两个边缘分布律的乘积,即对(X,Y)的任意一对取值(x_i,y_j),都有

$$P\{X = x_i, Y = y_j\} = P\{X = x_i\} \cdot P\{Y = y_j\} (i,j = 1,2,\cdots).$$

或

$$p_{ij} = p_{i\cdot} \cdot p_{\cdot j} (i,j = 1,2,\cdots) \tag{2.36}$$

②连续型随机变量X与Y相互独立的充要条件是它们的联合概率密度$f(x,y)$等于边缘密度函数$f_X(x)$和$f_Y(y)$的乘积,即对任意实数x,y,都有

$$f(x,y) = f_X(x) \cdot f_Y(y) \tag{2.37}$$

例 2.35 设离散型随机变量X与Y的联合分布律为:

X \ Y	1	2	3
1	$\frac{1}{6}$	$\frac{1}{9}$	$\frac{1}{18}$
2	a	$\frac{2}{9}$	b

若X与Y相互独立,求a,b.

解 由联合分布律可求出边缘分布律如下:

$X \backslash Y$	1	2	3	$p_{i\cdot}$
1	$\frac{1}{6}$	$\frac{1}{9}$	$\frac{1}{18}$	$\frac{1}{3}$
2	a	$\frac{2}{9}$	b	$\frac{2}{9}+a+b$
$p_{\cdot j}$	$\frac{1}{6}+a$	$\frac{1}{3}$	$\frac{1}{18}+b$	

由于 X 与 Y 相互独立,故应有

$p_{11}=p_{1\cdot}\cdot p_{\cdot 1}$,即$\frac{1}{6}=\frac{1}{3}\times\left(\frac{1}{6}+a\right)$,解得 $a=\frac{1}{3}$.

又由 $p_{13}=p_{1\cdot}\cdot p_{\cdot 3}$,即$\frac{1}{18}=\frac{1}{3}\times\left(\frac{1}{18}+b\right)$,解得 $b=\frac{1}{9}$.

可以验证,当 $a=\frac{1}{3},b=\frac{1}{9}$时,对于 $i=1,2,j=1,2,3$ 都有$p_{ij}=p_{i\cdot}\cdot p_{\cdot j}$成立,即 X 与 Y 是相互独立的.

例 2.36　设(X,Y)的概率密度为

$$f(x,y)=\begin{cases}xe^{-(x+y)}, & x>0,y>0,\\ 0, & 其他\end{cases}$$

判断 X 与 Y 是否独立.

解　先计算边缘密度函数:

$$f_X(x)=\int_0^{+\infty}f(x,y)\,dy=\begin{cases}\int_0^{+\infty}xe^{-(x+y)}\,dy, & x>0\\ 0, & 其他\end{cases}=\begin{cases}xe^{-x}, & x>0\\ 0, & 其他\end{cases}$$

$$f_Y(y)=\int_0^{+\infty}f(x,y)\,dx=\begin{cases}\int_0^{+\infty}xe^{-(x+y)}\,dx, & y>0\\ 0, & 其他\end{cases}=\begin{cases}e^{-y}, & y>0\\ 0, & 其他\end{cases}$$

易知$f(x,y)=f_X(x)\cdot f_Y(y)$,故 X 与 Y 相互独立.

例 2.37　已知(X,Y)的概率密度为

$$f(x,y)=\begin{cases}8xy, & 0\leqslant x\leqslant y\leqslant 1\\ 0, & 其他\end{cases},$$

判断 X 与 Y 是否独立.

解　由于

$$f_X(x)=\int_{-\infty}^{+\infty}f(x,y)\,dy=\begin{cases}\int_x^1 8xy\,dy, & 0\leqslant x\leqslant 1\\ 0, & 其他\end{cases}=\begin{cases}4x(1-x^2), & 0\leqslant x\leqslant 1\\ 0, & 其他\end{cases},$$

$$f_Y(y)=\int_{-\infty}^{+\infty}f(x,y)\,dx=\begin{cases}\int_0^y 8xy\,dx, & 0\leqslant y\leqslant 1\\ 0, & 其他\end{cases}=\begin{cases}4y^3, & 0\leqslant y\leqslant 1\\ 0, & 其他\end{cases},$$

显然有 $f_X(x)\cdot f_Y(y)\neq f(x,y)$，故 X 与 Y 不相互独立.

例 2.38　证明：若 $(X,Y)\sim N(\mu_1,\sigma_1^2;\mu_2,\sigma_2^2;\rho)$，则 X 与 Y 相互独立的充要条件是 $\rho=0$.

证　(1)充分性

由定理 2.5 知，$X\sim N(\mu_1,\sigma_1^2)$，$Y\sim N(\mu_2,\sigma_2^2)$.

又 X,Y 的联合概率密度为：

$$f(x,y)=\frac{1}{2\pi\sigma_1\sigma_2\sqrt{1-\rho^2}}\exp\left\{\frac{-1}{2(1-\rho^2)}\left[\frac{(x-\mu_1)^2}{\sigma_1^2}-2\rho\frac{(x-\mu_1)(y-\mu_2)}{\sigma_1\sigma_2}+\frac{(y-\mu_2)^2}{\sigma_2^2}\right]\right\}$$

X,Y 的边缘概率密度为：

$$f_X(x)=\frac{1}{\sqrt{2\pi}\sigma_1}\exp\left\{\frac{-1}{2}\left[\frac{(x-\mu_1)^2}{\sigma_1^2}\right]\right\},$$

$$f_Y(y)=\frac{1}{\sqrt{2\pi}\sigma_2}\exp\left\{\frac{-1}{2}\left[\frac{(y-\mu_2)^2}{\sigma_2^2}\right]\right\},$$

当 $\rho=0$ 时，有

$$f(x,y)=\frac{1}{2\pi\sigma_1\sigma_2}\exp\left\{\frac{-1}{2}\left[\frac{(x-\mu_1)^2}{\sigma_1^2}+\frac{(y-\mu_2)^2}{\sigma_2^2}\right]\right\}=f_X(x)\cdot f_Y(y),$$

即 X 与 Y 相互独立.

(2)必要性

若 X 与 Y 相互独立，则 $f(x,y)=f_X(x)\cdot f_Y(y)$ 对一切 $(x,y)\in\mathbf{R}^2$ 成立，

令 $x=\mu_1,y=\mu_2$，则有 $\frac{1}{\sqrt{2\pi}\sigma_1}\cdot\frac{1}{\sqrt{2\pi}\sigma_2}=\frac{1}{2\pi\sigma_1\sigma_2\sqrt{1-\rho^2}}$，

故 $\rho=0$.

习题 2

1. 判断题.

①设 $F(x)$ 为随机变量 X 的分布函数，则 $F(x)$ 的定义域为一般的样本空间.　(　　)

②函数 $F(x)=\begin{cases}\sin x, & 0\leqslant x\leqslant\pi\\ 0, & \text{其他}\end{cases}$ 是某一个连续型随机变量的分布函数.　(　　)

③

X	1	2	3	4
P	$\frac{1}{2}$	$\frac{1}{4}$	$\frac{1}{8}$	$\frac{1}{4}$

是离散型随机变量的概率分布律.（　　）

④离散型随机变量 X 的分布函数为 $F(x)$，则 $P\{a \leqslant X \leqslant b\}=F(b)-F(a)$.（　　）

⑤对连续型随机变量 X，有 $P\{a \leqslant X \leqslant b\}=P\{a<X<b\}$.（　　）

⑥离散型随机变量的分布函数是连续函数.（　　）

⑦连续型随机变量的分布函数一定是连续的函数.（　　）

⑧概率为零的事件一定是不可能事件.（　　）

⑨已知连续型随机变量 X 的概率密度函数为 $f(x)$，则 $P\{X=a\}=f(a)$.（　　）

⑩对任意随机变量 X，都有 $P\{X=0\}=0$.（　　）

⑪X 服从$[a,b]$上均匀分布，则 $Y=cX+d(c \neq 0, c, d$ 为常数$)$也服从均匀分布.（　　）

⑫离散型随机变量 X 的函数 $Y=g(X)$ 仍是离散型随机变量.（　　）

⑬设 X 是一连续型随机变量，则 $Y=g(X)$ 仍是连续型随机变量.（　　）

⑭正态分布的线性函数仍服从正态分布.（　　）

⑮设(X,Y)为二维离散型随机变量，若(X,Y)的某一对取值(x_i, y_j)，满足 $p_{ij}=p_{i\cdot} \times p_{\cdot j}$ 成立，则可判断 X 与 Y 相互独立.（　　）

2.选择题.

①随机变量 X 的分布函数 $F(x)=\begin{cases}1-(1+x)e^{-x}, & x \geqslant 0 \\ 0, & \text{其他}\end{cases}$，则 $P\{X \leqslant 1\}=($　　$)$.

A. $-2e^{-1}$　　B. $1-2e^{-1}$　　C. e^{-1}　　D. $-e^{-1}$

②随机变量 X 的分布函数 $F(x)$，则下列概率中可表示为 $F(b)-F(b-0)$ 的是（　　）

A. $P\{X \leqslant b\}$　　B. $P\{X>b\}$　　C. $P\{X=b\}$　　D. $P\{X \geqslant b\}$

③下列函数中，（　　）可以作为连续型随机变量的分布函数.

A. $F(x)=\begin{cases}e^{x}, & x<0 \\ 1, & x \geqslant 0\end{cases}$　　B. $G(x)=\begin{cases}e^{-x}, & x<0 \\ 1, & x \geqslant 0\end{cases}$

C. $\Phi(x)=\begin{cases}0, & x<0 \\ 1-e^{x}, & x \geqslant 0\end{cases}$　　D. $H(x)=\begin{cases}0, & x<0 \\ 1+e^{-x}, & x \geqslant 0\end{cases}$

④设 $F_1(x)$ 与 $F_2(x)$ 分别为随机变量 X_1 和 X_2 的分布函数，为使 $F(x)=aF_1(x)-bF_2(x)$ 是某一随机变量的分布函数，下列给定各组数值中应取（　　）.

A. $a=\frac{3}{5}, b=-\frac{2}{5}$　　B. $a=\frac{2}{3}, b=\frac{2}{3}$

C. $a=-\frac{1}{2}, b=\frac{3}{2}$　　D. $a=\frac{1}{2}, b=-\frac{3}{2}$

⑤$P\{X=x_k\}=\frac{2}{p_k}(k=1,2,\cdots)$为一随机变量 X 的分布律的必要条件是（　　）.

A. x_k 非负　　B. x_k 为整数　　C. $0 \leqslant p_k \leqslant 2$　　D. $p_k \geqslant 2$

⑥X 服从参数 $\lambda=2$ 的泊松分布，则下列说法正确的是（　　）.

A. X 只取正整数　　B. $P\{X=0\}=e^{-2}$

C. $P\{X=0\}=P\{X=1\}$　　D. $P\{X \leqslant 1\}=2e^{-2}$

⑦为使 $p(x)=Ae^{-|x|}$ 为某一随机变量的概率密度函数，A 应该为（　　）.

A. 1　　B. 2　　C. 0.5　　D. 0.8

⑧设随机变量 X 的概率密度函数 $f(x)=\begin{cases}2x, & 0<x<A\\ 0, & 其他\end{cases}$,则常数 A 等于(　　).

A. -1　　B. $\dfrac{1}{2}$　　C. 1　　D. -1 或 1

⑨若函数 $y=f(x)$ 是一随机变量 X 的概率密度,则(　　)一定成立.

A. $f(x)$ 的定义域为 $[0,1]$　　B. $f(x)$ 的值域为 $[0,1]$

C. $f(x)$ 非负　　D. $f(x)$ 在 $(-\infty,\infty)$ 内连续

⑩设 X 的密度函数为 $\varphi(x)$,且 $\varphi(-x)=\varphi(x)$,$F(x)$ 是 X 的分布函数,则对任意实数 a,有(　　).

A. $F(-a)=1-\int_0^a\varphi(x)\mathrm{d}x$　　B. $F(-a)=\dfrac{1}{2}-\int_0^a\varphi(x)\mathrm{d}x$

C. $F(-a)=F(a)$　　D. $F(-a)=2F(a)-1$

⑪设随机变量 $X\sim N(1,1)$,X 的分布函数为 $F(x)$,概率密度为 $f(x)$,则有(　　).

A. $P\{X<0\}=P\{X>0\}$　　B. $f(x)=f(-x)$

C. $P\{X<1\}=P\{X>1\}$　　D. $F(x)=F(-x)$

⑫设 $X\sim N(\mu,\sigma^2)$,其概率密度函数 $f(x)=k\cdot \mathrm{e}^{-\frac{(x+5)^2}{4}}$,则 $k=$(　　).

A. $\dfrac{1}{2\sqrt{2\pi}}$　　B. $\dfrac{1}{\sqrt{2\pi}}$　　C. $\dfrac{1}{2\sqrt{\pi}}$　　D. $\dfrac{1}{4\sqrt{2\pi}}$

⑬设随机变量 X 服从正态分布 $N(\mu,\sigma^2)$,则随着 σ 的增大,概率 $P\{|X-\mu|<\sigma\}$(　　).

A. 单调增大　　B. 单调减小　　C. 保持不变　　D. 增减不定

⑭设随机变量 $X\sim N(\mu,16)$,$Y\sim N(\mu,25)$,令 $p=P\{X\leqslant\mu-4\}$,$q=P\{Y\geqslant\mu+5\}$,则有(　　).

A. 对任何实数 u,都有 $p=q$　　B. 对任何实数 u,都有 $p\neq q$

C. 对 u 的部分数值,才有 $p=q$　　D. 不能确定

⑮随机变量 $X\sim N(\mu_1,\sigma_1^2)$,$Y\sim N(\mu_2,\sigma_2^2)$,且 $P\{|X-\mu_1|<1\}>P\{|Y-\mu_2|<1\}$,则正确的是(　　).

A. $\sigma_1<\sigma_2$　　B. $\sigma_1>\sigma_2$　　C. $\mu_1<\mu_2$　　D. $\mu_1>\mu_2$

⑯设 X_1,X_2,X_3 是随机变量,且 $X_1\sim N(0,1)$,$X_2\sim N(0,2^2)$,$X_3\sim N(5,3^2)$,$P_j=P\{-2\leqslant X_j\leqslant 2\}$,则(　　).

A. $P_1>P_2>P_3$　　B. $P_2>P_1>P_3$　　C. $P_3>P_1>P_2$　　D. $P_1>P_3>P_2$

⑰设随机变量 (X,Y) 的联合分布函数为 $F(x,y)$,则 $P\{X>a,Y>b\}=$(　　).

A. $1-F(a,b)$　　B. $F(a,+\infty)+F(+\infty,b)$

C. $F(a,b)+1-F(a,+\infty)-F(+\infty,b)$　　D. $F(a,b)-1+F(a,+\infty)-F(+\infty,b)$

⑱设随机变量 X 与 Y 相互独立,其概率分布为

X	0	1
P	$\frac{1}{3}$	$\frac{2}{3}$

Y	0	1
P	$\frac{1}{3}$	$\frac{2}{3}$

则下列式子正确的是(　　).

A. $X=Y$　　B. $P\{X=Y\}=1$　　C. $P\{X=Y\}=\dfrac{5}{9}$　　D. $P\{X=Y\}=0$

⑲设随机变量 X 和 Y 相互独立，且 X 和 Y 的概率分布分别为

X	0	1	2	3
P	$\frac{1}{2}$	$\frac{1}{4}$	$\frac{1}{8}$	$\frac{1}{8}$

Y	-1	0	1
P	$\frac{1}{3}$	$\frac{1}{3}$	$\frac{1}{3}$

则 $P\{X+Y=2\}=$(　　).

A. $\frac{1}{12}$　　B. $\frac{1}{8}$　　C. $\frac{1}{6}$　　D. $\frac{1}{2}$

⑳设(X,Y) 的联合概率密度为 $f(x,y)=\begin{cases}\frac{1}{\pi}, x^2+y^2\leqslant 1\\ 0, 其他\end{cases}$，则 X 与 Y 为(　　)的随机变量.

A. 独立同分布　　B. 独立不同分布　　C. 不独立同分布　　D. 不独立也不同分布

3.袋中有 2 个白球，3 个红球，现从中随机地抽取 2 个球，以 X 表示取到的红球个数，求 X 的分布律及分布函数.

4.抛掷一枚质地不均匀的硬币，每次出现正面的概率为 3/4，连续抛掷 8 次，以 X 表示出现正面的次数，求 X 的分布律.

5.有一繁忙的汽车站，每天都有大量的汽车通过.设每辆汽车在一天的某段时间内出事故的概率为 0.000 1.在某天的该段时间内有 1 000 辆汽车经过，问出事故的次数不小于 2 的概率是多少？

6.一电话交换台每分钟收到的呼唤次数服从参数为 3 的泊松分布，求每分钟的呼唤次数大于 8 的概率.

7.有 300 台独立运转的同类机床，每台发生故障的概率为 0.01，一台机床发生故障时只需要一人维修.问至少配备多少名维修工人，才能保证不能及时排除故障的概率小于 0.01？

8.设随机变量 X 的分布函数为 $F(x)=a+b\arctan x, -\infty<x<\infty$，求

①常数 a,b；②$P\{-1<X\leqslant 1\}$.

9.设随机变量 X 的分布函数为

$$F(x)=\begin{cases}0, & x<0\\ Ax^2, & 0\leqslant x\leqslant 1\\ 1, & x>1\end{cases}$$

试求：①系数 A.

②X 落在区间(0.3,0.7)内的概率.

③X 的概率密度.

10.设随机变量 X 的概率密度为

$$f(x)=\begin{cases}\frac{a}{x^2}, & x>10,\\ 0, & x\leqslant 10.\end{cases}$$

试求：①系数 a.

②X 的分布函数.

③X 落在区间(8,12)内的概率.

11. 设 K 在 $(0,5)$ 上服从均匀分布，求方程 $4x^2+4Kx+K+2=0$ 有实根的概率.

12. 设顾客在某银行的窗口等待服务的时间 X(以分计)服从参数为 $\lambda=1/5$ 的指数分布.某顾客在窗口等待服务，若超过 10 min，他就离开.他一个月要到银行 5 次，以 Y 表示他未等到服务而离开窗口的次数，写出 Y 的分布律，并求 $P\{Y\geqslant 2\}$.

13. 设 $X\sim N(3,4)$，求①$P\{2\leqslant X\leqslant 5\}$；②$P\{|X|>4\}$；③$P\{X>3\}$.

14. 公共汽车车门的高度是按成年男子与车门碰头的机会在 0.01 以下来设计的.设成年男子身高服从 $\mu=170$ cm，$\sigma=7$ cm 的正态分布，问车门的高度应如何设定？

15. 设随机变量 X 的分布律为

X	0	$\frac{\pi}{2}$	π
P	$\frac{1}{4}$	$\frac{1}{2}$	$\frac{1}{4}$

求 $Y=X+2$ 和 $Z=\sin X$ 的分布律.

16. 设随机变量 X 的概率密度为

$$f_X(x)=\begin{cases}\frac{3}{2}x^2, & -1<x<1,\\ 0, & \text{其他}.\end{cases}$$

求以下随机变量 Y 的概率密度：①$Y=3X+1$；②$Y=X^2$.

17. 对球的直径作近似测量，设其值均匀分布在区间 $[a,b]$ 内，求球体积的密度函数.

18. 袋中有 5 个球，分别标号 1,2,3,4,5，现从中任取 3 个球，设 X 和 Y 分别表示取出球的号码中的最大值和最小值，求二维随机变量 (X,Y) 的分布律.

19. 假设随机变量 Y 服从参数为 1 的指数分布，随机变量

$$X_1=\begin{cases}0, Y\leqslant 1;\\ 1, Y>1.\end{cases}, X_2=\begin{cases}0, Y\leqslant 2;\\ 1, Y>2\end{cases},$$

求二维随机变量 (X_1,X_2) 的分布律.

20. 设二维随机变量 (X,Y) 的概率密度为

$$f(x,y)=\begin{cases}Cx^2y, x^2\leqslant y\leqslant 1;\\ 0, \quad \text{其他}.\end{cases}$$

试求：①常数 C；②X 的边缘概率密度 $f_X(x)$；③$P\{X\geqslant Y\}$.

21. 设二维随机变量 (X,Y) 的概率密度为

$$f(x,y)=\begin{cases}12\mathrm{e}^{-3x-4y}, x>0, y>0;\\ 0, \quad \text{其他}.\end{cases}$$

试求：①(X,Y) 的分布函数 $F(x,y)$；②$P\{0<X\leqslant 1, 0<Y\leqslant 2\}$.

22. 设甲船在 24 h 内随机到达码头，并停留 2 h；乙船也在 24 h 内独立地随机到达码头，并停留 1 h，试求：①甲船先到达的概率；②两船相遇的概率.

23.二维随机变量(X,Y)的分布律为

X \ Y	-1	$\frac{1}{2}$	1
0	$\frac{1}{12}$	$\frac{1}{4}$	$\frac{1}{6}$
1	$\frac{1}{12}$	a	$\frac{1}{24}$
2	$\frac{1}{24}$	$\frac{1}{12}$	$\frac{1}{12}$

求①常数a;②X和Y的边缘分布律;③X和Y是否独立?

24.甲、乙两人独立地各进行两次射击,假设甲的命中率为1/5,乙的命中率为1/2,以X和Y分别表示甲和乙的命中次数,求$P\{X\leqslant Y\}$.

25.设二维随机变量(X,Y)的概率密度为

$$f(x,y)=\begin{cases}Axy^2, 0<x<1, 0<y<1\\ 0, \quad 其他\end{cases},$$

试求:①常数A;②X与Y的边缘密度函数;③联合分布函数$F(x,y)$;④$P\{Y\leqslant X\}$;

26.设二维随机变量(X,Y)的联合概率密度为:

$$f(x,y)=\begin{cases}3x, 0<x<1, 0<y<x,\\ 0, 其他.\end{cases}$$

问X与Y是否相互独立?

27.设随机变量X与Y相互独立,$X\sim U[0,2]$,$Y\sim E(1)$,试求:

①$P\{-1<X<1, 0<Y<2\}$;

②$P\{X+Y>1\}$.

*28.设二维随机变量(X,Y)的分布律为

X \ Y	1	2	3
1	$\frac{1}{4}$	$\frac{1}{4}$	$\frac{1}{8}$
2	$\frac{1}{8}$	0	0
3	$\frac{1}{8}$	$\frac{1}{8}$	0

试求$X+Y$,$X-Y$,$2X$,XY的分布律.

第3章　随机变量的数字特征

随机变量的分布全面地描述了随机现象的统计规律,然而对许多实际问题,随机变量的分布并不容易求得;另一方面,对有些实际问题,往往并不需要知道随机变量的分布,而只需要知道它的某些特征.例如,在气象分析中常常考察某一时段的气温、雨量、湿度、日照等平均值、极差值等以判断气象情况,不必掌握每个气象变量的分布函数情况.又如在检查一批棉花质量时,只关心纤维的平均长度及纤维的长度与平均长度的偏离程度,平均长度较大,偏离程度较小,质量就较好.这些与随机变量有关的某些数值,如平均值、偏差值等,虽然不能完整地描述随机变量的分布,但是能够刻画随机变量某些方面的性质特征.这些能够刻画随机变量某些方面的性质特征的量称为随机变量的数字特征.数字特征由概率分布唯一确定,所以也称为某种分布的数字特征.比较常用的数字特征有数学期望、方差、协方差和相关系数等.

3.1 数学期望

一、平均值与加权平均值

有甲、乙两名射手,他们的射击技术见下表:

击中环数	8	9	10
甲命中的概率	0.3	0.1	0.6
乙命中的概率	0.2	0.5	0.3

试问哪一名射手的技术较好?

一般情况下,人们无法一眼看出这个问题的答案.这说明分布律虽然完整地描述了随机变量,但是却不够"集中"地反映它的变化情况.因此有必要找一些量来更集中、更概括地描述随机变量.

加权平均值概念

在上面的问题中,假设两名射手各自射出 N 枪,则他们打出的总成绩大概是:

甲:$8\times0.3N+9\times0.1N+10\times0.6N=9.3N$

乙:$8\times0.2N+9\times0.5N+10\times0.3N=9.1N$

平均下来,甲每枪射中9.3环,乙每枪射中9.1环,所以甲射手的技术要好些.这里,甲或乙每次射击的平均命中环数就是一种加权平均值,如$9.3=8\times0.3+9\times0.1+10\times0.6$,我们可以将这里的计算公式表示为

$$m=8\times P\{X=8\}+9\times P\{X=9\}+10\times P\{X=10\},$$

其权正好是各种射击结果相应的概率.

二、离散型随机变量的数学期望

受上述问题的启发,对于一般的离散型随机变量而言,可以引入如下的定义.

定义3.1　设离散型随机变量X的分布律为

$$P\{X=x_i\}=p_i,i=1,2,\cdots$$

若级数$\sum_{i=1}^{\infty}x_ip_i$绝对收敛,即$\sum_{i=1}^{\infty}|x_i|p_i<+\infty$,则称$\sum_{i=1}^{\infty}x_ip_i$的值为随机变量$X$的数学期望,简称期望、期望值或均值,记作$E(X)$,即

$$E(X)=\sum_{i=1}^{\infty}x_i\cdot p_i \tag{3.1}$$

若级数$\sum_{i=1}^{\infty}|x_i|p_i$发散,则称$X$的数学期望不存在.

以上定义中,要求级数$\sum_{i=1}^{\infty}x_ip_i$绝对收敛,一是为了数学上处理的方便,再者是因为$x_i$的顺序对随机变量而言不是本质的,任意改变$x_i$的顺序不应该影响这个级数的收敛性及它的和值,由无穷级数的理论知道,如果此无穷级数绝对收敛,则可保证级数的和不受次序变动的影响,即与求和次序无关.又由于有限项的和总是不受次序变动的影响,故取有限个可能值的随机变量的数学期望总是存在的.

例3.1　若随机变量X服从参数为p的0-1分布,求$E(X)$.

解　随机变量X的概率分布为

X	0	1
P	$1-p$	p

由数学期望的定义,可得

$$E(X)=0\times(1-p)+1\times p=p$$

因此在0-1分布中,概率p就是随机变量X的数学期望.

例3.2　若随机变量X服从参数为n,p的二项分布,求$E(X)$.

解　随机变量 X 的分布律为 $p_k=C_n^k p^k q^{n-k}, k=0,1,2,\cdots,n$,其中 $q=1-p$.

因此,由期望的定义

$$E(X)=\sum_{k=0}^{n}k\cdot p_k=\sum_{k=0}^{n}k\cdot C_n^k p^k q^{n-k}$$
$$=np\sum_{k=1}^{n}C_{n-1}^{k-1}p^{k-1}q^{n-k}\xlongequal{i=k-1}np\sum_{i=0}^{n-1}C_{n-1}^{i}p^{i}q^{(n-1)-i}$$
$$=np\,(p+q)^{n-1}=np.$$

结果表明,重复地掷一枚硬币 n 次,我们能期望得到的正面次数就是 np.

例 3.3　若随机变量 X 服从参数为 λ 的泊松分布,求 $E(X)$.

注:例 3.3 中计算时利用了一个重要的级数展开结果,即 $e^x=\sum_{k=0}^{\infty}\frac{x^k}{k!}$.

解　随机变量 X 的分布律为 $p_k=\frac{\lambda^k}{k!}e^{-\lambda}, k=0,1,2,\cdots$.

因此,由期望的定义

$$E(X)=\sum_{k=0}^{\infty}k\cdot p_k=\sum_{k=0}^{\infty}k\cdot\frac{\lambda^k}{k!}e^{-\lambda}$$
$$=\lambda e^{-\lambda}\sum_{k=1}^{\infty}\frac{\lambda^{k-1}}{(k-1)!}$$
$$=\lambda e^{-\lambda}\cdot e^{\lambda}=\lambda.$$

由此看出,泊松分布的参数 λ 就是它的期望值.

例 3.4　若某地区一个月内发生重大交通事故数 X 服从如下分布

X	0	1	2	3	4	5	6
P	0.301	0.362	0.216	0.087	0.026	0.006	0.002

试求该地区发生重大交通事故的月平均数.

解　由期望的定义

$$E(X)=1\times0.362+2\times0.216+3\times0.087+4\times0.026+5\times0.006+6\times0.002=1.201.$$

故该地区发生重大交通事故的月平均数约为 1.2 次.

例 3.5　一艘海运货船的甲板上放着 10 个装有化学原料的圆桶,现已知其中有 4 桶已被海水污染.若从中随机抽取 5 桶,记 X 为 5 桶中被污染的桶数,试求 X 的分布律及期望值.

解　因为 X 的可能取值为 $0,1,\cdots,4$,且

$$P\{X=k\}=\frac{C_4^k C_6^{5-k}}{C_{10}^5}, k=0,1,\cdots,4.$$

将计算结果列于下表:

X	0	1	2	3	4
P	$\frac{1}{42}$	$\frac{5}{21}$	$\frac{10}{21}$	$\frac{5}{21}$	$\frac{1}{42}$

由此得

$$E(X)=1\times\frac{5}{21}+2\times\frac{10}{21}+3\times\frac{5}{21}+4\times\frac{1}{42}=2.$$

例 3.6　设随机变量 X 取值 $x_k=(-1)^k\frac{2^k}{k},k=1,2,\cdots$,对应的概率 $p_k=\frac{1}{2^k}$.证明:X 的数学期望不存在.

证明　由于 $p_k\geqslant 0,\sum_{k=1}^{\infty}p_k=1$,因此 p_k 是随机变量 X 的概率分布,且可以求得

$$\sum_{k=1}^{\infty}x_kp_k=\sum_{k=1}^{\infty}(-1)^k\frac{1}{k}=-\ln 2.$$

但由于

$$\sum_{k=1}^{\infty}|x_k|p_k=\sum_{k=1}^{\infty}\frac{1}{k}=\infty$$

可见级数 $\sum_{k=1}^{\infty}x_kp_k$ 不绝对收敛,因此 X 的数学期望不存在.

例 3.7　已知二维随机变量(X,Y)的联合概率分布为:

X \ Y	0	3	4
2	$\frac{1}{3}$	$\frac{1}{12}$	$\frac{1}{12}$
5	$\frac{1}{12}$	$\frac{1}{4}$	$\frac{1}{6}$

求随机变量 X,Y 的数学期望.

解　首先求出二维随机变量(X,Y)的边缘分布律,X 的分布律为:

X	2	5
P	$\frac{1}{2}$	$\frac{1}{2}$

Y 的分布律为:

Y	0	3	4
P	$\frac{5}{12}$	$\frac{1}{3}$	$\frac{1}{4}$

故 $E(X)=2\times\frac{1}{2}+5\times\frac{1}{2}=\frac{7}{2}$，$E(Y)=0\times\frac{5}{12}+3\times\frac{1}{3}+4\times\frac{1}{4}=2$.

例 3.8　某人参加"答题秀"，一共有问题 1 和问题 2 两个问题.他可以自行决定回答这两个问题的顺序.如果他先回答一个问题，那么只有回答正确，他才被允许回答另外一题.如果他有 60%的把握答对问题 1，而答对问题 1 将获得 200 元奖励；有 80%的把握答对问题 2，而答对问题 2 将获得 100 元奖励.问他应该先选择回答哪个问题，才能使获得奖励的期望值较大？

解　记 X 为回答顺序为问题 1，问题 2 时所获得的奖励，则 X 的分布律为

X	0	200	300
P	0.4	0.6×0.2	0.6×0.8

由此得 $E(X)=200\times0.12+300\times0.48=168$（元）

又记 Y 为回答顺序为问题 2，问题 1 时所获得的奖励，则 Y 的分布律为：

Y	0	100	300
P	0.2	0.8×0.4	0.8×0.6

由此得 $E(Y)=100\times0.32+300\times0.48=176$（元）

因此，应该先回答问题 2，可以使获得的奖励的期望值较大.

例 3.9　某人想用 10 000 元投资于某种股票，该股票当前的价格为 2 元/股.假设一年后该股票等可能的为 1 元/股和 4 元/股.而理财顾问给他的建议是：若期望一年后所拥有的股票市值达到最大，则现在就购买；若期望一年后所拥有的股票数量达到最大，则一年以后购买.试问理财顾问的建议是否正确？为什么？

解　如果现在就购买 2 元/股，则 10 000 元可购买 5 000 股.记 X 为一年后所拥有的股票市值，则 X 的分布律为：

X	5 000	20 000
P	0.5	0.5

所以 $E(X)=12\ 500$（元），比一年后购买（市值为 10 000 元）大.

如果一年后购买，记 Y 为一年后所购买的股票数，则 10 000 元等可能地购买 10 000 股或 2 500 股，所以 Y 的分布律为：

Y	2 500	10 000
P	0.5	0.5

所以,$E(Y)=6\ 250$(股),比现在就购买(5 000 股)多.

因此,理财顾问的建议是正确的.

分组核酸检测的秘密

例 3.10　在一个人数为 N 的人群中普查某种疾病,为此要抽验 N 个人的血.如果将每个人的血分别检验,则共需检验 N 次.为了能够减少工作量,一位统计学家提出一种方法:按 k 个人一组进行分组,把同组 k 个人的血样混合后检验,如果这混合血样呈阴性反应,就说明此 k 个人的血都呈阴性反应,此 k 个人都无此疾病,因而这 k 个人只需要检验 1 次就够了,相当于每个人检验 $1/k$ 次,检验的工作量明显减少了.如果这混合血样呈阳性反应,就说明此 k 个人中至少有一人的血呈阳性反应,则再对此 k 个人的血样分别进行检验,因而这 k 个人的血要检验 $k+1$ 次,相当于每个人检验 $1+(1/k)$ 次,这时增加了检验次数.假设该疾病的发病率为 p,且每人是否得此疾病相互独立.试说明此种方法能否减少平均检验次数?

解　令 X 为该人群中每个人需要的验血次数,则 X 的分布律为:

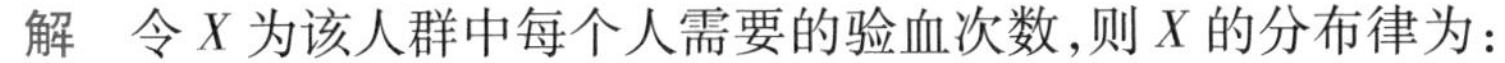

X	$\frac{1}{k}$	$1+\frac{1}{k}$
P	$(1-p)^k$	$1-(1-p)^k$

所以每人的平均验血次数为

$$E(X)=\frac{1}{k}(1-p)^k+\left(1+\frac{1}{k}\right)\left[1-(1-p)^k\right]=1-(1-p)^k+\frac{1}{k}.$$

由此可知,只要选择 k 使

$$1-(1-p)^k+\frac{1}{k}<1\text{ 或}(1-p)^k>\frac{1}{k}$$

就可以减少验血次数,而且还可以适当地选择 k 使验血次数达到最小.例如,当 $p=0.1$ 时,对不同的 k,$E(X)$ 的值见表 3.1.

从表 3.1 中可以看出:当 $k\geqslant 34$ 时,平均验血次数超过 1,即比分别检验的工作量还大;而当 $k\leqslant 33$ 时,平均验血次数在不同程度上得到了减少,特别在 $k=4$ 时,平均验血次数最少,验血工作量可减少 40%.

表 3.1　$p=0.1$ 时的 $E(X)$ 值

k	2	3	4	5	8	10	30	33	34
$E(X)$	0.690	0.604	0.594	0.610	0.695	0.751	0.991	0.994	1.002

也可以对不同的发病率 p 计算出最佳分组人数 k_0,见表 3.2.从表中可以看出:发病率 p 越小,则分组检验的效益越大.

表 3.2 不同发病率 p 时的最佳分组人数 k_0 及其 $E(X)$

p	0.14	0.10	0.08	0.06	0.04	0.02	0.01
k_0	3	4	4	5	6	8	11
$E(X)$	0.697	0.594	0.534	0.466	0.384	0.274	0.205

三、连续型随机变量的数学期望

设连续型随机变量 X 的概率密度函数为 $f(x)$，由式(2.13)可知，随机变量 X 落在小区间 $(x,x+\mathrm{d}x)$ 内的概率近似等于 $f(x)\mathrm{d}x$. 现若在 X 的取值范围内取一系列细密的分点 $x_0<x_1<\cdots<x_n<\cdots$，记 $\Delta x_i=x_{i+1}-x_i$，则易知 X 落在区间 (x_i,x_{i+1}) 内的概率近似等于 $f(x_i)\Delta x_i$，因此 X 与以概率 $f(x_i)\Delta x_i$ 取值 x_i 的离散型随机变量近似，而这个离散型随机变量的数学期望为

$$\sum_{i=1}^{\infty} x_i f(x_i)\Delta x_i$$

联想到定积分的定义，上式是积分 $\int_{-\infty}^{+\infty} xf(x)\mathrm{d}x$ 的渐进和式. 因此，定义连续型随机变量的数学期望如下：

连续型随机变量期望公式的解释

定义 3.2 设连续型随机变量 X 的概率密度为 $f(x)$，若积分 $\int_{-\infty}^{+\infty} xf(x)\mathrm{d}x$ 绝对收敛，则称积分 $\int_{-\infty}^{+\infty} xf(x)\mathrm{d}x$ 的值为随机变量 X 的数学期望，记为 $E(X)$，即

$$E(X)=\int_{-\infty}^{+\infty} xf(x)\mathrm{d}x. \tag{3.2}$$

例 3.11 设连续型随机变量 X 服从区间 $[a,b]$ 上的均匀分布，求 $E(X)$.

解 均匀分布的概率密度为

$$f(x)=\begin{cases}\dfrac{1}{b-a}, & a\leqslant x\leqslant b,\\ 0, & \text{其他},\end{cases}$$

所以

$$E(X)=\int_{-\infty}^{+\infty} xf(x)\mathrm{d}x=\int_a^b x\frac{1}{b-a}\mathrm{d}x=\frac{a+b}{2}.$$

例 3.12 设连续型随机变量 X 服从参数为 λ 的指数分布，求 $E(X)$.

解 指数分布的概率密度为

$$f(x)=\begin{cases}\lambda \mathrm{e}^{-\lambda x}, & x>0,\\ 0, & x\leqslant 0,\end{cases}(\lambda>0)$$

所以

$$E(X)=\int_{-\infty}^{+\infty}xf(x)\mathrm{d}x=\int_{0}^{+\infty}x\lambda \mathrm{e}^{-\lambda x}\mathrm{d}x=-\int_{0}^{+\infty}x\mathrm{d}\mathrm{e}^{-\lambda x}=\int_{0}^{+\infty}\mathrm{e}^{-\lambda x}\mathrm{d}x=\frac{1}{\lambda}.$$

例 3.13 设连续型随机变量 X 服从正态分布 $N(\mu,\sigma^2)$，求 $E(X)$.

解 正态分布的概率密度为

$$f(x)=\frac{1}{\sqrt{2\pi}\sigma}\mathrm{e}^{\frac{-(x-\mu)^2}{2\sigma^2}}$$

注：例 3.13 中利用了重要的积分结果 $\int_{-\infty}^{+\infty}\mathrm{e}^{-\frac{x^2}{2}}\mathrm{d}x=\sqrt{2\pi}$.

所以

$$\begin{aligned}E(X)&=\int_{-\infty}^{+\infty}xf(x)\mathrm{d}x=\int_{-\infty}^{+\infty}x\frac{1}{\sqrt{2\pi}\sigma}\mathrm{e}^{\frac{-(x-\mu)^2}{2\sigma^2}}\mathrm{d}x\\&\xlongequal{令z=\frac{x-\mu}{\sigma}}\frac{1}{\sqrt{2\pi}}\int_{-\infty}^{+\infty}(\sigma z+\mu)\mathrm{e}^{\frac{-z^2}{2}}\mathrm{d}z\\&=\frac{\mu}{\sqrt{2\pi}}\int_{-\infty}^{+\infty}\mathrm{e}^{\frac{-z^2}{2}}\mathrm{d}z=\mu.\end{aligned}$$

可见，$N(\mu,\sigma^2)$ 的参数 μ 正是它的数学期望.

例 3.14 设连续型随机变量 X 服从柯西分布，其概率密度为

$$f(x)=\frac{1}{\pi}\cdot\frac{1}{1+x^2}(-\infty<x<+\infty)$$

试求 X 的数学期望.

解 因为被积函数为奇函数，所以有 $\int_{-\infty}^{+\infty}x\cdot\frac{1}{\pi}\cdot\frac{1}{1+x^2}\mathrm{d}x=0$,

但由于

$$\int_{-\infty}^{+\infty}|x|\cdot\frac{1}{\pi}\cdot\frac{1}{1+x^2}\mathrm{d}x=2\int_{0}^{+\infty}\frac{1}{\pi}\cdot\frac{x}{1+x^2}\mathrm{d}x=\frac{1}{\pi}\ln(1+x^2)\Big|_{0}^{+\infty}=\infty,$$

故 X 的数学期望不存在.

四、随机变量函数的数学期望

对于随机变量 X 的某一函数 $Y=g(X)$，如果知道随机变量 Y 的概率分布，则可直接求出 Y 的期望；如果不知道 Y 的概率分布，也可以由 X 的概率分布来求出 Y 的期望.

定理 3.1 设 $Y=g(X)$ 是随机变量 X 的连续函数，且 Y 的数学期望存在.

(1)若 X 是离散型随机变量，其概率分布律为 $P\{X=x_i\}=p_i,i=1,2,\cdots$，则有

$$E(Y)=E[g(X)]=\sum_{i=1}^{\infty}g(x_i)p_i\tag{3.3}$$

（2）若 X 是连续型随机变量，其概率密度为 $f(x)$，则有

$$E(Y)=E[g(X)]=\int_{-\infty}^{+\infty}g(x)f(x)\mathrm{d}x \tag{3.4}$$

这个定理的证明略.

例 3.15 某工程队完成某项工程的时间 X（单位：月）是一个随机变量，其分布律为

X	10	11	12	13
P	0.4	0.3	0.2	0.1

设该工程队所获的利润 $Y=50(13-X)$（单位：万元），试求工程队的平均利润.

解 工程队的平均利润即是 $E(Y)$，由定理 3.1 得

$$E(Y)=[50(13-10)]\times0.4+[50(13-11)]\times0.3+[50(13-12)]\times0.2+[50(13-13)]\times0.1=100.$$

即工程队所获得的平均利润为 100 万元.

例 3.16 设连续型随机变量 X 的概率密度为

$$f(x)=\begin{cases}\dfrac{3}{8}x^2, & 0<x<2,\\ 0, & \text{其他},\end{cases}$$

试求 $Y=\dfrac{3}{X^2}$ 的数学期望.

解 由定理 3.1 得

$$E(Y)=\int_{-\infty}^{+\infty}\frac{3}{x^2}f(x)\mathrm{d}x=\int_0^2\frac{3}{x^2}\frac{3}{8}x^2\mathrm{d}x=\frac{9}{4}.$$

例 3.17 某公司经销某种原料，据历史资料表明：这种原料的市场需求量 X（单位：t）服从(300,500)上的均匀分布.每售出 1 t 该原料，公司可获利 1.5（千元）；若积压 1 t，则公司损失 0.5（千元）.问公司应该组织多少货源，才能使平均收益最大？

解 设公司组织该货源 a t.则显然应该有 $300<a<500$.又记 Y 为在 a t 货源的条件下的收益额（单位：千元），则收益额 Y 是需求量 X 的函数，即 $Y=g(X)$.

由题设条件知：当 $X\geqslant a$ 时，则此 a t 货源全部售出，共获利 $1.5a$；当 $X<a$ 时，则售出 X t（获利 $1.5X$），且还有 $(a-X)$ t 积压（获利 $-0.5(a-X)$），所以共获利 $1.5X-0.5(a-X)$，则

$$g(X)=\begin{cases}1.5a, & X\geqslant a,\\ 1.5X-0.5(a-X), & X<a,\end{cases}$$

由均匀分布和定理 3.1 可得

$$E(Y)=\int_{-\infty}^{+\infty}g(x)f(x)\mathrm{d}x=\int_{300}^{500}g(x)\ \frac{1}{200}\mathrm{d}x$$
$$=\frac{1}{200}\left(\int_{a}^{500}1.5a\mathrm{d}x+\int_{300}^{a}(2x-0.5a)\mathrm{d}x\right)$$
$$=\frac{1}{200}(-a^2+900a-300^2)$$

上述计算结果表明 $E(Y)$ 是 a 的二次函数,用通常求极值的方法可以求得:当 $a=450$ t 时,$E(Y)$ 达到最大,即公司应该组织货源 450 t.

定理 3.1 可以推广到多维随机变量的函数中去,对二维随机变量的函数的数学期望,有如下定理.

定理 3.2 设(X,Y)是二维随机变量,$Z=g(X,Y)$是连续函数,且 Z 的数学期望存在,那么

(1)若(X,Y)是离散型随机变量,其概率分布为

$$P\{X=x_i,Y=y_j\}=p_{ij},i,j=1,2,\cdots,$$

则有

$$E(Z)=E[g(X,Y)]=\sum_{i=1}^{\infty}\sum_{j=1}^{\infty}g(x_i,y_j)p_{ij} \qquad (3.5)$$

(2)若(X,Y)是连续型随机变量,其概率密度为$f(x,y)$,则有

$$E(Z)=E[g(X,Y)]=\int_{-\infty}^{+\infty}\int_{-\infty}^{+\infty}g(x,y)f(x,y)\mathrm{d}x\mathrm{d}y \qquad (3.6)$$

例 3.18 设二维连续型随机变量(X,Y)的概率密度为

$$f(x,y)=\begin{cases}x+y,0<x<1,0<y<1,\\0, \quad 其他.\end{cases}$$

试求 $E(XY)$ 与 $E(X+Y)$.

解 由定理 3.2 得

$$E(XY)=\int_0^1\int_0^1 xy(x+y)\mathrm{d}x\mathrm{d}y=\frac{1}{3},$$
$$E(X+Y)=\int_0^1\int_0^1(x+y)(x+y)\mathrm{d}x\mathrm{d}y=\frac{7}{6}.$$

五、数学期望的性质

随机变量的数学期望具有以下的重要性质(假定下面所讨论的随机变量的数学期望都存在):

性质 1 设 c 是常数,则有 $E(c)=c$.

性质 2 设 X 是随机变量,c 是常数,则有 $E(cX)=cE(X)$.

性质 3 设 X,Y 是两个随机变量,则有 $E(X+Y)=E(X)+E(Y)$.

性质 4 设 X,Y 是两个相互独立的随机变量,则

$$E(XY)=E(X)\cdot E(Y).$$

下面仅就连续型随机变量的情形来证明性质 3 和性质 4,其余的证明由读者自己完成.

证明　设连续型随机变量 X,Y 的联合概率密度函数为 $f(x,y)$,边缘概率密度分别为 $f_X(x)$,$f_Y(y)$.由式(3.6),有

$$\begin{aligned}E(X+Y)&=\int_{-\infty}^{+\infty}\int_{-\infty}^{+\infty}(x+y)f(x,y)\mathrm{d}x\mathrm{d}y\\&=\int_{-\infty}^{+\infty}\int_{-\infty}^{+\infty}xf(x,y)\mathrm{d}x\mathrm{d}y+\int_{-\infty}^{+\infty}\int_{-\infty}^{+\infty}yf(x,y)\mathrm{d}x\mathrm{d}y\\&=E(X)+E(Y)\end{aligned}$$

故性质 3 得证.

若随机变量 X,Y 相互独立,则有 $f(x,y)=f_X(x)\cdot f_Y(y)$.

$$\begin{aligned}E(XY)&=\int_{-\infty}^{+\infty}\int_{-\infty}^{+\infty}xyf(x,y)\mathrm{d}x\mathrm{d}y\\&=\int_{-\infty}^{+\infty}\int_{-\infty}^{+\infty}xyf_X(x)\cdot f_Y(y)\mathrm{d}x\mathrm{d}y\\&=\left[\int_{-\infty}^{+\infty}xf_X(x)\mathrm{d}x\right]\left[\int_{-\infty}^{+\infty}yf_Y(y)\mathrm{d}y\right]\\&=E(X)\cdot E(Y)\end{aligned}$$

故性质 4 得证.

性质 1~3 可以推广到任意有限多个随机变量之和的情况,即

$$E(k_1X_1+k_2X_2+\cdots+k_nX_n)=k_1E(X_1)+k_2E(X_2)+\cdots+k_nE(X_n)\tag{3.7}$$

其中 $k_1,k_2,\cdots,k_n$ 为任意常数.

例 3.19　设随机变量 X,Y,Z 两两独立,且 $X\sim U(0,8)$,$Y\sim E\left(\frac{1}{2}\right)$,$Z\sim N(5,18)$,试求随机变量 $W=XY+YZ+ZX$ 的数学期望.

解　由题可知 $E(X)=4$,$E(Y)=2$,$E(Z)=5$.又 X,Y,Z 两两独立,则

$$\begin{aligned}E(W)&=E(XY+YZ+ZX)=E(XY)+E(YZ)+E(ZX)\\&=E(X)E(Y)+E(Y)E(Z)+E(Z)E(X)\\&=8+10+20=38.\end{aligned}$$

例 3.20　证明(柯西—许瓦兹不等式)设 X 和 Y 是任意两个随机变量,则有

$$|E(XY)|^2\leqslant E(X^2)\cdot E(Y^2)\tag{3.8}$$

证明　对任意实数 t,定义

$$u(t)=E[(tX-Y)^2]=t^2E(X^2)-2tE(XY)+E(Y^2)$$

显然,对任意 t,$u(t)\geqslant 0$.因此,关于 t 的二次方程

$$t^2E(X^2)-2tE(XY)+E(Y^2)=0$$

要么无实数根,要么有一个重根,所以其判别式

$$\Delta = 4[E(XY)]^2 - 4E(X^2)E(Y^2) \leqslant 0$$

移项即得式(3.8).

3.2 方 差

一、方差的概念

数学期望刻画了随机变量取值的平均水平.在很多情况下,单用数学期望描述随机变量通常是不够的,我们先看下面的例子.

再考察两个射手,他们的射击技术用下表表示:

击中环数	8	9	10
丙命中的概率	0.1	0.8	0.1
丁命中的概率	0.3	0.4	0.3

不难算出他们每射一枪的期望值都是 9 环,表明他们每次射击的平均命中环数高,命中精度或准确性方面相当.

仔细观察之后会发现,丙射手的射击结果大部分集中在 9 环,而丁射手的射击结果则比较分散,与期望值 9 环偏离较大,表明他们在射击的稳定性方面有明显的差异.由此可见,研究随机变量与其数学期望的偏离程度是十分必要的.

设 X 是随机变量,且数学期望 $E(X)$ 存在,则称 $X-E(X)$ 为随机变量 X 的离差.显然,离差有正有负,且有 $E[X-E(X)]=0$,即任意一个随机变量的离差的期望都等于 0,故离差的和不能反映随机变量与其数学期望之间的偏离程度.

不难看出,$E[|X-E(X)|]$ 能够反映随机变量与其期望之间的偏离程度.但因为带有绝对值符号,在数学上处理起来不方便.因此,通常用 $E\{[X-E(X)]^2\}$ 来度量随机变量与其期望的偏离程度,从而有以下定义.

定义 3.3 设 X 是一个随机变量,若 $E\{[X-E(X)]^2\}$ 存在,则称 $E\{[X-E(X)]^2\}$ 为随机变量 X 的方差,记为 $D(X)$ 或 $\mathrm{Var}(X)$,即

$$D(X) = \mathrm{Var}(X) = E\{[X-E(X)]^2\} \tag{3.9}$$

记 $\sigma(X)=\sqrt{D(X)}$,称其为随机变量 X 的标准差或均方差.

由定义可知,方差就是随机变量 X 的函数 $g(X)=[X-E(X)]^2$ 的数学期望.所以对于离散型随机变量 X,设其概率分布为 $P\{X=x_i\}=p_i, i=1,2,\cdots$,由式(3.3)可知随机变量 X 的方差为

$$D(X)=\sum_{i=1}^{\infty}[x_i-E(X)]^2p_i \tag{3.10}$$

而对于连续型随机变量 X,设其概率密度函数为 $f(x)$,由式(3.4)可知 X 的方差为

$$D(X)=\int_{-\infty}^{+\infty}[x-E(X)]^2f(x)\mathrm{d}x \tag{3.11}$$

又因为

$$\begin{aligned}D(X)&=E\{[X-E(X)]^2\}\\&=E\{X^2-2X\cdot E(X)+[E(X)]^2\}\\&=E(X^2)-2E(X)\cdot E(X)+[E(X)]^2\\&=E(X^2)-[E(X)]^2,\end{aligned}$$

所以,在通常情况下,随机变量的方差可按照下面的公式进行计算:

$$D(X)=E(X^2)-[E(X)]^2 \tag{3.12}$$

例 3.21 若随机变量 X 服从参数为 p 的 0-1 分布,求 $D(X)$.

解 由例 3.1 可知,$E(X)=p$,又

$$E(X^2)=0^2\times(1-p)+1^2\times p=p,$$

由式(3.12)可得

$$D(X)=E(X^2)-[E(X)]^2=p-p^2=p(1-p)$$

例 3.22 若随机变量 X 服从参数为 n,p 的二项分布,求 $D(X)$.

解 由例 3.2 可知,$E(X)=np$,记 $q=1-p$,则有

$$\begin{aligned}E(X^2)&=\sum_{k=0}^{n}k^2C_n^kp^kq^{n-k}\\&=\sum_{k=0}^{n}(k^2-k)C_n^kp^kq^{n-k}+\sum_{k=0}^{n}kC_n^kp^kq^{n-k}\\&=n(n-1)\sum_{k=2}^{n}C_{n-2}^{k-2}p^kq^{n-k}+E(X)\\&\xlongequal{令 i=k-2}n(n-1)p^2\sum_{i=0}^{n-2}C_{n-2}^{i}p^iq^{n-2-i}+np\\&=n(n-1)p^2+np.\end{aligned}$$

由式(3.12)可得

$$D(X)=E(X^2)-[E(X)]^2=np(1-p)=npq.$$

例 3.23 若随机变量 X 服从参数为 λ 的泊松分布,求 $D(X)$.

解 由例 3.3 可知,$E(X)=\lambda$,又

$$\begin{aligned}E(X^2)&=\sum_{k=0}^{\infty}k^2\frac{\lambda^k}{k!}\mathrm{e}^{-\lambda}\\&=\sum_{k=1}^{\infty}k\frac{\lambda^k}{(k-1)!}\mathrm{e}^{-\lambda}=\sum_{k=1}^{\infty}[(k-1)+1]\frac{\lambda^k}{(k-1)!}\mathrm{e}^{-\lambda}\\&=\lambda^2\mathrm{e}^{-\lambda}\sum_{k=2}^{\infty}\frac{\lambda^{k-2}}{(k-2)!}+\lambda\mathrm{e}^{-\lambda}\sum_{k=1}^{\infty}\frac{\lambda^{k-1}}{(k-1)!}=\lambda^2+\lambda.\end{aligned}$$

由式(3.12)可得

$$D(X)=E(X^2)-[E(X)]^2=\lambda^2+\lambda-\lambda^2=\lambda.$$

泊松分布的均值和方差都是参数 λ.

例 3.24　设连续型随机变量 X 服从区间$[a,b]$上的均匀分布,求$D(X)$.

解　由例 3.11 可知,$E(X)=\dfrac{a+b}{2}$,又

$$E(X^2)=\int_a^b x^2\frac{1}{b-a}\mathrm{d}x=\frac{a^2+ab+b^2}{3}.$$

由式(3.12)可得

$$D(X)=E(X^2)-[E(X)]^2=\frac{a^2+ab+b^2}{3}-\left(\frac{a+b}{2}\right)^2=\frac{(b-a)^2}{12}.$$

例 3.25　设连续型随机变量 X 服从参数为 λ 的指数分布,求 $D(X)$.

解　由例 3.12 可知,$E(X)=\dfrac{1}{\lambda}$,又

$$E(X^2)=\int_0^{+\infty}x^2\lambda\mathrm{e}^{-\lambda x}\mathrm{d}x=(-x^2\mathrm{e}^{-\lambda x})\Big|_0^{+\infty}+2\int_0^{+\infty}x\mathrm{e}^{-\lambda x}\mathrm{d}x=\frac{2}{\lambda^2}$$

由式(3.12)可得

$$D(X)=E(X^2)-[E(X)]^2=\frac{1}{\lambda^2}.$$

例 3.26　设连续型随机变量 X 服从正态分布 $N(\mu,\sigma^2)$,求 $D(X)$.

解　由例 3.13 可知,$E(X)=\mu$,又

$$D(X)=\int_{-\infty}^{+\infty}(x-\mu)^2\frac{1}{\sqrt{2\pi}\sigma}\mathrm{e}^{\frac{-(x-\mu)^2}{2\sigma^2}}\mathrm{d}x$$

$$\xlongequal{令z=\frac{x-\mu}{\sigma}}\frac{\sigma^2}{\sqrt{2\pi}}\int_{-\infty}^{+\infty}z^2\mathrm{e}^{\frac{-z^2}{2}}\mathrm{d}z$$

$$=\frac{\sigma^2}{\sqrt{2\pi}}\left[(-z\mathrm{e}^{\frac{-z^2}{2}})\Big|_{-\infty}^{+\infty}+\int_{-\infty}^{+\infty}\mathrm{e}^{\frac{-z^2}{2}}\mathrm{d}z\right]$$

$$=\frac{\sigma^2}{\sqrt{2\pi}}\sqrt{2\pi}=\sigma^2.$$

这样就阐明了正态分布中第二个参数 σ 的概率意义,它就是标准差;而正态分布也由它的数学期望及标准差唯一确定.

从以上的计算结果可知,常见重要分布的期望与方差都与该分布的参数有关.一般地,若已知随机变量服从某种概率分布,通常可以由数字特征确定它的具体分布.因此,研究随机变量的数字特征在理论上及实际应用上都有着重要的意义.现将以上所有的计算结果列表(表 3.3)如下.

表 3.3 常见分布的期望与方差

分布及参数	期望 $E(X)$	方差 $D(X)$
二项分布 $B(n,p)$	np	$np(1-p)$
泊松分布 $P(\lambda)$	λ	λ
均匀分布 $U[a,b]$	$\frac{a+b}{2}$	$\frac{(b-a)^2}{12}$
指数分布 $E(\lambda)$	$\frac{1}{\lambda}$	$\frac{1}{\lambda^2}$
正态分布 $N(\mu,\sigma^2)$	μ	σ^2

例 3.27 某人有一笔资金,可以投资两个项目:房地产和商业,其收益都与市场状态有关.若把未来市场划分为好、中、差 3 个等级,其发生的概率分别为 0.2、0.7、0.1.通过调查,该投资者认为投资于房地产的收益 X(万元)和投资于商业的收益 Y(万元)的分布分别为:

X	11	3	−3
P	0.2	0.7	0.1

Y	6	4	−1
P	0.2	0.7	0.1

请问,投资者该如何投资为好?

解 先考察数学期望(平均收益)

$$E(X)=11\times 0.2+3\times 0.7+(-3)\times 0.1=4.0(\text{万元}),$$

$$E(Y)=6\times 0.2+4\times 0.7+(-1)\times 0.1=3.9(\text{万元}).$$

从平均收益看,投资房地产收益大,可比投资商业多收益 0.1 万元.下面再来计算它们各自的方差

$$D(X)=(11-4)^2\times 0.2+(3-4)^2\times 0.7+(-3-4)^2\times 0.1=15.4,$$

$$D(Y)=(6-3.9)^2\times 0.2+(4-3.9)^2\times 0.7+(-1-3.9)^2\times 0.1=3.29,$$

及标准差

$$\sigma(X)=\sqrt{15.4}=3.92,\sigma(Y)=\sqrt{3.29}=1.81.$$

因为标准差(方差亦然)越大,则收益的波动大,从而风险也大.所以从标准差看,投资房地产的风险比投资商业的风险大得多.若收益与风险综合权衡,建议该投资者还是应该选择投资商业为好,虽然平均收益少 0.1 万元,但承担的风险要小很多.

二、方差的简单性质

假设以下性质中的随机变量的方差都存在,则方差具有以下性质:

性质 1　常数的方差等于 0.即 $D(c)=0$,c 为常数.

性质 2　$D(X+c)=D(X)$,c 为常数.

性质 3　$D(kX)=k^2D(X)$,k 为常数.

性质 4　若随机变量 X、Y 相互独立,则 $D(X+Y)=D(X)+D(Y)$.

前 3 个性质的证明由读者自己完成.下面证明性质 4.

证明　由方差的定义有

$$\begin{aligned}D(X+Y)&=E\{[(X-E(X))+(Y-E(Y))]^2\}\\&=E(X-E(X))^2+2E[(X-E(X))(Y-E(Y))]\\&\quad+E(Y-E(Y))^2\\&=D(X)+2E[(X-E(X))(Y-E(Y))]+D(Y).\end{aligned}$$

由于随机变量 X、Y 相互独立,可知 $X-E(X)$ 与 $Y-E(Y)$ 也相互独立,因此由数学期望的性质可知

$$E[(X-E(X))(Y-E(Y))]=E(X-E(X))\cdot E(Y-E(Y))=0,$$

所以有

$$D(X+Y)=D(X)+D(Y)$$

性质 4 得证.

而由性质 3 和性质 4 可以得到如下的推论:

推论　对于任意 n 个相互独立的随机变量 $X_1,X_2,\cdots,X_n$ 及常数 $k_1,k_2,\cdots,k_n$,若每个随机变量的方差都存在,则有

$$D\left[\sum_{i=1}^{n}k_iX_i\right]=\sum_{i=1}^{n}k_i^2D(X_i). \tag{3.13}$$

例 3.28　设随机变量 X 的方差 $D(X)=2$,求 $D(-2X+3)$.

解　由方差的性质,可得

$$D(-2X+3)=D(-2X)=(-2)^2\cdot D(X)=8.$$

例 3.29　设 X 为随机变量,且 $E\left(\frac{X}{2}-1\right)=1$,$D\left(-\frac{X}{2}+1\right)=2$,求 $E(X^2)$.

解　由期望及方差的性质,有

$$E\left(\frac{X}{2}-1\right)=\frac{1}{2}\cdot E(X)-1=1,$$

$$D\left(-\frac{X}{2}+1\right)=\left(-\frac{1}{2}\right)^2D(X)=\frac{1}{4}D(X)=2.$$

解得

$$E(X)=4,D(X)=8.$$

因此

$$E(X^2)=D(X)+(E(X))^2=8+4^2=24.$$

例 3.30 设随机变量 X 的期望和方差都存在,且 $D(X)\neq 0$,求 $Y=\frac{X-E(X)}{\sqrt{D(X)}}$的期望和方差.

解 注意到 $E(X)$、$D(X)$ 均为常数,故有

$$E(Y)=E\left[\frac{X-E(X)}{\sqrt{D(X)}}\right]=\frac{1}{\sqrt{D(X)}}E[X-E(X)]$$

$$=\frac{1}{\sqrt{D(X)}}[E(X)-E(X)]=0,$$

$$D(Y)=D\left[\frac{X-E(X)}{\sqrt{D(X)}}\right]=\left[\frac{1}{\sqrt{D(X)}}\right]^2 D[X-E(X)]$$

$$=\frac{1}{D(X)}\cdot D(X)=1.$$

对任意随机变量 X,称 $Y=\frac{X-E(X)}{\sqrt{D(X)}}$为 X 的标准化随机变量.

三、矩

随机变量的矩是更一般的数字特征,数学期望和方差都是某种矩.矩在概率论与数理统计中有许多应用.这里我们介绍两种常用的矩.

定义 3.4 设 X 是随机变量,若 $X^k,k=1,2,\cdots$的数学期望存在,则称它为 X 的 k 阶原点矩,记为 μ_k,即

$$\mu_k=E(X^k) \tag{3.14}$$

若$[X-E(X)]^k,k=1,2,\cdots$的数学期望存在,则称它为 X 的 k 阶中心矩,记为 ν_k,即

$$\nu_k=E\{[X-E(X)]^k\} \tag{3.15}$$

显然,数学期望与方差分别是一阶原点矩和二阶中心矩.

在实际应用中,高于 4 阶的矩很少使用,3 阶、4 阶矩应用也不多.数理统计中常见的应用之一就是用 ν_3来衡量分布是否有偏.通常定义

$$\beta_1=\frac{\nu_3}{\nu_2^{\frac{3}{2}}}=\frac{E\{[X-E(X)]^3\}}{[D(X)]^{\frac{3}{2}}} \tag{3.16}$$

为 X 的或其分布的偏度系数.

应该之二是用 ν_4来衡量分布(密度)在均值附近的陡峭程度.通常定义

$$\beta_2=\frac{\nu_4}{\nu_2^2}-3=\frac{E\{[X-E(X)]^4\}}{[D(X)]^2}-3 \tag{3.17}$$

为 X 的或其分布的峰度系数.这里减去 3,是为了使正态分布的峰度系数为 0.

3.3 协方差与相关系数

对于多维随机变量,除了讨论各个随机变量的数学期望和方差外,还需要讨论随机变量之间的相互关系.协方差和相关系数就是反映随机变量之间相互关系的数字特征.如果两个随机变量 X、Y 相互独立,则有

$$E\{[X-E(X)][Y-E(Y)]\}=E[X-E(X)]\cdot E[Y-E(Y)]=0$$

因此,当 $E\{[X-E(X)][Y-E(Y)]\}\neq 0$ 时,随机变量 X、Y 之间必定存在着一定的关系.

定义 3.5 对于二维随机变量 (X,Y),若 $[X-E(X)][Y-E(Y)]$ 的数学期望存在,则称它为随机变量 X 与 Y 的协方差,记为 $\mathrm{Cov}(X,Y)$,即

$$\mathrm{Cov}(X,Y)=E\{[X-E(X)][Y-E(Y)]\} \tag{3.18}$$

并称

$$\rho_{XY}=\frac{\mathrm{Cov}(X,Y)}{\sqrt{D(X)}\sqrt{D(Y)}} \tag{3.19}$$

为随机变量 X 与 Y 的相关系数.

由式(3.18),容易算得

$$\mathrm{Cov}(X,Y)=E(XY)-E(X)E(Y) \tag{3.20}$$

常常利用式(3.20)计算随机变量的协方差.

从协方差的定义可以看出,它是 X 的偏差 $X-E(X)$ 与 Y 的偏差 $Y-E(Y)$ 乘积的数学期望.由于偏差可正可负,故协方差也可正可负,也可以为零,其具体表现如下:

当 $\mathrm{Cov}(X,Y)>0$ 时,称 X 与 Y 正相关,这时两个偏差 $X-E(X)$ 与 $Y-E(Y)$ 有同时增加或同时减少的倾向.由于 $E(X)$ 和 $E(Y)$ 都是常数,故等价于 X 与 Y 有同时增加或减少的倾向,这就是正相关的含义.

当 $\mathrm{Cov}(X,Y)<0$ 时,称 X 与 Y 负相关,这时有 X 增加而 Y 减少的倾向,或有 Y 增加而 X 减少的倾向,这就是负相关的含义.

当 $\mathrm{Cov}(X,Y)=0$ 时,称 X 与 Y 不相关.这时可能由两类情况导致:一类是 X 与 Y 的取值毫无关联;另一类是 X 与 Y 之间存在有某种非线性关系.

一般来说,协方差具有以下性质:

性质1 $\mathrm{Cov}(X,Y)=\mathrm{Cov}(Y,X)$.

性质2 $D(X\pm Y)=D(X)+D(Y)\pm 2\mathrm{Cov}(X,Y)$.

性质3 $\mathrm{Cov}(aX,bY)=ab\mathrm{Cov}(X,Y)$，$a$、$b$ 为常数.

性质4 $\mathrm{Cov}(X_1+X_2,Y)=\mathrm{Cov}(X_1,Y)+\mathrm{Cov}(X_2,Y)$.

性质5 $|\mathrm{Cov}(X,Y)|\leqslant\sqrt{D(X)}\sqrt{D(Y)}$.

以上性质请读者自己证明.性质5的证明只需要以 $X-E(X)$，$Y-E(Y)$代替柯西—许瓦兹不等式(参见例3.20)中的 X,Y 即可.

例3.31 设二维随机变量(X,Y)的概率密度为

$$f(x,y)=\begin{cases}x+y, & 0\leqslant x\leqslant 1, 0\leqslant y\leqslant 1,\\0, & \text{其他}.\end{cases}$$

试求 $\mathrm{Cov}(X,Y)$ 及 ρ_{XY}.

解 首先计算(X,Y)的边缘概率密度，得

$$f_X(x)=\begin{cases}\int_0^1(x+y)\mathrm{d}y=x+\frac{1}{2}, & 0\leqslant x\leqslant 1,\\0, & \text{其他}.\end{cases}$$

同理可得

$$f_Y(y)=\begin{cases}y+\frac{1}{2}, & 0\leqslant y\leqslant 1,\\0, & \text{其他}.\end{cases}$$

其次计算协方差，由于

$$E(X)=\int_0^1 x\left(x+\frac{1}{2}\right)\mathrm{d}x=\frac{7}{12},$$

$$E(Y)=\int_0^1 y\left(y+\frac{1}{2}\right)\mathrm{d}y=\frac{7}{12},$$

$$E(XY)=\int_0^1\int_0^1 xy(x+y)\mathrm{d}x\mathrm{d}y=\frac{1}{3},$$

所以

$$\mathrm{Cov}(X,Y)=E(XY)-E(X)E(Y)=\frac{1}{3}-\left(\frac{7}{12}\right)^2=-\frac{1}{144}.$$

最后计算相关系数，由于

$$E(X^2)=\int_0^1 x^2\left(x+\frac{1}{2}\right)\mathrm{d}x=\frac{5}{12},$$

$$D(X)=E(X^2)-[E(X)]^2=\frac{5}{12}-\left(\frac{7}{12}\right)^2=\frac{11}{144},$$

同理可知 $D(Y)=\dfrac{11}{144}$，故得

$$\rho_{XY}=\frac{\mathrm{Cov}(X,Y)}{\sqrt{D(X)}\sqrt{D(Y)}}=-\frac{1}{11}.$$

例 3.32 设二维随机变量(X,Y)的概率密度为

$$f(x,y)=\begin{cases}2,0\leqslant x\leqslant 1,0\leqslant y\leqslant x,\\0,\text{其他}.\end{cases}$$

试求$\mathrm{Cov}(X,Y)$及ρ_{XY}.

解 由于

$$E(X)=\int_0^1\left(\int_0^x 2x\mathrm{d}y\right)\mathrm{d}x=\frac{2}{3},E(Y)=\int_0^1\left(\int_0^x 2y\mathrm{d}y\right)\mathrm{d}x=\frac{1}{3},$$

$$E(XY)=\int_0^1\left(\int_0^x 2xy\mathrm{d}y\right)\mathrm{d}x=\frac{1}{4},$$

故

$$\mathrm{Cov}(X,Y)=E(XY)-E(X)E(Y)=\frac{1}{4}-\frac{2}{3}\times\frac{1}{3}=\frac{1}{36},$$

又

$$D(X)=E(X^2)-[E(X)]^2=\int_0^1\left(\int_0^x 2x^2\mathrm{d}y\right)\mathrm{d}x-\left(\frac{2}{3}\right)^2=\frac{1}{2}-\frac{4}{9}=\frac{1}{18},$$

$$D(Y)=E(Y^2)-[E(Y)]^2=\int_0^1\left(\int_0^x 2y^2\mathrm{d}y\right)\mathrm{d}x-\left(\frac{1}{3}\right)^2=\frac{1}{6}-\frac{1}{9}=\frac{1}{18},$$

故有

$$\rho_{XY}=\frac{\mathrm{Cov}(X,Y)}{\sqrt{D(X)}\sqrt{D(Y)}}=\frac{1}{2}.$$

由协方差的性质5,易得

$$|\rho_{XY}|\leqslant 1. \tag{3.21}$$

当X与Y相互独立,且它们的方差都存在时,由$E(XY)=E(X)E(Y)$及式(3.21),得$\mathrm{Cov}(X,Y)=0$,相应地有$\rho_{XY}=0$.

定义 3.6 如果随机变量X与Y的相关系数$\rho_{XY}=0$,则称X与Y不相关.

相关系数ρ_{XY}刻画了随机变量X与Y之间的线性相关程度,若$|\rho_{XY}|$越大,相关程度就越大;$|\rho_{XY}|$越小,相关程度就越小.若X与Y相互独立,则X与Y不相关;但是随机变量X与Y不相关,只能说明X与Y不存在线性关系,不能排除X与Y之间可能存在其他的非线性关系,即它们不一定是相互独立的.

例 3.33 设二维随机变量(X,Y)的概率密度为:

$$f(x,y)=\begin{cases}\frac{1}{6},0\leqslant x\leqslant 3,0\leqslant y\leqslant 2,\\0,\ \text{其他}.\end{cases}$$

试求$\mathrm{Cov}(X,Y)$及ρ_{XY}.

解 首先计算(X,Y)的边缘概率密度,得

$$f_X(x)=\begin{cases}\int_0^2 \frac{1}{6}\mathrm{d}y=\frac{1}{3}, & 0\leqslant x\leqslant 3,\\ 0, & 其他.\end{cases}$$

$$f_Y(y)=\begin{cases}\int_0^3 \frac{1}{6}\mathrm{d}x=\frac{1}{2}, & 0\leqslant y\leqslant 2,\\ 0, & 其他.\end{cases}$$

由上面的计算可知,$f(x,y)=f_X(x)f_Y(y)$,即 X 与 Y 相互独立,因此有

$$\mathrm{Cov}(X,Y)=0,\rho_{XY}=0.$$

在一般场合,两个随机变量相互独立会导致不相关,但从随机变量不相关却推不出相互独立.下面的例子说明了这一点.

例 3.34 设随机变量 $Z\sim U[0,2\pi]$,$X=\cos Z$,$Y=\sin Z$,试证明随机变量 X 与 Y 是不相关的,但也不相互独立.

证明 由于

$$E(X)=\frac{1}{2\pi}\int_0^{2\pi}\cos z\mathrm{d}z=0,$$

$$E(Y)=\frac{1}{2\pi}\int_0^{2\pi}\sin z\mathrm{d}z=0,$$

$$\mathrm{Cov}(X,Y)=E(XY)=\frac{1}{2\pi}\int_0^{2\pi}\cos z\sin z\mathrm{d}z=0,$$

$$D(X)=E(X^2)=\frac{1}{2\pi}\int_0^{2\pi}\cos^2 z\mathrm{d}z=\frac{1}{2},$$

$$D(Y)=E(Y^2)=\frac{1}{2\pi}\int_0^{2\pi}\sin^2 z\mathrm{d}z=\frac{1}{2},$$

由上面的计算可以得到

$$\rho_{XY}=\frac{\mathrm{Cov}(X,Y)}{\sqrt{D(X)}\sqrt{D(Y)}}=0,$$

即随机变量 X 与 Y 不相关.但显然它们之间满足下面的关系

$$X^2+Y^2=\cos^2 Z+\sin^2 Z=1,$$

所以随机变量 X 与 Y 不是相互独立的.

例 3.35 掷一枚均匀的骰子两次,设 X 表示出现的点数之和,Y 表示第一次出现的点数减去第二次出现的点数.求 $D(X)$,$D(Y)$ 及 ρ_{XY},并判断 X 与 Y 是否独立?

解 设 X_i 为第 i 次掷骰子出现的点数($i=1,2$).由于每次掷骰子所得的点数彼此无关,所以 X_1 与 X_2 相互独立,并且服从下表所示的分布.

X_i	1	2	3	4	5	6
P	$\frac{1}{6}$	$\frac{1}{6}$	$\frac{1}{6}$	$\frac{1}{6}$	$\frac{1}{6}$	$\frac{1}{6}$

容易算出

$$E(X_i)=\frac{7}{2},D(X_i)=E(X_i^2)-[E(X_i)]^2=\frac{35}{12}.$$

因为 $X=X_1+X_2,Y=X_1-X_2$,所以

$$D(X)=D(X_1+X_2)=D(X_1)+D(X_2)=\frac{35}{6},$$

$$D(Y)=D(X_1-X_2)=D(X_1)+D(X_2)=\frac{35}{6},$$

$$\begin{aligned}\mathrm{Cov}(X,Y)&=\mathrm{Cov}(X_1+X_2,X_1-X_2)\\&=\mathrm{Cov}(X_1,X_1)+\mathrm{Cov}(X_2,X_1)-\mathrm{Cov}(X_1,X_2)-\mathrm{Cov}(X_2,X_2)\\&=D(X_1)-D(X_2)=0.\end{aligned}$$

于是

$$\rho_{XY}=\frac{\mathrm{Cov}(X,Y)}{\sqrt{D(X)}\sqrt{D(Y)}}=0$$

由上面计算可见,X 与 Y 是不相关的.但由于

$$P\{X=2\}P\{Y=-5\}=\frac{1}{36}\times\frac{1}{36}\neq 0,$$

而 $P\{X=2,Y=-5\}=0$,

即 $P\{X=2\}P\{Y=-5\}\neq P\{X=2,Y=-5\}$.

所以,随机变量 X 与 Y 不独立.

而在某些特别的场合下,随机变量间的独立性和不相关性是等价的.

例 3.36　设二维随机变量 $(X,Y)\sim N(\mu_1,\sigma_1^2;\mu_2,\sigma_2^2;\rho)$,试求随机变量 X 与 Y 的相关系数 ρ_{XY}.

解　由定理 2.5 可知 $X\sim N(\mu_1,\sigma_1^2)$,$Y\sim N(\mu_2,\sigma_2^2)$,即有

$$E(X)=\mu_1,D(X)=\sigma_1^2;E(Y)=\mu_2,D(Y)=\sigma_2^2;$$

因而

$$\mathrm{Cov}(X,Y)=\int_{-\infty}^{+\infty}\int_{-\infty}^{+\infty}(x-\mu_1)(y-\mu_2)f(x,y)\,\mathrm{d}x\mathrm{d}y,$$

其中 $f(x,y)$ 为二维正态分布的密度函数,即

$$f(x,y)=\frac{1}{2\pi\sigma_1\sigma_2\sqrt{1-\rho^2}}\exp\left\{\frac{-1}{2(1-\rho^2)}\left[\frac{(x-\mu_1)^2}{\sigma_1^2}-2\rho\frac{x-\mu_1}{\sigma_1}\frac{y-\mu_2}{\sigma_3}+\frac{(y-\mu_2)^2}{\sigma_2^2}\right]\right\}.$$

令 $u=\dfrac{x-\mu_1}{\sigma_1},v=\dfrac{1}{\sqrt{1-\rho^2}}\left(\dfrac{y-\mu_2}{\sigma_2}-\rho\dfrac{x-\mu_1}{\sigma_1}\right)$,则有

$$\begin{aligned}\mathrm{Cov}(X,Y)&=\frac{1}{2\pi}\int_{-\infty}^{+\infty}\int_{-\infty}^{+\infty}(\sigma_1\sigma_2\sqrt{1-\rho^2}uv+\rho\sigma_1\sigma_2u^2)\mathrm{e}^{-\frac{u^2+v^2}{2}}\mathrm{d}v\mathrm{d}u\\&=\frac{\rho\sigma_1\sigma_2}{2\pi}\left(\int_{-\infty}^{+\infty}u^2\mathrm{e}^{-\frac{u^2}{2}}\mathrm{d}u\right)\left(\int_{-\infty}^{+\infty}\mathrm{e}^{-\frac{v^2}{2}}\mathrm{d}v\right)+\\&\quad\frac{\sqrt{1-\rho^2}\sigma_1\sigma_2}{2\pi}\left(\int_{-\infty}^{+\infty}u\mathrm{e}^{-\frac{u^2}{2}}\mathrm{d}u\right)\left(\int_{-\infty}^{+\infty}v\mathrm{e}^{-\frac{v^2}{2}}\mathrm{d}v\right)\\&=\rho\sigma_1\sigma_2,\end{aligned}$$

故 $\rho_{XY}=\dfrac{\mathrm{Cov}(X,Y)}{\sqrt{D(X)}\sqrt{D(Y)}}=\dfrac{\rho\sigma_1\sigma_2}{\sigma_1\sigma_2}=\rho.$

这说明二维正态分布的参数ρ恰好是两个随机变量X与Y的相关系数.由例2.38可知,在二维正态分布中,随机变量的独立和不相关是等价的.

例3.37 (投资风险组合)设有一笔资金,总量记为1(可以是1万元,也可以是100万元等),如今要投资甲、乙两种证券.若将资金x_1投资于甲证券,将余下的资金$x_2=1-x_1$投资于乙证券,于是(x_1,x_2)就形成了一个投资组合.记X为投资甲证券的收益率,Y为投资乙证券的收益率,它们都是随机变量.如果已知X和Y的均值(代表平均收益)分别为μ_1,μ_2,方差(代表风险)分别为σ_1^2,σ_2^2,X和Y之间的相关系数为ρ.试求该投资组合的平均收益与风险(方差),并求使投资风险最小的x_1是多少.

解 因为组合收益为

$$Z=x_1X+x_2Y=x_1X+(1-x_1)Y,$$

所以该组合的平均收益为

$$E(Z)=x_1E(X)+(1-x_1)E(Y)=x_1\mu_1+(1-x_1)\mu_2.$$

而该组合的风险(方差)为

$$\begin{aligned}D(Z)&=x_1^2D(X)+(1-x_1)^2D(Y)+2x_1(1-x_1)\mathrm{Cov}(X,Y)\\&=x_1^2\sigma_1^2+(1-x_1)^2\sigma_2^2+2x_1(1-x_1)\rho\sigma_1\sigma_2.\end{aligned}$$

求最小组合风险,即求$D(Z)$关于x_1的极小值点,为此令

$$\frac{\mathrm{d}D(Z)}{\mathrm{d}x_1}=2x_1\sigma_1^2-2(1-x_1)\sigma_2^2+2\rho\sigma_1\sigma_2-4x_1\rho\sigma_1\sigma_2.$$

从中可以解出

$$x_1^*=\frac{\sigma_2^2-\rho\sigma_1\sigma_2}{\sigma_1^2+\sigma_2^2-2\rho\sigma_1\sigma_2}.$$

它与μ_1,μ_2无关.又因为$D(Z)$中x_1^2的系数为正,所以以上的x_1^*可以使组合风险达到最小.

比如,$\sigma_1^2=0.3,\sigma_2^2=0.5,\rho=0.4$,则

$$x_1^*=\frac{0.5-0.4\sqrt{0.3\times0.5}}{0.3+0.5-2\times0.4\sqrt{0.3\times0.5}}=0.704.$$

这说明应该把全部资金的70%投资于甲证券,而把余下的30%资金投资于乙证券,这样的投资组合风险最小.

习题 3

1.判断题.

①对任意的随机变量 X,Y,有 $E(XY)=E(X)\cdot E(Y)$. ( )

②对任意的随机变量 X,Y,有 $E(X+Y)=E(X)+E(Y)$. ( )

③随机变量的数学期望都是存在的. ( )

④随机变量的方差都存在. ( )

⑤若一个随机变量的数学期望不存在,则其方差也不存在. ( )

⑥随机变量 X 的数学期望和方差量纲相同. ( )

⑦数学期望定义中的绝对收敛不能改为收敛或条件收敛. ( )

⑧有相同数学期望和方差的随机变量,其分布函数必定相同. ( )

⑨对任意 n 个随机变量 $X_1,X_2,\cdots,X_n$,$D\left(\sum_{i=1}^{n}X_i\right)=\sum_{i=1}^{n}DX_i$ 成立. ( )

⑩随机变量 X 和 Y 的相关系数 $\rho_{XY}=0$ 表示 X 和 Y 相互独立. ( )

⑪随机变量 X 和 Y 有 $\mathrm{Cov}(X-Y,-Z)=\mathrm{Cov}(Y,Z)-\mathrm{Cov}(X,Z)$ 成立. ( )

⑫当 $\mathrm{Cov}(X,Y)=0$ 时,表示随机变量 X 和 Y 毫无关联. ( )

⑬当 $\mathrm{Cov}(X,Y)<0$ 时,表示随机变量 X 和 Y 变化的方向相反. ( )

⑭相关系数 ρ_{XY} 仅描述随机变量 X 和 Y 的线性相关程度. ( )

⑮相关系数 ρ_{XY} 的值越小表示随机变量 X 和 Y 的线性相关程度越小. ( )

2.选择题.

①对离散型随机变量 X,若有 $P\{X=x_k\}=p_k,k=1,2,3,\cdots$,则当( )时,$\sum_{k=1}^{+\infty}x_kp_k$ 称为 X 的数学期望.

A. $\sum_{k=1}^{+\infty}x_kp_k$ 收敛　　B. $\sum_{k=1}^{+\infty}|x_k|p_k$ 收敛

C. $\{x_n\}$ 为有界函数　　D. $\lim_{k\to+\infty}x_kp_k=0$

②设 $P\{X=(-1)^n2^n\}=\dfrac{1}{2^n},n=1,2,\cdots$,则 $E(X)=$( ).

A.2　　B. 1　　C.不存在　　D.ln 2

③设随机变量 X 的数学期望存在,则 $E(E(X))=$( ).

A. 0　　B. $E(X^2)$　　C. $E(X)$　　D. $E(X)^2$

④已知 $E(X)=-1,D(X)=3$,则 $E[3(X^2-2)]=$( ).

A.9　　B. 6　　C.30　　D.36

⑤设随机变量 X 服从参数为0.8的0-1(两点)分布,则下列关于 $E(X^2)$ 和 $(E(X))^2$ 的说法正确的是(　　).

A. $E(X^2)>(E(X))^2$　　B. $E(X^2)=(E(X))^2$

C. $E(X^2)<(E(X))^2$　　D. 无法确定两者的大小

⑥设随机变量 X 的分布函数 $F(x)=\begin{cases}0 & x<0\\ x^3 & 0\leqslant x<1\\ 1 & x>1\end{cases}$,则 $E(X)=$(　　).

A. $\int_0^{+\infty} x^4 dx$　　B. $\int_0^1 3x^3 dx$　　C. $\int_0^1 x^4 dx+\int_1^{+\infty} x dx$　　D. $\int_0^{+\infty} 3x^3 dx$

⑦设随机变量 X 的标准差是3,则 $D(-3X+1)=$(　　).

A. -9　　B. -27　　C. 82　　D. 81

⑧设随机变量 X 在区间 $[-1,2]$ 上服从均匀分布,随机变量 $Y=\begin{cases}1, & 若X>0\\ 0, & 若X=0\\ -1, & 若X<0\end{cases}$,则方差 $D(Y)=$(　　).

A. $\frac{8}{9}$　　B. $\frac{9}{8}$　　C. $\frac{1}{9}$　　D. $\frac{1}{8}$

⑨设两个相互独立的随机变量 X 和 Y 的方差分别为4和2,则随机变量 $3X-2Y$ 的方差是(　　).

A. 8　　B. 16　　C. 28　　D. 44

⑩设随机变量 (X,Y) 的方差 $D(X)=4$, $D(Y)=1$,相关系数 $\rho_{XY}=0.6$,则方差 $D(3X-2Y)=$(　　).

A. 40　　B. 34　　C. 25.6　　D. 17.6

⑪设10个电子管的寿命 $X_i, i=1,2,\cdots,10$ 独立同分布,且 $D(X_i)=M, i=1,2,\cdots,10$,则10个电子管的平均寿命 Y 的方差 $D(Y)=$(　　).

A. M　　B. $0.1M$　　C. $0.2M$　　D. $10M$

⑫设人的体重为随机变量 $X_i, i=1,2,\cdots$,且 $E(X_i)=m$, $D(X_i)=n$,10个人的平均体重记为 Y,则(　　).

A. $E(Y)=m$　　B. $E(Y)=0.1m$　　C. $D(Y)=0.01n$　　D. $D(Y)=n$

⑬设随机变量 $X_1,X_2,\cdots,X_n(n>1)$ 独立同分布,且其方差为 $\sigma^2>0$.令随机变量 $Y=\frac{1}{n}\sum_{i=1}^{n} X_i$,则(　　).

A. $D(X_1+Y)=\frac{n+2}{n}\sigma^2$　　B. $D(X_1-Y)=\frac{n+1}{n}\sigma^2$

C. $\mathrm{Cov}(X_1,Y)=\frac{1}{n}\sigma^2$　　D. $\mathrm{Cov}(X_1,Y)=\sigma^2$

⑭将一枚均匀的硬币重复投掷 n 次,以 X 和 Y 分别表示正面向上和反面向上的次数,则 X 和 Y 的相关系数等于(　　).

A. -1　　B. 0　　C. $\frac{1}{2}$　　D. 1

⑮对随机变量 X,Y,已知 $3X+5Y=11$,则 X 和 Y 的相关系数 $\rho_{XY}=$(　　).

A. 0　　B. 1　　C. 不确定　　D. -1

⑯将长度为 1 m 的木棒随机地截成两段，则两段长度的相关系数为(　　).

A.1　　B. $\frac{1}{2}$　　C.$-\frac{1}{2}$　　D.-1

⑰随机变量 $X \sim N(0,1)$，$Y \sim N(1,4)$，且相关系数 $\rho_{XY}=1$，则(　　).

A. $P\{Y=-2X-1\}=1$　　B. $P\{Y=2X-1\}=1$

C. $P\{Y=-2X+1\}=1$　　D. $P\{Y=2X+1\}=1$

⑱设随机变量 ξ,η 相互独立，又 $X=2\xi+5$，$Y=3\eta-8$. 则下列结论错误的是(　　).

A. $D(X+Y)=4D(\xi)+9D(\eta)$　　B. $D(X+Y)=4D(\xi)-9D(\eta)$

C. $\rho_{XY}=0$　　D. $E(XY)=E(X)E(Y)$

⑲对于任意两个随机变量 X 和 Y，若 $E(XY)=E(X)E(Y)$，则(　　).

A. $D(XY)=D(X)D(Y)$　　B. $D(X+Y)=D(X)+D(Y)$

C. X 和 Y 独立　　D. X 和 Y 不独立

⑳对于两个独立同分布的随机变量 X 和 Y，其方差都存在，则下列叙述正确的是(　　).

A. $D(XY)=D(X)D(Y)$　　B. $E(X^2)-(E(X))^2=E(Y^2)-(E(Y))^2$

C. $\mathrm{Cov}(X,Y)\neq 0$　　D. $E(X)\neq E(Y)$

3.一个盒子中有 5 只同样大小的球，编号分别为 1,2,3,4,5. 从中同时取出 3 只球，以 X 表示取出球的最大号码，求 $E(X)$.

4.已知随机变量 X 具有概率分布：$P\{X=k\}=\frac{1}{5}$，$k=1,2,3,4,5$. 求 $E(X)$，$E(X^2)$ 以及 $E[(X+2)^2]$.

5.已知 $E(X)=-2$，$E(X^2)=5$，求 $D(3-2X)$.

6.设随机变量 X 满足 $E(X)=D(X)=\lambda$，已知 $E[(X-1)(X-2)]=1$，试求 λ 的值.

7.设甲、乙两家灯泡厂生产的灯泡的寿命(单位：h)X 和 Y 的分布律分别为：

X	900	1 000	1 100
P	0.1	0.8	a

Y	950	1 000	1 050
P	0.3	0.4	b

请求出 a,b 的值，并判断哪家厂的灯泡质量更好？

8.设离散型随机变量 X 的分布函数为

$$F(x)=\begin{cases}0, & x<-2,\\ 0.2, & -2\leqslant x<0,\\ 0.6, & 0\leqslant x<2,\\ 1, & x\geqslant 2.\end{cases}$$

计算 $E(X)$，$E\left(\frac{1}{X+1}\right)$.

9.设随机变量 X 服从拉普拉斯分布，其概率密度函数为

$$f(x)=\frac{1}{2}\mathrm{e}^{-|x|},\ -\infty<x<+\infty.$$

计算 $E(X)$ 和 $D(X)$.

10.设随机变量 X 的概率密度函数为

$$f(x)=\begin{cases}1+x, -1<x\leqslant 0,\\ 1-x, 0<x\leqslant 1,\\ 0, \quad 其他.\end{cases}$$

计算 $D(3X+2)$.

11.设随机变量 X 的概率密度函数为

$$f(x)=\begin{cases}ax+bx^2, 0<x<1,\\ 0, \quad 其他.\end{cases}$$

已知 $E(X)=0.5$,计算 $D(X)$.

12.设随机变量 X 的概率密度函数为

$$f(x)=\begin{cases}\dfrac{1}{2}\cos\dfrac{x}{2}, 0<x<\pi,\\ 0, \quad 其他.\end{cases}$$

现对 X 独立地重复观察4次,用 Y 表示观察值大于 $\dfrac{\pi}{3}$ 的次数,试求 $E(Y^2)$.

13.试证:对于任意的常数 $c\neq E(X)$,有 $D(X)<E[(X-c)^2]$.

14.设连续型随机变量 X 仅在区间 $[a,b]$ 上取值,试证:

$$a\leqslant E(X)\leqslant b, D(X)\leqslant\frac{(b-a)^2}{4}.$$

15.已知随机变量 $X\sim U[-\pi,\pi]$,试求 $Y=\cos X$ 和 $Z=\cos^2X$ 的数学期望.

16.已知随机变量 $X\sim P(\lambda)$,试求 $E\left(\dfrac{1}{1+X}\right)$.

17.设随机变量 X 服从参数为1的指数分布,且 $Y=X+e^{-2X}$,试求 $E(Y)$.

18.游客乘电梯从底层到电视塔顶层观光,电梯于每个整点的第5 min,25 min,55 min从底层起行.假设一游客在早上8点的第 X 分钟到达底层候梯处,且 X 在 $[0,60]$ 上服从均匀分布,求该游客等候时间的数学期望.

19.一辆公共汽车上有25名乘客,每个乘客都等可能地在9个车站任一站下车,并且他们下车与否相互独立,公共汽车只有在有人下车时才停车.求公共汽车停车次数的数学期望.

20.已知二维随机变量 (X,Y) 的联合概率分布为:

X \ Y	0	1	2
0	0.10	0.25	0.15
1	0.15	0.20	0.15

试求 $Z=\sin\left[\dfrac{\pi}{2}(X+Y)\right]$ 的数学期望与方差.

21.设二维随机变量 (X,Y) 服从在以点 $(0,0)$,$(0,1)$,$(1,0)$,$(1,1)$ 为顶点的正方形区域上的均匀分布,试求随机变量 $Z=X+Y$ 的数学期望和方差.

22.设二维随机变量(X,Y)的联合概率密度为

$$f(x,y)=\begin{cases}\frac{1}{4}x(1+3y^2), & 0<x<2,0<y<1,\\0, & 其他\end{cases}$$

求$E(X),E(Y),E(X+Y),E(XY)$.

23.将一枚硬币重复投掷n次,以X和Y分别表示正面向上和反面向上的次数,试求X和Y的协方差和相关系数.

24.已知随机变量X,Y以及XY的分布律如下表所示:

X	0	1	2
P	$\frac{1}{2}$	$\frac{1}{3}$	$\frac{1}{6}$

Y	0	1	2
P	$\frac{1}{3}$	$\frac{1}{3}$	$\frac{1}{3}$

XY	0	1	2	4
P	$\frac{7}{12}$	$\frac{1}{3}$	0	$\frac{1}{12}$

求$\mathrm{Cov}(X-Y,Y)$与ρ_{XY}.

25.设随机变量X和Y独立且都服从参数为λ的泊松分布,令

$$U=2X+Y,V=2X-Y.$$

求随机变量U和V的相关系数ρ_{UV}.

26.已知二维随机变量(X,Y)的联合概率分布为:

X \ Y	−1	0	1
0	0.07	0.18	0.15
1	0.08	0.32	0.20

试求$E(X),E(Y),E(XY)$及$\mathrm{Cov}(X^2,Y^2)$.

27.已知随机变量$X\sim N(1,3^2),Y\sim N(0,4^2)$,且$X,Y$的相关系数$\rho_{XY}=-\frac{1}{2},Z=\frac{1}{3}X+\frac{1}{2}Y$.试求$E(Z),D(Z)$及$\rho_{XZ}$,并说明$X,Z$是否独立.

28.已知二维随机变量(X,Y)的联合概率密度函数为

$$f(x,y)=\begin{cases}1, & |y|<x,0<x<1,\\0, & 其他.\end{cases}$$

求$E(X),E(Y),\mathrm{Cov}(X,Y)$,并判断$X,Y$是否独立.

29.设X,Y都是标准化随机变量,它们的相关系数$\rho_{XY}=\frac{1}{3}$.令$U=aX,V=bX+cY$试确定a,b,c的值,使$D(U)=D(V)=1$,且U和V不相关.

30.设随机变量X的密度函数为$f(x)=\begin{cases}0.5x, & 0<x<2,\\0, & 其他.\end{cases}$求随机变量$X$的1至4阶原点矩和中心矩.

31.设随机变量$X\sim N(\mu,\sigma^2)$,求X的3阶和4阶中心矩.

第 4 章 大数定律及中心极限定理

大数定律与中心极限定理的发展历史

本章主要介绍两类极限定理:一类是研究概率接近于 0 或 1 的随机现象的统计规律,即大数定律,另一类是研究由许多彼此不相干的随机因素共同作用,而各个随机因素对其影响又很小的随机现象的统计规律,这就是中心极限定理.这两类极限定理在概率论的研究中占有重要地位.自 18 世纪初叶瑞士数学家雅各布.伯努利第一个关于大数定律的研究以来,已有许多数学工作者相继地研究了概率论中的极限问题,得出许多重要的极限定理,这里只介绍一些基本内容.

4.1 切比雪夫不等式

切比雪夫

众所周知,随机变量 X 的期望 $E(X)$ 和方差 $D(X)$ 分别反映了 X 取值的平均值及离散程度.那么,当 $E(X)$ 和 $D(X)$ 都已知时,如何用方差 $D(X)$ 来估计 X 取值对期望 $E(X)$ 的离散程度呢?切比雪夫不等式回答了这个问题.

定理 4.1(切比雪夫不等式) 设随机变量 X 的数学期望为 $E(X)$,方差为 $D(X)$,则对任意给定的 $\varepsilon>0$,都有

$$P\{|X-E(X)|\geqslant\varepsilon\}\leqslant\frac{D(X)}{\varepsilon^2}\tag{4.1}$$

或

$$P\{|X-E(X)|<\varepsilon\}\geqslant 1-\frac{D(X)}{\varepsilon^2}\tag{4.2}$$

证明 显然定理中的两个结论只需证明一个即可,下面仅就 X 为连续型随机变量的情形进行证明.设 X 的密度函数为 $f(x)$,$x\in(-\infty,+\infty)$,对 X 在 $|X-E(X)|\geqslant\varepsilon$ 范围内的任一取值 x,都有

$$|x-E(X)|\geqslant\varepsilon$$

即

$$(x-E(X))^2\geqslant\varepsilon^2$$

$$\frac{(x-E(X))^2}{\varepsilon^2}\geqslant 1$$

因此

$$\begin{aligned}P\{|X-E(X)|\geqslant\varepsilon\}&=P\{X-E(X)\leqslant-\varepsilon\}+P\{X-E(X)\geqslant\varepsilon\}\\&=P\{X\leqslant E(X)-\varepsilon\}+P\{X\geqslant E(X)+\varepsilon\}\\&=\int_{-\infty}^{E(X)-\varepsilon}f(x)\mathrm{d}x+\int_{E(X)+\varepsilon}^{+\infty}f(x)\mathrm{d}x\\&\leqslant\int_{-\infty}^{E(X)-\varepsilon}\frac{(x-E(X))^2}{\varepsilon^2}f(x)\mathrm{d}x+\int_{E(X)+\varepsilon}^{+\infty}\frac{(x-E(X))^2}{\varepsilon^2}f(x)\mathrm{d}x\\&\leqslant\int_{-\infty}^{+\infty}\frac{(x-E(X))^2}{\varepsilon^2}f(x)\mathrm{d}x\\&=\frac{1}{\varepsilon^2}\int_{-\infty}^{+\infty}(x-E(X))^2f(x)\mathrm{d}x=\frac{D(X)}{\varepsilon^2}\end{aligned}$$

当随机变量 X 的期望 $E(X)$ 和方差 $D(X)$ 都已知的情况下，由切比雪夫不等式可以估计出随机变量 X 取值落在以期望 $E(X)$ 为中心的对称区间 $(E(X)-\varepsilon,E(X)+\varepsilon)$ 内的概率不小于 $1-\dfrac{D(X)}{\varepsilon^2}$，这就表明 $D(X)$ 反映了随机变量 X 对 $E(X)$ 的偏离程度.

例 4.1　设 X 表示投掷一颗骰子出现的点数，给定 $\varepsilon=2$，计算概率 $p\{|X-E(X)|<\varepsilon\}$，并验证切比雪夫不等式.

解　因为 X 的概率密度为 $p\{X=k\}=\dfrac{1}{6}$，$k=1,2,\cdots,6$，所以有

$$E(X)=\sum_{k=1}^{6}k\cdot\frac{1}{6}=\frac{7}{2}$$

$$D(X)=E(X^2)-(E(X))^2=\sum_{k=1}^{6}k^2\cdot\frac{1}{6}-\left(\frac{7}{2}\right)^2=\frac{35}{12}$$

当 $\varepsilon=2$ 时，$1-\dfrac{D(X)}{\varepsilon^2}=1-\dfrac{\frac{35}{12}}{4}=\dfrac{13}{48}$，而

$$P\left\{\left|X-\frac{7}{2}\right|<\varepsilon\right\}=P\left\{\left|X-\frac{7}{2}\right|<2\right\}=\sum_{k=2}^{5}P\{X=k\}=\frac{4}{6}>\frac{13}{48}=1-\frac{D(X)}{\varepsilon^2}$$

可见，当 $\varepsilon=2$ 时，切比雪夫不等式成立.

例 4.2　已知电站供电网有电灯 10 000 盏，每盏灯开灯的概率都是 0.8，且每盏灯是否开灯相互独立，试估计同时开灯的数量为 7 800～8 200盏的概率.

解　设同时开灯的数量为 X，则 X 服从参数为 $n=10\ 000$，$p=0.8$ 的二项分布. X 的期望与方差分别为

$$E(X)=np=10\ 000\times0.8=8\ 000$$

$$D(X)=np(1-p)=10\ 000\times0.8\times0.2=1\ 600$$

由于 $7\ 800\leqslant X\leqslant8\ 200$，即 $-200\leqslant X-E(X)\leqslant200$，

注：实际计算可得：$X \sim B(10\ 000, 0.8)$，$P\{7\ 800<X<8\ 200\} \approx 0.999\ 999$

故由切比雪夫不等式有

$$P\{|X-E(X)| \leqslant 200\} \geqslant P\{|X-E(X)|<200\} \geqslant 1-\frac{D(X)}{200^2}$$

$$=1-\frac{1\ 600}{40\ 000}=0.96$$

即开灯的数量为 7 800～8 200 盏的概率不小于 0.96.

4.2 大数定律

在第 1 章中已提到事件发生的频率具有稳定性，即随着试验次数的增加，事件发生的频率逐渐稳定于某个常数.在实践中，人们还认识到大量测量值的算术平均值也具有稳定性，即平均结果的稳定性.这表明，无论随机现象的个别结果如何，或者它们进行过程中的个别特征如何，大量随机现象的平均结果实际上不受随机现象个别结果的影响，并且几乎不再是随机的，而是确定的规律了.大数定律正是从数学上表达并证明了这种规律性，即在一定条件下大量重复出现的随机现象的统计规律性，如频率的稳定性、平均结果的稳定性等.

"大数"的意思，就是指涉及大量数目的观察值，它表明大数定律中所指出的现象，只有在大量次数的试验和观察之下才成立.例如，一所大学里有上万名学生，如果随意地观察一名学生的身高 X_1，则 X_1 与全校学生的平均身高 a 可能相差甚远.如果观察 10 个学生的身高并取其平均，则它就有更大的机会与 a 更接近些，如观察 100 个学生，则这 100 人的平均身高将与 a 更加接近些，这是人们在日常生活中所体会到的事实.大数定律正是对这一事实从理论上进行的概括和论证.

定义 4.1 设 $X_1, X_2, \cdots, X_n, \cdots$，是随机变量序列，$E(X_k), k=1,2,\cdots$ 存在，令 $\overline{X}_n=\frac{1}{n}\sum_{k=1}^{n} X_k$，若对于任意给定的正数 $\varepsilon>0$，有

$$\lim_{n\to\infty} P\{|\overline{X}_n-E(\overline{X}_n)| \geqslant \varepsilon\}=0 \tag{4.3}$$

或

$$\lim_{n\to\infty} P\{|\overline{X}_n-E(\overline{X}_n)|<\varepsilon\}=1 \tag{4.4}$$

则称 $\{X_n\}$ 服从**大数定律**或称**大数法则成立**.

可见，大数定律的意义在于指明了平均结果 $\overline{X}_n=\frac{1}{n}\sum_{k=1}^{n} X_k$ 的渐趋稳定性，说明单个随机现象的行为（如某 X_k 的变化）对大量随机现象共同产生的总平均效果 $E(\overline{X}_n)$ 几乎不发生影响，即尽管某个随机现象的具体表现不可避免地引起随机偏差，然而在大量随机现象共同作用时，这些

随机偏差相互抵消,补偿与拉平,致使总平均结果趋于稳定,即当 n 很大时,$\overline{X}_n$ 接近 $E(\overline{X}_n)$.

需要注意的是,这里的接近并不等同于微积分中的"数列$\{\overline{X}_n\}$收敛于常数 $E(\overline{X}_n)$"的含义.式(4.3)表明:无论给定多么小的 $\varepsilon>0$,$\overline{X}_n$ 与 $E(\overline{X}_n)$的偏离还是可能达到或超过 ε,但当 n 很大时,出现这种较大偏差的可能性很小.换言之,当 n 很大时,人们有很大的把握断言 $\overline{X}_n$ 很接近 $E(\overline{X}_n)$,这种概率意义上的接近称之为"$\{\overline{X}_n\}$依概率收敛于常数 $E(\overline{X}_n)$".就前面学生身高的问题而言,即使观察了 1 000 名学生,其平均身高也可能与 a 有较大的差距,但若抽样是随机的,随着观察学生的人数增多,这种可能性越来越小.

下面介绍几个大数定律.

定理 4.2(伯努利大数定律) 设 n_A 是 n 次独立重复试验中事件 A 发生的次数,p 是事件 A 在每次试验中发生的概率,则对于任意 $\varepsilon>0$,有

$$\lim_{n\to\infty}P\left\{\left|\frac{n_A}{n}-p\right|<\varepsilon\right\}=1 \tag{4.5}$$

或

$$\lim_{n\to\infty}P\left\{\left|\frac{n_A}{n}-p\right|\geqslant\varepsilon\right\}=0 \tag{4.6}$$

证明 引入随机变量

$$X_k=\begin{cases}0,\text{若在第 } k \text{ 次试验中 } A \text{ 不发生}\\1,\text{若在第 } k \text{ 次试验中 } A \text{ 发生}\end{cases}\quad(k=1,2,\cdots)$$

显然

$$n_A=X_1+X_2+\cdots+X_n=\sum_{k=1}^{n}X_k=n\overline{X}_n$$

由于 X_k 只依赖于第 k 次试验,而各次试验是相互独立的,于是 $X_1,X_2,\cdots$是相互独立的;又由于 X_k 服从 0-1 分布,故有

$$E(X_k)=p\quad D(X_k)=p(1-p)\quad k=1,2,\cdots,n,\cdots$$

则 $\overline{X}_n=\dfrac{1}{n}\sum\limits_{k=1}^{n}X_k$ 的数学期望及方差为

$$E(\overline{X}_n)=E\left(\frac{1}{n}\sum_{k=1}^{n}X_k\right)=\frac{1}{n}\sum_{k=1}^{n}E(X_k)=\frac{1}{n}np=p$$

$$D(\overline{X}_n)=D\left(\frac{1}{n}\sum_{k=1}^{n}X_k\right)=\frac{1}{n^2}\sum_{k=1}^{n}D(X_k)=\frac{1}{n^2}np(1-p)=\frac{p(1-p)}{n}$$

而由切比雪夫不等式知,对任意给定正数 $\varepsilon>0$,有

$$P\{|\overline{X}_n-E(\overline{X}_n)|\geqslant\varepsilon\}\leqslant\frac{D(\overline{X}_n)}{\varepsilon^2}=\frac{p(1-p)}{\varepsilon^2 n}$$

在上式中令 $n\to\infty$,即得

$$\lim_{n\to\infty}P\{|\overline{X}_n-E(\overline{X}_n)|\geqslant\varepsilon\}=\lim_{n\to\infty}p\left\{\left|\frac{n_A}{n}-p\right|\geqslant\varepsilon\right\}=0$$

伯努利在1713年发表的论文中(这是概率论的第一篇论文)建立了式(4.6).伯努利大数定律表明,当 n 无限增大时,事件发生的频率 n_A/n 几乎是等于事件发生的概率 p,可见,这个定理以严格的数学形式表述了频率的稳定性,即当 n 很大时,事件发生的频率与概率有较大的偏差的可能性很小.因此,在实际应用中,当试验次数很大时,便可以用事件发生的频率来估计事件的概率.这种方法就是参数估计,它是数理统计的主要研究课题之一,其理论基础之一就是大数定律.

从定理的证明,我们看到,具有0-1分布的独立变量列服从大数定律,若去掉服从0-1分布这个条件,仅代之以相同的期望与方差,则依然有大数定律成立.

定理4.3(切比雪夫大数定律的特殊情形) 设 $X_1,X_2,\cdots,X_n\cdots$,相互独立,且具有相同的数学期望和方差:$E(X_k)=\mu,D(X_k)=\sigma^2(k=1,2,\cdots)$,则对任意 $\varepsilon>0$,有

$$\lim_{n\to\infty}P\{|\overline{X}_n-\mu|<\varepsilon\}=1 \tag{4.7}$$

证 因 $X_1,X_2,\cdots,X_n$ 相互独立,故易知 $\overline{X}_n=\frac{1}{n}\sum_{k=1}^{n}X_k$ 的期望及方差为

$$E(\overline{X}_n)=\mu,D(\overline{X}_n)=\frac{\sigma^2}{n}$$

由切比雪夫不等式可知,对于任意给定的 $\varepsilon>0$,有

$$P\{|\overline{X}_n-\mu|\geqslant\varepsilon\}=P\{|\overline{X}_n-E(\overline{X}_n)|\geqslant\varepsilon\}<\frac{D(\overline{X}_n)}{\varepsilon^2}=\frac{\sigma^2}{\varepsilon^2 n}$$

当 $n\to\infty$ 时,即得

$$\lim_{n\to\infty}P\{|\overline{X}_n-\mu|\geqslant\varepsilon\}=0,\text{即}\lim_{n\to\infty}P\{|\overline{X}_n-\mu|<\varepsilon\}=1$$

此定理表明,当 n 很大时,随机变量 $X_1,X_2,\cdots,X_n$ 的平均值 $\overline{X}_n=\frac{1}{n}\sum_{k=1}^{n}X_k$ 接近于数学期望 $E(X_1)=E(X_2)=\cdots=E(X_k)=\mu$.粗略地说,在定理条件下,$n$ 个随机变量的算术平均,当 n 无限增加时将几乎变为一个常数.

定理 4.3 中要求随机变量 $X_1,X_2,\cdots,X_n,\cdots$ 的方差存在,但在这些变量服从相同分布的场合,并不需要这一要求.

辛钦

定理 4.4(辛钦大数定律) 设随机变量 $X_1,X_2,\cdots,X_n,\cdots$ 相互独立,服从同一分布,且具有数学期望 $E(X_k)=\mu(k=1,2,\cdots)$,则对于任意 $\varepsilon>0$,有

$$\lim_{n\to\infty}P\{|\overline{X}_n-\mu|<\varepsilon\}=1 \tag{4.8}$$

偶然与必然

定理的证明略.式(4.8)也称 $\overline{X}_n$ 依概率收敛于 μ,记为 $\overline{X}_n\xrightarrow{p}\mu$.

定理 4.3 及定理 4.4 从数学上表述并证明了平均结果的稳定性.

例 4.3 设随机变量列 $X_1,X_2,\cdots,X_n,\cdots$ 相互独立,且均服从$[a,b]$区间上的均匀分布,试问平均值 $\overline{X}_n=\frac{1}{n}\sum_{k=1}^{n}X_k$ 依概率收敛于何值?

解 因为 $X_k\sim U[a,b],k=1,2,\cdots,n,\cdots$

故

$$E(X_k)=\frac{a+b}{2}$$

故由辛钦大数定理知

$$\overline{X}_n\xrightarrow{p}\frac{a+b}{2}$$

即 $\overline{X}_n=\frac{1}{n}\sum_{k=1}^{n}X_k$ 依概率收敛于区间$[a,b]$的中点$\frac{a+b}{2}$.

例 4.4 设随机变量 $X_1,X_2,\cdots,X_n,\cdots$ 相互独立,且均服从泊松分布 $P(\lambda)$,试问当 n 很大时,可用何值估计 λ?

解 因为 $X_k\sim P(\lambda)$,故 $E(X_k)=\lambda,k=1,2,\cdots$,由辛钦大数定律知

$$\overline{X}_n=\frac{1}{n}\sum_{k=1}^{n}X_k\xrightarrow{p}\lambda$$

即当 n 很大时可用 $\overline{X}_n$ 估计 λ,若有 $X_1,X_2,\cdots,X_n$ 的一组观察值 $x_1,x_2,\cdots,x_n$,则

$$\lambda\approx\bar{x}=\frac{1}{n}\sum_{k=1}^{n}x_k.$$

4.3 中心极限定理

在实际问题中,许多随机变量通常可以表示成很多个独立的小随机变量之和.例如,在任意指定时刻,一个城市的耗电量是大量用户耗电量的总和,一个物理实验的测量误差是由许多观察不到的,可加的微小误差所合成的.

对随机变量 $X_1,X_2,\cdots,X_n$,当 n 较大时,要计算它们的和 $Y_n=X_1+X_2+\cdots+X_n$ 的分布,除特殊情形外,都是极其困难的.那么,能否利用极限

的方法来近似计算呢？事实证明，这不仅可能，而且有非常好的结果，即在很一般的情况下，随机变量和的极限分布就是正态分布．古典的中心极限定理讨论的正是相互独立的随机变量和的分布函数向正态分布收敛的最普遍条件．

即中心极限定理应当说明，在何种条件下，下式成立：对任意的 x，有

$$\lim_{n\to\infty}P\left\{\frac{Y_n-E(Y_n)}{\sqrt{D(Y_n)}}\leqslant x\right\}=\int_{-\infty}^{x}\frac{1}{\sqrt{2\pi}}\mathrm{e}^{-\frac{t^2}{2}}\mathrm{d}t=\Phi(x) \tag{4.9}$$

首先，由棣莫弗在研究伯努利试验时发现了历史上第一个中心极限定理，即：

发现中心极限定理的关键人物
——棣莫弗与拉普拉斯

定理 4.5（棣莫弗—拉普拉斯定理）　设随机变量列 $Y_n(n=1,2,\cdots)$ 服从二项分布 $B(n,p)(0<p<1)$，则对于任意的 x，恒有

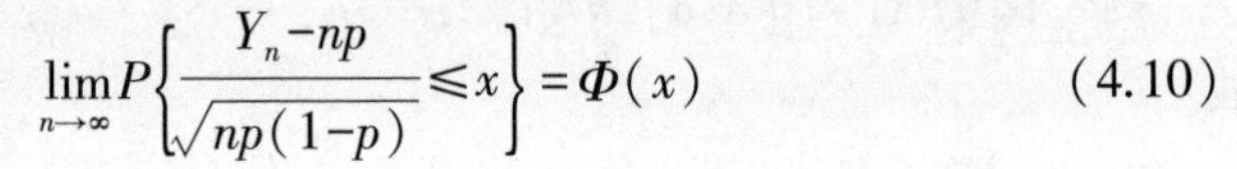

$$\lim_{n\to\infty}P\left\{\frac{Y_n-np}{\sqrt{np(1-p)}}\leqslant x\right\}=\Phi(x) \tag{4.10}$$

证明略．

注意：定理中的 Y_n 可看成 n 个相互独立，服从 0-1 分布的随机变量 $X_1,X_2,\cdots,X_n$ 的和，即 $Y_n=\sum\limits_{k=1}^{n}X_k$．

式(4.10)说明，当 $n\to\infty$ 时，二项分布以正态分布为其极限分布．即当 n 较大时，对任意的 x，有

$$P\left\{\frac{Y_n-np}{\sqrt{np(1-p)}}\leqslant x\right\}\approx\Phi(x) \tag{4.11}$$

注：历史上，利用式(4.11)，人们通过标准正态分布来解决较难计算的二项分布的概率计算问题．应用时，只要 n 比较大，二项分布 $B(n,p)$ 的分布函数就可用正态分布 $N(np,np(1-p))$ 的分布函数来近似．不过，从计算这个角度看，现在随着计算机技术的发展及软件的应用，已经不需要通过正态分布来近似计算二项分布的概率值了．

实际上，只要随机变量列 $X_1,X_2,\cdots,X_n,\cdots$ 相互独立且服从同一分布，（不必只为 0-1 分布），亦可证明中心极限定理成立，即

中心极限定理的意义

定理 4.6（独立同分布中心极限定理）　设 $X_1,X_2,\cdots,X_n,\cdots$ 相互独立，且服从同一分布，具有数学期望及方差，$E(X_k)=\mu$，$D(X_k)=\sigma^2\neq 0(k=1,2,\cdots)$，则随机变量 $Y_n=\sum\limits_{k=1}^{n}X_k$ 近似服从正态分布 $N(n\mu,n\sigma^2)$，即对于任意的 x，有

$$\lim_{n\to\infty}P\left\{\frac{Y_n-n\mu}{\sqrt{n}\sigma}\leqslant x\right\}=\Phi(x) \tag{4.12}$$

证明略．显然，定理 4.5 为定理 4.6 的特殊情况．

例 4.5　某人寿公司在某地区为 100 000 人保险，规定投保人在年初

交纳保险金 30 元.若投保人死亡,则保险公司向其家属一次性赔偿6 000 元.由资料统计知,该地区人口死亡率为 0.003 7.不考虑其他运营成本,求保险公司一年从该地区获得不少于 600 000 元收益的概率.

解　设该地区投保人年死亡人数为 X,则 X 服从参数为 $n=100\ 000$, $p=0.003\ 7$ 的二项分布,用正态分布 $N(np,np(1-p))$ 来近似,这里 $np=370$, $np(1-p)=19.20^2$,即 $X\sim N(370,19.20^2)$.

保险公司若要获得不少于 600 000 元收益,则要求

$$100\ 000\times 30-6\ 000X\geqslant 600\ 000$$

解得 $X\leqslant 400$

因而

$$P\{X\leqslant 400\}=\varPhi\left(\frac{400-370}{19.20}\right)=\varPhi(1.56)\approx 0.940\ 6$$

即保险公司从该地区获得不少于 600 000 元收益的概率为 0.940 6.

例 4.6　一加法器同时收到 20 个噪声电压 $V_k(k=1,2,\cdots,20)$,设它们是相互独立的随机变量,且都在区间[0,10]上服从均匀分布,记 $V=\sum\limits_{k=1}^{20}V_k$,求 $P\{V>105\}$ 的近似值.

解　易知 $E(V_k)=5,D(V_k)=\dfrac{100}{12},k=1,2,\cdots,20$

由定理 4.6 知,随机变量

$$\frac{\sum\limits_{k=1}^{20}V_k-20\times 5}{\sqrt{20}\sqrt{\dfrac{100}{12}}}=\frac{V-100}{\sqrt{\dfrac{2\ 000}{12}}}$$

近似服从标准正态分布 $N(0,1)$,故

$$P\{V>105\}=1-P\{V\leqslant 105\}=1-P\left\{\frac{V-100}{\sqrt{\dfrac{2\ 000}{12}}}\leqslant\frac{105-100}{\sqrt{\dfrac{2\ 000}{12}}}\right\}$$

$$\approx 1-\varPhi\left(\frac{5}{\sqrt{\dfrac{2\ 000}{12}}}\right)=1-\varPhi(0.387)=0.348$$

例 4.7　一部件包括 10 个部分,每部分的长度是一个随机变量,它们相互独立,且服从同一分布,其数学期望为 2 mm,标准差为 0.05 mm.规定总长度为(20 ± 0.1)mm 时产品合格,试求产品合格的概率.

解　由题意,设每部分的长度为 $X_k,k=1,2,\cdots,10$,它们互相独立,服从同一分布,且 $E(X_k)=2,D(X_k)=0.05^2$,故由定理 4.6 知,总长度 $Y_{10}=\sum\limits_{k=1}^{10}X_k$ 在$(20-0.1,20+0.1)$内,即产品合格的概率为

$$P\{20-0.1<Y_{10}<20+0.1\}$$

$$= P\left\{\frac{-0.1}{\sqrt{10} \times 0.05} < \frac{Y_{10} - 20}{\sqrt{10} \times 0.05} < \frac{0.1}{\sqrt{10} \times 0.05}\right\}$$
$$\approx \Phi(0.63) - \Phi(-0.63) = 0.471\ 3$$

习题 4

1.判断题.

①切比雪夫大数定律成立的条件强于辛钦大数定理. (　　)

②伯努利大数定律是切比雪夫大数定理的特殊情况. (　　)

③伯努利大数定律是通过频率来近似计算概率的理论基础. (　　)

④中心极限定理表明二项分布的极限分布不可能是正态分布. (　　)

⑤中心极限定理是研究在什么情况下随机变量和的分布是正态分布. (　　)

⑥大数定律和中心极限定理研究的是同一类型的问题. (　　)

⑦大数定律和中心极限定理是统计学的理论基础. (　　)

2.选择题.

①设随机变量 X 服从参数为 n,p 的二项分布,则当 $n\to\infty$ 时,$P\{a<X<b\}\approx$(　　),其中$\Phi(x)$是标准正态分布的分布函数.

A. $\Phi\left(\frac{b-np}{\sqrt{np(1-p)}}\right)+\Phi\left(\frac{a-np}{\sqrt{np(1-p)}}\right)$　　B. $\Phi(b)-\Phi(a)$

C. $\Phi\left(\frac{b-np}{\sqrt{np(1-p)}}\right)-\Phi\left(\frac{a-np}{\sqrt{np(1-p)}}\right)$　　D. $2\Phi(b)-1$

②设 X 为服从参数为 n,p 的二项分布的随机变量,则当 $n\to\infty$ 时,$\frac{X-np}{\sqrt{npq}}$一定服从(　　).

A. 正态分布　　B. 标准正态分布　　C. 泊松分布　　D. 二项分布

③设随机变量 X 的期望和方差分别为 μ 和 σ^2,则 $P\{|X-\mu|\geqslant 3\sigma\}$ 的最大值为(　　).

A. $\frac{1}{2}$　　B. $\frac{1}{3}$　　C. $\frac{1}{6}$　　D. $\frac{1}{9}$

④设随机变量序列 $X_1,X_2,\cdots,X_n,\cdots$ 相互独立,且均服从$[a,b]$区间上的均匀分布,则平均值 $\overline{X}=\frac{1}{n}\sum_{i=1}^{n}X_i$ 依概率收敛于(　　).

A. $\frac{a+b}{2}$　　B. $\frac{(b-a)^2}{12}$　　C. $\left(\frac{a+b}{2}\right)^2$　　D. $\frac{b-a}{2}$

⑤设随机变量 $X_1,X_2,\cdots,X_n$ 相互独立,$Y_n=X_1+X_2+\cdots+X_n$. 当 n 充分大时,Y_n 近似服从正态分布,只要 $X_1,X_2,\cdots,X_n$ 满足(　　).

A. 有相同的数学期望　　B. 有相同的方差

C. 服从同一离散型分布　　D. 服从同一指数分布

3.若随机变量 $X_1,X_2,\cdots,X_{100}$ 相互独立且都服从区间 $[0,6]$ 上的均匀分布.设 $X=\sum_{i=1}^{100}X_i$,利用切比雪夫不等式估计概率 $P\{260<X<340\}$.

4.进行 600 次伯努利试验,事件 A 在每次试验中发生的概率为 $p=\frac{2}{5}$,设 X 表示 600 次试验中事件 A 发生的总次数,利用切比雪夫不等式估计概率 $P\{216<X<264\}$.

5.证明泊松大数定理:设 $X_1,X_2,\ldots,X_n,\ldots$ 为相互独立的随机变量序列,有

$$P\{X_n=1\}=p_n,P\{X_n=0\}=1-p_n,(0<p_n<1),n=1,2,\cdots$$

则 $X_1,X_2,\cdots,X_n,\cdots$ 服从大数定律.

6.设随机变量列 $X_1,X_2,\cdots$ 相互独立,分布相同,且 X_i 的分布律为

$$P\{X_i=\frac{2^i}{i^2}\}=\frac{1}{2^i},i=1,2,\cdots$$

试证 $X_1,X_2,\cdots$ 服从大数定律.

7.调整 200 台仪器的电压,假设调整电压过高的可能性为 0.5.试求调整电压过高的仪器台数为 95~105 台的概率.

8.某种系统元件的寿命(单位:h)T 服从参数为 1/100 的指数分布,现随机抽取 16 件,设它们的寿命相互独立,求这 16 个元件的寿命总和大于 1 920 h 的概率.

9.设某个办公系统由 100 个相互独立的部件组成,每个部件损坏的概率均为 0.1,必须有 85 个以上的部件工作才能使整个系统正常工作,求整个系统正常工作的概率.

10.计算机进行加法运算时,对每个加法运算的结果进行四舍五入.设所有舍入误差是相互独立的,且在 $[-0.5,0.5]$ 上服从均匀分布.①若将 1 500 个数相加,问误差总和的绝对值大于 15 的概率是多少? ②要使误差总和的绝对值小于 10 的概率不小于 90%,最多能有多少个数相加?

11.某个系统有相互独立的 n 个部件组成,每个部件的可靠性(即正常工作的概率)为 0.9,且至少有 80%的部件正常工作,才能使整个系统工作.问 n 至少为多大,才能使系统的可靠性为 95%.

12.某单位内部有 260 架电话分机,每部分机有 4%的时间要用外线通话,可以认为各分机用不用外线是相互独立的;问总机要备有多少条外线才能以 95%的把握保证各分机在用外线时不必等候?

13.某射箭运动员每次射击的命中率为 $p=0.8$,现射击 100 发子弹,各次射击互不影响,求命中次数在 72 与 88 之间的概率.

14.对敌人阵地进行 100 次炮击,每次炮击时炮弹命中次数的数学期望为 4,方差为 2.25.求在 100 次炮击中有 380~420 颗炮弹命中目标的概率.

15.在一零售商店中,其结账柜台为各顾客服务的时间(以分计)是相互独立同分布的随机变量,均值为 1.5,方差为 1.

①求对 100 位顾客的总服务时间不多于 2 h 的概率.

②要求总的服务时间不超过 1 h 的概率大于 0.95,问至多能为几位顾客服务.

16.某保险公司的老年人寿保险有 10 000 人参加,每人每年交 200 元.若老人在该年内死亡,公司付给家属 10 000 元.设老年人死亡率为 0.017,试求保险公司在一年内的这项保险中亏本的概率.

17.某商店负责供应某地区 10 000 人需用的商品,某种商品在一段时间内每人需用一件的概率为0.6,假定在这一段时间内个人购买与否彼此无关,问商店应预备多少件这种商品,才能以 99.7%的概率保证不会脱销(假定该商品在某一段时间内每人最多可以买一件)?

第 5 章　数理统计的基本概念

数理统计学简介

从本章开始,我们开始学习数理统计学的有关内容.数理统计是一门应用性极强的学科,它以概率论为理论基础,研究如何通过实验或观察收集数据资料,在设定的统计模型下,对这些数据进行分析,从而对所关心的问题进行估计或检验.本章介绍数理统计的基本概念及常见的统计分布.

5.1　数理统计的基本概念

一、总体和样本

总体是指与所研究的问题有关的对象的全体所构成的集合,而其中每一个对象称为个体.例如,考查某校学生的学习情况,则该校的全体学生构成问题的总体,每一个学生则是该总体中的一个个体.总体中所含个体的数量,称为总体容量,当总体容量有限时,称为有限总体,否则为无限总体.

对大多数实际问题,总体中的个体是一些实在的人或物,而在研究总体时,往往关心的并不是这些人或物本身,而是总体的一个或几个数量指标.如研究学生的学习情况时,只关心某几门课的考试成绩;又如,研究一批灯泡的质量时,只关心其使用寿命.这些数量指标是通过个体共同表现出来的,由于每个个体在某一数量指标上取值不尽相同,因此刻画总体的数量指标 X 可看作一个随机变量.为了研究方便,人们通常把随机变量 X 取值的全体当作总体,称为总体 X.如果要研究的数量指标不止一个,那么可分为几个总体来研究,如用总体 X,Y,Z 等表示.对总体 X,将其中第 i 个个体的指标记为 X_i,其具体的取值记为 x_i,称为 X 的一个观察值.以后将不再区分总体和相应的随机变量,随机变量 X 服从某种分布,则称总体服从该分布,从本质上讲,总体就是一个概率分布.当总体服从正态分布时,称为正态分布总体或简称为正态总体.

现在,假如研究一批灯泡的平均寿命,由于测试灯泡寿命具有破坏性,故对每一个灯泡进行测试是不现实的也是不必要的.一种恰当的方法是从这批灯泡中抽取一部分进行测试,并且根据测试的结果对整批灯泡的平均寿命进行统计推断.

一般地,从总体中随机抽取的 n 个个体 $X_1,X_2,\cdots,X_n$ 组成的集合称为容量为 n 的**样本**(**或子样**).对样本进行一次观察得到的一组具体数据 $x_1,x_2,\cdots,x_n$,称为样本的一组观察值,简称为**样本值**.由于抽样的目的是对总体进行统计推断,为了保证推断的精确度与可靠性,抽样必须是随机的,即每一个体被抽取的概率相等.其具体要求分为两个方面:一是独立性,是指 $X_1,X_2,\cdots,X_n$ 相互独立;二是代表性,是指 $X_1,X_2,\cdots,X_n$ 与总体 X 有相同的分布.

定义 5.1 设 $X_1,X_2,\cdots,X_n$ 是来自总体 X 的容量为 n 的样本,如果 $X_1,X_2,\cdots,X_n$ 相互独立且与总体 X 有相同的分布,则称 $X_1,X_2,\cdots,X_n$ 为**简单随机样本**,简称为**样本或子样**.

今后,若无特别说明,所提到的样本都是指简单随机样本.对于简单随机样本,若总体 $X\sim F(x)$,则 $X_1,X_2,\cdots,X_n$的联合分布为

$$F(x_1,x_2,\cdots,x_n)=F(x_1)F(x_2)\cdots F(x_n)$$

相应地,若总体 X 有概率密度 $f(x)$,则 $X_1,X_2,\cdots,X_n$的联合概率密度为

$$f(x_1,x_2,\cdots,x_n)=f(x_1)f(x_2)\cdots f(x_n)$$

联合分布函数全面描述了样本的统计性质,但在实际中总体分布函数往往是未知的,需要通过抽样去推断.

二、统计量

样本是总体的代表和反映,是对总体进行统计分析和推断的依据.但是,处理实际问题时,却很少直接利用样本所提供的原始数据进行分析推断,而是需要对样本数据进行加工处理,即针对不同的问题构造出样本的某种函数,这些函数就称为统计量.

定义 5.2 设 $X_1,X_2,\cdots,X_n$ 是总体 X 的一个容量为 n 的样本,$g=g(X_1,X_2,\cdots,X_n)$是样本的已知函数,且 g 中不包含任何未知参数,则称 $g(X_1,X_2,\cdots,X_n)$为**统计量**.

若 $x_1,x_2,\cdots,x_n$ 为样本的一次观察值,则统计量 g 取值 $g(x_1,x_2,\cdots,x_n)$.

由定义知,统计量完全由样本决定,它不能依赖于任何其他的量,尤其是不能依赖于总体分布中所包含的未知参数.

例 5.1 设总体 $X\sim N(\mu,\sigma^2)$,$X_1,X_2,\cdots,X_n$ 是容量为 n 的样本,若 μ 已知,σ 未知.则$\frac{1}{n}\sum\limits_{i=1}^{n}(X_i-\mu)^2$,$X_1+X_2$ 是统计量,而$\frac{1}{\sigma^2}\sum\limits_{i=1}^{n}X_i^2$ 不是统计量.

例 5.2 设 $X_1,X_2,\cdots,X_n$ 是总体 X 的容量为 n 的子样,则

$$\bar{X}=\frac{1}{n}\sum_{i=1}^{n}X_i \tag{5.1}$$

$$S^2=\frac{1}{n-1}\sum_{i=1}^{n}(X_i-\bar{X})^2 \tag{5.2}$$

都是统计量.$\bar{X}$ 称为子样的平均值,或样本均值;S^2 反映了子样的分散程度,称为样本方差.而

$$S=\sqrt{\frac{1}{n-1}\sum_{i=1}^{n}(X_i-\bar{X})^2}$$

为样本标准差.

对具体的样本观察值 $x_1,x_2,\cdots,x_n$,则得到 $\bar{X}$ 与 S^2 的观察值分别为:

$$\bar{x}=\frac{1}{n}\sum_{i=1}^{n}x_i,S^2=\frac{1}{n-1}\sum_{i=1}^{n}(x_i-\bar{x})^2$$

常用的统计量,一般是样本的数字特征.下面给出样本矩的定义:

定义 5.3 设 $X_1,X_2,\cdots,X_n$ 是总体 X 的容量为 n 的样本,则样本 k 阶原点矩为

$$A_k=\frac{1}{n}\sum_{i=1}^{n}X_i^k,k=1,2,\cdots \tag{5.3}$$

样本 k 阶中心矩为

$$B_k=\frac{1}{n}\sum_{i=1}^{n}(X_i-\bar{X})^k,k=1,2,\cdots \tag{5.4}$$

当 $k=2$ 时,$B_2=\frac{n-1}{n}S^2$,称 B_2 为未修正的样本方差.当样本容量 n 很大时,$B_2\approx S^2$.

例 5.3 从一批灯泡中任意抽取 10 只,测试其寿命得到数据如下(单位:h):

1 450,1 360,1 520,1 530,1 470

1 440,1 560,1 380,1 460,1 430

试求样本均值、样本方差和样本标准差.

解 由样本均值、样本方差和样本标准差的公式,得

$$\begin{aligned}\bar{x}&=\frac{1}{n}\sum_{i=1}^{n}x_i\\&=\frac{1}{10}\times(1\,450+1\,360+1\,520+\cdots+1\,460+1\,430)\\&=1\,460\end{aligned}$$

$$S^2=\frac{1}{n-1}\sum_{i=1}^{n}(x_i-\bar{x})^2$$

$$= \frac{1}{9} \times [(1\ 450 - 1\ 460)^2 + (1\ 360 - 1\ 460)^2 + \cdots + (1\ 430 - 1\ 460)^2]$$
$$= 4\ 044$$

$$S = \sqrt{4\ 044} \approx 63.6$$

故这批灯泡寿命的样本均值为 1 460 h,样本方差为 4 044 h^2,样本标准差为 63.6 h.

样本均值与样本方差的函数命令计算方法

5.2 抽样分布

统计量的分布称为抽样分布,其实质是随机变量函数的分布.统计量的分布一般都是很复杂的,本节介绍一些常用的统计量的分布.

一、样本均值的分布

设总体 X 的期望与方差分别为 $E(X)=\mu, D(X)=\sigma^2, X_1, X_2, \cdots, X_n$ 是 X 的一个子样,则有

$$E(\overline{X}) = E\left(\frac{1}{n}\sum_{i=1}^{n} X_i\right) = \frac{1}{n}\sum_{i=1}^{n} E(X_i) = \frac{1}{n} n\mu = \mu$$

$$D(\overline{X}) = D\left(\frac{1}{n}\sum_{i=1}^{n} X_i\right) = \frac{1}{n^2}\sum_{i=1}^{n} D(X_i) = \frac{1}{n^2} n\sigma^2 = \frac{\sigma^2}{n}$$

可见,$\overline{X}$ 与总体的期望相同,但方差仅为总体方差的 $1/n$,当 n 增大时,$\overline{X}$ 更向期望集中.就正态总体和非正态总体两种情形,有以下结论.

定理 5.1 设总体 $X \sim N(\mu, \sigma^2), X_1, X_2, \cdots, X_n$ 是 X 的一个样本,则

$$\overline{X} = \frac{1}{n}\sum_{i=1}^{n} X_i \sim N\left(\mu, \frac{\sigma^2}{n}\right) \tag{5.5}$$

证明略.

定理 5.2 设非正态总体 X 具有分布 $F(x)$,且 $E(X)=\mu, D(X)=\sigma^2, X_1, X_2, \cdots, X_n$ 为总体 X 的一个样本,则当 n 充分大时,$\overline{X}$ 近似服从正态分布 $N\left(\mu, \frac{\sigma^2}{n}\right)$.

由中心极限定理不难得到以上定理.

例 5.4 设总体 $X \sim N(2,1), X_1, X_2, \cdots, X_9$ 为总体 X 一个样本,求

①样本均值 $\overline{X}$ 的分布.

②计算 $P\{1 \leqslant \overline{X} \leqslant 3\}$.

解 ①这里$\mu=2,\sigma^2=1,n=9$,由定理5.1,有

$$\overline{X} \sim N\left(2,\frac{1}{9}\right)$$

②$P\{1\leqslant\overline{X}\leqslant3\}$ = NORMDIST(3,2,1/3,1) − NORMDIST(1,2,1/3,1) ≈ 0.997 3

为了对比,可以计算出

$P\{1\leqslant X\leqslant3\}$ = NORMDIST(3,2,1,1) − NORMDIST(1,2,1,1) ≈ 0.682 7

由于$\overline{X}$的方差$D(\overline{X})$只有$D(X)$的1/9,故$\overline{X}$取值比X更加集中在期望2附近,因此,$\overline{X}$在[1,3]上取值的概率比X在[1,3]上取值的概率大得多.

例5.5 设总体$X\sim N(\mu,0.3^2)$,$X_1,X_2,\cdots,X_n$为总体X的一个子样.试问样本容量n应取多大,才能使

$$P\{|\overline{X}-\mu|<0.1\}\geqslant0.95$$

解 由式(5.5),得$\overline{X}\sim N\left(\mu,\frac{0.3^2}{n}\right)$,所以

$$P\{|\overline{X}-\mu|<0.1\}=P\left\{\left|\frac{\overline{X}-\mu}{0.3/\sqrt{n}}\right|<\frac{0.1}{0.3/\sqrt{n}}\right\}$$

$$=P\left\{\left|\frac{\overline{X}-\mu}{0.3/\sqrt{n}}\right|<\frac{\sqrt{n}}{3}\right\}$$

$$=2\Phi\left(\frac{\sqrt{n}}{3}\right)-1$$

由$2\Phi\left(\frac{\sqrt{n}}{3}\right)-1\geqslant0.95$,得$\Phi\left(\frac{\sqrt{n}}{3}\right)\geqslant0.975$

由于$\Phi(x)$是单调增加的,故应有

$$\frac{\sqrt{n}}{3}\geqslant \text{NORMSINV}(0.975)\approx1.96$$

解得$n\geqslant34.57\approx35$,即样本容量应取为35.

定义5.4 设统计量$U\sim N(0,1)$,对给定的常数$\alpha(0<\alpha<1)$,则

①若常数z_α满足

$$P\{U>z_\alpha\}=\alpha \tag{5.6}$$

则称z_α为标准正态分布的水平α的上侧分位数;

②若常数$z_{\frac{\alpha}{2}}$满足

$$P\{|U|>z_{\frac{\alpha}{2}}\}=\alpha \tag{5.7}$$

则称$z_{\frac{\alpha}{2}}$为标准正态分布的水平α的双侧分位数.

如图5.1(a),(b)所示

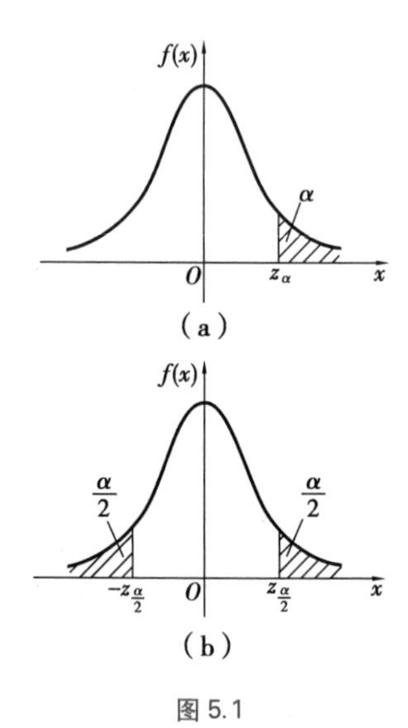

图5.1

注:求标准正态分布分位数点函数命令分别为:

z_α = NORMSINV(1−α)

$z_{\frac{\alpha}{2}}$ = NORMSINV$\left(1-\frac{\alpha}{2}\right)$

从图上可以得到

$$\Phi(z_{\alpha})=1-\alpha,\Phi(z_{\frac{\alpha}{2}})=1-\frac{\alpha}{2} \tag{5.8}$$

二、χ^2 分布

χ^2 分布是由阿贝(Abbe)于1863年首先提出的,后来由海尔墨特(Hermert)和现代统计学的奠基人之一的卡尔·皮尔逊(Karl Pearson)分别于1875年和1900年推导出来,是统计学中的一个非常有用的著名分布.

定义 5.5 设随机变量 $X_1,X_2,\cdots,X_n$ 相互独立,且服从标准正态分布 $N(0,1)$,则称随机变量

$$\chi^2=X_1^2+X_2^2+\cdots+X_n^2 \tag{5.9}$$

所服从的分布为自由度为 n 的 χ^2 分布,记为 $\chi^2\sim\chi^2(n)$,其中自由度 n 为 $\chi^2=X_1^2+X_2^2+\cdots+X_n^2$ 右端包含的独立变量的个数. $\chi^2(n)$ 的概率密度函数为

$$f(x)=\begin{cases}\dfrac{1}{2^{\frac{n}{2}}\Gamma\left(\dfrac{n}{2}\right)}x^{\frac{n}{2}-1}\mathrm{e}^{-\frac{x}{2}}, & x>0\\ 0, & x\leqslant 0\end{cases}$$

其中 Gamma 函数 $\Gamma(a)=\int_0^{+\infty}x^{a-1}\mathrm{e}^{-x}\mathrm{d}x$.

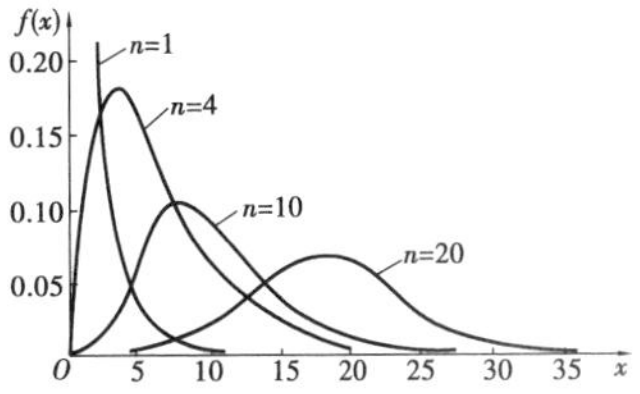

χ^2 分布概率密度函数曲线如图 5.2 所示,它是非对称分布,当 n 很大时($n>45$),其图形接近正态分布.

图 5.2

χ^2 分布具有可加性.即若随机变量 $X_1\sim\chi^2(n_1)$,$X_2\sim\chi^2(n_2)$,且 X_1,X_2 相互独立,则 $X_1+X_2\sim\chi^2(n_1+n_2)$.

若 $\chi^2\sim\chi^2(n)$,对于给定的 $\alpha(0<\alpha<1)$,常数 λ 满足条件

$$P\{\chi^2>\lambda\}=\int_{\lambda}^{+\infty}f(x)\,\mathrm{d}x=\alpha \tag{5.10}$$

则称 λ 为自由度为 n 的 χ^2 分布水平 α 的上侧分位数,记作 $\lambda=\chi_{\alpha}^2(n)$.它既与 α 有关,也与自由度 n 有关.式(5.10)中 $f(x)$ 为 $\chi^2(n)$ 分布的密度函数,如图 5.3 所示.

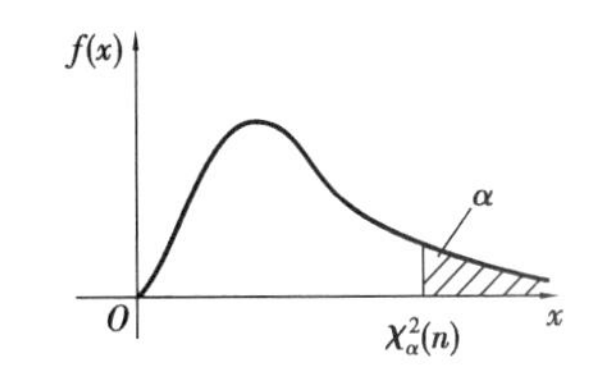

图 5.3

注: χ^2 分布水平 α 的上侧分位数函数命令 CHIINV

命令格式:CHIINV(probability,degrees_freedom),

即 $\chi_{\alpha}^2(n)=\text{CHIINV}(\alpha,n)$

对于较小的 n 和特殊的 α 值,也可以查表求出分位数,不过 χ^2 分布上侧分位数表中只给出了 $n\leqslant45$ 时的分位数值.

例 5.6　设$\chi^2 \sim \chi^2(12)$，求满足

$$P\{\chi^2 > \lambda_1\} = 0.025$$
$$P\{\chi^2 < \lambda_2\} = 0.05$$

的常数λ_1和λ_2.

解　题中$n=12, \alpha=0.025$，可得

$$\lambda_1 = \text{CHIINV}(0.025, 12) \approx 23.337$$

由于$P\{\chi^2<\lambda_2\}=0.05$，所以$P\{\chi^2 \geqslant \lambda_2\}=0.95$，可得

$$\lambda_2 = \text{CHIINV}(0.95, 12) \approx 5.226$$

三、t 分布

戈塞特与 t 分布

学生 t-分布简称为 t 分布.其推导由威廉·戈塞特于 1908 年首先发表，当时他还在都柏林的健力士酿酒厂工作.因为不能以他本人的名义发表，所以论文使用了学生（Student）这一笔名.之后 t 检验以及相关理论经由罗纳德·费希尔的工作发扬光大，而正是他将此分布称为学生分布.

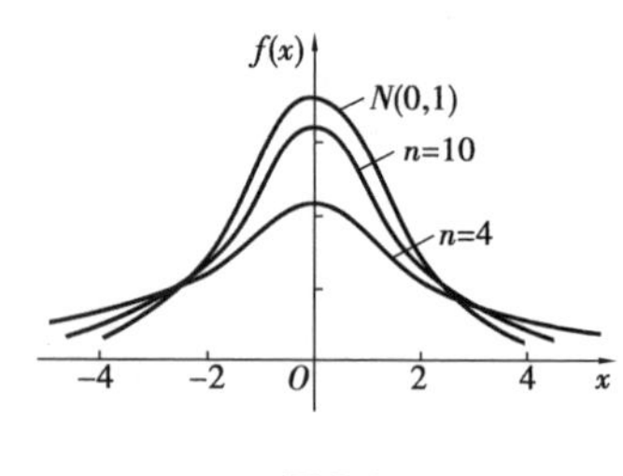

图 5.4

定义 5.6　设随机变量$X \sim N(0,1)$，$Y \sim \chi^2(n)$，且X与Y相互独立，则随机变量

$$T=\frac{X}{\sqrt{Y/n}} \tag{5.11}$$

所服从的分布为自由度为n的t分布，记作$T\sim t(n)$.t分布又称为学生分布.t分布的概率密度函数为

$$f(x)=\frac{\Gamma\left(\frac{n+1}{2}\right)}{\sqrt{n\pi}\,\Gamma\left(\frac{n}{2}\right)}\left(1+\frac{x^2}{n}\right)^{-\frac{n+1}{2}}, -\infty<x<+\infty .$$

图 5.4 是t分布的概率密度函数图像.它的图像关于y轴对称，且有

$$\lim_{n\to\infty} f(x)=\frac{1}{\sqrt{2\pi}}\mathrm{e}^{-\frac{x^2}{2}}=\varphi(x)$$

故当n较大时，其图形与标准正态分布的概率密度曲线接近.

注：求t分布的水平α的双侧分位数的函数命令为 TINV，
命令格式：TINV(probability, degrees_freedom)，即有$t_{\frac{\alpha}{2}}(n)=\text{TINV}(\alpha,n)$
注意命令中概率α为双尾概率，若给出的是单尾概率则先进行转化.
也可以查t分布的双侧分位数表.

与标准正态分布类似，对于给定的$\alpha(0<\alpha<1)$，由$P(|t(n)|>\lambda)=\alpha$所确定的数λ，称为自由度为n的t分布的水平α的双侧分位数，记作$t_{\frac{\alpha}{2}}(n)$.由t分布的对称性，可知

$$P\{t(n) > t_{\frac{\alpha}{2}}(n)\} = P\left\{t(n) < -t_{\frac{\alpha}{2}}(n)\right\}=\frac{\alpha}{2}$$

例 5.7　设随机变量$T\sim t(12)$.

①求$\alpha=0.001$的双侧分位数.

②已知$P\{T>\lambda\}=0.1$，求λ.

解 ①直接输入命令“=TINV(0.001,12)”,可求得 $t_{\frac{0.001}{2}}(12)=4.318$.

②由于0.1是单尾概率(右边),所以先进行转化.由已知有,$P\{|T|>\lambda\}=0.2$,这时0.2已是双尾概率了.故输入命令“=TINV(0.2,12)”,即得 $\lambda=1.356$.

注意:当 n 很大时,t 分布与标准正态分布非常接近,故当 n 充分大时有

$$t_{\frac{\alpha}{2}}(n)\approx z_{\frac{\alpha}{2}}$$

四、F 分布

F 分布是1924年英国统计学家费希尔(Ronald.A.Fisher)提出,并以其姓氏的第一个字母命名的.它是一种非对称分布,且位置不可互换.F 分布有着广泛的应用,如在方差分析、回归方程的显著性检验中都有着重要的地位.

定义5.7 设随机变量 $X\sim\chi^2(n_1)$,$Y\sim\chi^2(n_2)$,且 X 与 Y 相互独立,则随机变量

$$F=\frac{\frac{X}{n_1}}{\frac{Y}{n_2}} \tag{5.12}$$

所服从的分布为自由度为 (n_1,n_2) 的 F 分布,记作 $F\sim F(n_1,n_2)$,其中 n_1 为第一自由度,n_2 为第二自由度.

由定义可知

$$\frac{1}{F}=\frac{\frac{Y}{n_2}}{\frac{X}{n_1}}\sim F(n_2,n_1) \tag{5.13}$$

F 分布的概率密度函数为

$$f(x)=\begin{cases}\dfrac{\Gamma\left(\dfrac{n_1+n_2}{2}\right)}{\Gamma\left(\dfrac{n_1}{2}\right)\Gamma\left(\dfrac{n_2}{2}\right)}\left(\dfrac{n_1}{n_2}\right)^{\frac{n_1}{2}}x^{\frac{n_1}{2}-1}\left(1+\dfrac{n_1}{n_2}x\right)^{-\frac{n_1+n_2}{2}}, & x>0\\ 0, & x\leqslant 0\end{cases}$$

如图5.5所示.

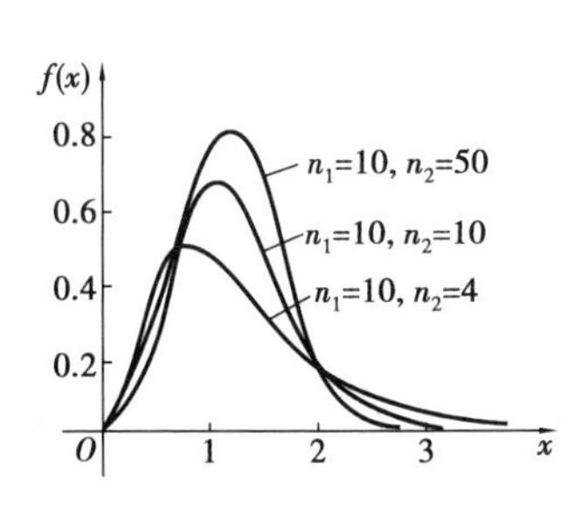

图5.5

与 χ^2 分布类似,设 $F\sim F(n_1,n_2)$,对于给定的 $\alpha(0<\alpha<1)$,由

$$P\{F>\lambda\}=\alpha$$

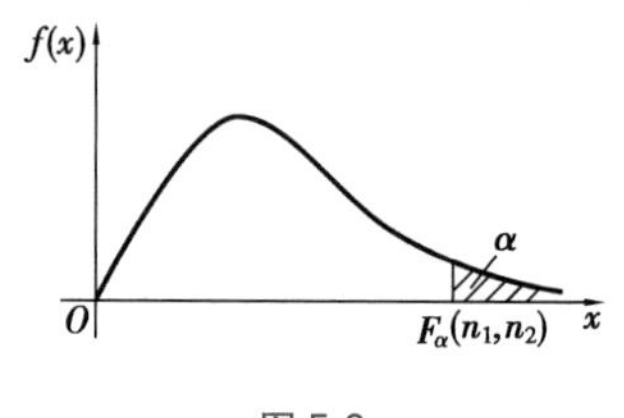

图 5.6

所确定的常数 λ 称为 F 分布的水平 α 的上侧分位数，记作 $F_\alpha(n_1,n_2)$. 如图 5.6 所示.

注: 求 F 分布的水平 α 的上侧分位数的函数命令为 FINV

命令格式: FINV(probability, degrees_freedom1, degrees_freedom2)

即有 $F_\alpha(n_1,n_2)=\text{FINV}(\alpha,n_1,n_2)$

上侧分位数一般也可查表求出，只是比较麻烦，对于较大的概率值 α，有时需要利用关系式

$$F_{1-\alpha}(n_1,n_2)=\frac{1}{F_\alpha(n_2,n_1)}.$$

例 5.8　设 $F\sim F(10,6)$，求满足 $P(F>\lambda_1)=0.05$ 及 $P(F<\lambda_2)=0.05$ 的 λ_1,λ_2.

解　当 $\alpha=0.05$，第一自由度为 10，第二自由度为 6 时，直接输入命令"=FINV(0.05,10,6)"，可得 $\lambda_1=4.06$;

由 $P(F<\lambda_2)=0.05$，得 $P(F>\lambda_2)=0.95$，直接输入命令"=FINV(0.95,10,6)"，可得 $\lambda_2=0.31$.

注: 若用查表法求 λ_2，由于 $P(F>\lambda_2)=0.95$，对于概率值 0.95 无法直接查表，故需对其进行变形，得

$$P\left(\frac{1}{F}>\frac{1}{\lambda_2}\right)=0.05$$

又知 $\frac{1}{F}\sim F(6,10)$，查自由度为(6,10)的 F 分布的分位数表，得 $\frac{1}{\lambda_2}=3.22$，因此 $\lambda_2=\frac{1}{3.22}=0.31$.

即

$$\lambda_2=F_{0.95}(10,6)=\frac{1}{F_{0.05}(6,10)}=\frac{1}{3.22}=0.31.$$

五、关于正态总体样本均值与样本方差的分布的定理

定理 5.3　设 $X_1,X_2,\cdots,X_n$ 是来自正态总体 $N(\mu,\sigma^2)$ 的一个样本，$\overline{X},S^2$ 分别为样本均值和样本方差，则有

① $\frac{\overline{X}-\mu}{\sigma/\sqrt{n}}\sim N(0,1)$.

② $\frac{(n-1)S^2}{\sigma^2}\sim\chi^2(n-1)$.

③ $\overline{X},S^2$ 相互独立.

④ $\frac{\overline{X}-\mu}{S/\sqrt{n}}\sim t(n-1)$.

⑤ $\frac{1}{\sigma^2}\sum_{i=1}^{n}(X_i-\mu)^2 \sim \chi^2(n)$.

定理 5.4 设 $X_1,X_2,\cdots,X_m$ 及 $Y_1,Y_2,\cdots,Y_n(m,n\geqslant 2)$ 分别来自两个正态总体 $N(\mu_1,\sigma_1^2)$ 及 $N(\mu_2,\sigma_2^2)$，且它们相互独立，$\overline{X},\overline{Y}$ 和 S_1^2,S_2^2 分别是它们的样本均值和样本方差，则有

①$\dfrac{\overline{X}-\overline{Y}-(\mu_1-\mu_2)}{\sqrt{\dfrac{\sigma_1^2}{m}+\dfrac{\sigma_2^2}{n}}}\sim N(0,1)$.

②$T=\dfrac{\overline{X}-\overline{Y}-(\mu_1-\mu_2)}{S_w\cdot\sqrt{\dfrac{1}{m}+\dfrac{1}{n}}}\sim t(m+n-2)$.

其中 $\sigma_1=\sigma_2,S_w=\sqrt{\dfrac{(m-1)S_1^2+(n-1)S_2^2}{m+n-2}}$

③$F=\dfrac{\dfrac{S_1^2}{\sigma_1^2}}{\dfrac{S_2^2}{\sigma_2^2}}\sim F(m-1,n-1)$.

以上定理的证明略.

习题 5

1.判断题.

①统计量仅通过样本数据就可以计算出其数值. ( )

②统计量的分布称为抽样分布，其实质是随机变量函数的分布. ( )

③来自正态总体的样本均值仍然服从正态分布. ( )

④随便从总体中抽取一些样本就能够保证其具有代表性. ( )

⑤当 t 分布中的自由度比较大时，t 分布近似正态分布. ( )

⑥χ^2 分布是正态分布随机变量和的分布. ( )

2.选择题.

①设总体 X 服从正态分布 $N(\mu,\sigma^2)$，其中 μ 已知，σ 未知，X_1,X_2,X_3 是取自总体 X 的一个样本，则非统计量是( ).

A. $\frac{1}{3}(X_1+X_2+X_3)$ B. $X_1+X_2+2\mu$ C. $\max(X_1,X_2,X_3)$ D. $\frac{1}{\sigma^2}(X_1^2+X_2^2+X_3^2)$

②设 $X_1,X_2,\cdots,X_n$ 是来自总体 $X\sim N(\mu,\sigma^2)$ 的样本，其中 μ 已知，σ^2 未知，则下述变量不是统

计量的是(　　).

A. $\min\limits_{1\leqslant i\leqslant n} X_i$　　B. $\overline{X}-\mu$　　C. $\sum\limits_{i=1}^{n}\frac{X_i}{\sigma}$　　D. $\frac{\sqrt{|u|}}{2}\sum\limits_{i=1}^{n}(X_i^2-\mu^2)^2$

③设 $X_1,X_2,\cdots,X_n$ 是来自总体 $X\sim N(\mu,\sigma^2)$ 的样本,其中 μ 已知,σ^2 未知,则下述变量不是统计量的是(　　).

A. $\frac{1}{n-1}\sum\limits_{i=1}^{n}X_i$　　B. $X_n-E(X_1)$　　C. $2X_2+X_3$　　D. $\frac{X_1-\mu}{\sigma}$

④设 $X_1,X_2,\cdots,X_n$ 是来自正态总体 $N(\mu,\sigma^2)$ 的简单随机样本,其中 $S_1^2=\frac{1}{n-1}\sum\limits_{i=1}^{n}(X_i-\overline{X})^2$,

$S_2^2=\frac{1}{n}\sum\limits_{i=1}^{n}(X_i-\overline{X})^2$,$S_3^2=\frac{1}{n-1}\sum\limits_{i=1}^{n}(X_i-\mu)^2$,$S_4^2=\frac{1}{n}\sum\limits_{i=1}^{n}(X_i-\mu)^2$,则服从自由度为 n-1 的 t 分布的随机变量是(　　).

A. $\frac{\overline{X}-\mu}{\frac{S_1}{\sqrt{n-1}}}$　　B. $\frac{\overline{X}-\mu}{\frac{S_2}{\sqrt{n-1}}}$　　C. $\frac{\overline{X}-\mu}{\frac{S_3}{\sqrt{n}}}$　　D. $\frac{\overline{X}-\mu}{\frac{S_4}{\sqrt{n}}}$

⑤设 $X_1,X_2,\ldots,X_n$ 是来自正态总体 $N(\mu,\sigma^2)$ 的一个样本,$\overline{X}$,S 分别是样本均值和样本标准差,则 $\frac{\overline{X}-\mu}{S/\sqrt{n}}$ 服从(　　).

A. 正态分布　　B. 泊松分布　　C. 指数分布　　D. t 分布

⑥设 $X\sim N(1,2^2)$,$X_1,X_2,\cdots,X_n$ 为 X 的样本,则样本均值满足(　　).

A. $\frac{\overline{X}-1}{2}\sim N(0,1)$　　B. $\frac{\overline{X}-1}{4}\sim N(0,1)$　　C. $\frac{\overline{X}-1}{2/\sqrt{n}}\sim N(0,1)$　　D. $\frac{\overline{X}-1}{\sqrt{2}/\sqrt{n}}\sim N(0,1)$

⑦设 $X_1,X_2,\cdots,X_n$ 是总体 $X\sim N(0,1)$ 的样本,$\overline{X}$,S 分别是样本均值和样本标准差,则有(　　).

A. $n\overline{X}\sim N(0,1)$　　B. $\overline{X}\sim N(0,1)$　　C. $\sum\limits_{i=1}^{n}X_i^2\sim\chi^2(n)$　　D. $\frac{\overline{X}}{S}\sim t(n-1)$

⑧设随机变量 X 和 Y 都服从标准正态分布,则(　　).

A. $X+Y$ 服从正态分布　　B. X^2+Y^2 服从 χ^2 分布

C. X^2 和 Y^2 都服从 χ^2 分布　　D. X^2/Y^2 服从 F 分布

⑨样本 $X_1,X_2,\cdots,X_n$ 来自某正态总体,$\overline{X}$ 为样本均值,则下述结论不成立的是(　　).

A. $\overline{X}$ 与 $\sum\limits_{i=1}^{n}(X_i-\overline{X})^2$ 独立　　B. X_i,X_j 独立(i,j 互不相同)

C. $\sum\limits_{i=1}^{n}X_i$,$\sum\limits_{i=1}^{n}X_i^2$ 独立　　D. X_i,X_j^2 独立(i,j 互不相同)

⑩若 X_1,X_2,X_3 是来自正态总体 $N(0,\sigma^2)$ 的简单随机样本,则统计量 $S=\frac{X_1-X_2}{\sqrt{2}\,|X_3|}$ 服从的分布为(　　).

A. $F(1,1)$ B. $F(2,1)$ C. $t(1)$ D. $t(2)$

⑪设总体 $X \sim B(m,\theta)$，$X_1,X_2,\cdots,X_n$ 为来自总体的简单随机样本，$\overline{X}$ 为样本均值，则 $E\left[\sum_{i=1}^{n}(X_i-\overline{X})^2\right]=($　　$)$.

A. $(m-1)n\theta(1-\theta)$ B. $m(n-1)\theta(1-\theta)$

C. $(m-1)(n-1)\theta(1-\theta)$ D. $mn\theta(1-\theta)$

⑫设总体 X 服从参数为 $\lambda(\lambda>0)$ 的泊松分布，$X_1,X_2,\cdots,X_n(n>2)$ 为来自总体的简单随机样本，则对应的统计量 $T_1=\frac{1}{n}\sum_{i=1}^{n}X_i$，$T_2=\frac{1}{n-1}\sum_{i=1}^{n-1}X_i+\frac{1}{n}X_n$，有(　　).

A. $E(T_1)>E(T_2),D(T_1)>D(T_2)$ B. $E(T_1)>E(T_2),D(T_1)<D(T_2)$

C. $E(T_1)<E(T_2),D(T_1)>D(T_2)$ D. $E(T_1)<E(T_2),D(T_1)<D(T_2)$

⑬设 X_1,X_2,X_3,X_4 为来自总体 $N(1,\sigma^2)(\sigma>0)$ 的简单随机样本，则统计量 $\frac{X_1-X_2}{|X_3+X_4-2|}$ 的分布为(　　).

A. $N(0,1)$ B. $t(1)$ C. $\chi^2(1)$ D. $F(1,1)$

⑭设 $X_1,X_2,\cdots,X_n(n\geqslant 2)$ 为来自总体 $N(0,1)$ 的简单随机样本，$\overline{X}$ 为样本均值，S^2 为样本方差，则(　　).

A. $n\overline{X}\sim N(0,1)$ B. $nS^2\sim\chi^2(n)$

C. $\frac{(n-1)\overline{X}}{S}\sim t(n-1)$ D. $\frac{(n-1)X_1^2}{\sum_{i=2}^{n}X_i^2}\sim F(1,n-1)$

⑮设随机变量 $X\sim t(n)(n>1)$，$Y=\frac{1}{X^2}$，则(　　).

A. $Y\sim\chi^2(n)$ B. $Y\sim\chi^2(n-1)$ C. $Y\sim F(n,1)$ D. $Y\sim F(1,n)$

3.若 $X_1,X_2,\cdots,X_n$ 是来自总体 $X\sim B(1,p)$ 的样本，求 $X_1,X_2,\cdots,X_n$ 的联合分布律.

4.若 $X_1,X_2,\cdots,X_n$ 是来自总体 $X\sim P(\lambda)$ 的样本，求 $X_1,X_2,\cdots,X_n$ 的联合分布律.

5.若 $X_1,X_2,\cdots,X_n$ 是来自正态总体 $N(\mu,\sigma^2)$ 的样本，求 $X_1,X_2,\cdots,X_n$ 的联合概率密度.

6.设 $X_1,X_2,\cdots,X_6$ 是来自总体 $X\sim U[0,\theta]$ 的样本，$\theta>0$ 未知.

①求出样本的联合概率密度.

②设样本的一组观察是:0.5,1,0.7,0.6,1,1

求样本均值和样本方差.

7.设 $X_1,X_2,\cdots,X_n$ 为来自正态总体 $N(\mu,\sigma^2)$ 的一个样本，其中 μ 未知，σ^2 已知.问下列随机变量中哪些是统计量？哪些不是？为什么？

①$\min(X_1,X_2,\cdots,X_n)$.

②$\frac{X_1+X_n}{2}$.

③$\frac{X_1+\cdots+X_n}{n}-\mu$.

④$\dfrac{(X_1+X_n)^2}{\sigma^2}$.

⑤$\dfrac{(X_1+\cdots+X_n)-n\mu}{\sqrt{n}\sigma}$.

8.证明 $S^2=\dfrac{1}{n-1}\left[\sum\limits_{i=1}^{n}X_i^2-n\overline{X}^2\right]$.

9.从一批机器零件毛坯中随机地抽取10件,测得其质量(单位:kg)为:

$$210,243,185,240,215,228,196,235,200,199$$

求这个样本的样本均值、样本方差、样本二阶原点矩与样本二阶中心矩.

10.在总体$N(52,6.3^2)$中,随机抽取一个容量为36的样本,求样本均值$\overline{X}$落在50.8~53.8之间的概率.

11.设总体$X\sim N(72,100)$,为使样本均值大于70的概率不小于90%,则样本容量至少取多少?

12.设$X_1,X_2,\cdots,X_6$是总体$N(0,4)$的一个样本,求$P\left\{\sum\limits_{i=1}^{6}X_i^2>6.54\right\}$.

13.设$X_1,X_2,\cdots,X_{10}$是来自正态总体$N(\mu,\sigma^2)$的一个样本,求

①$P\left\{0.25\sigma^2\leqslant\dfrac{1}{10}\sum\limits_{i=1}^{10}(X_i-\mu)^2\leqslant2.3\sigma^2\right\}$.

②$P\left\{0.25\sigma^2\leqslant\dfrac{1}{10}\sum\limits_{i=1}^{10}(X_i-\overline{X})^2\leqslant2.3\sigma^2\right\}$.

14.设随机变量X与Y相互独立,且$X\sim N(0,16)$,$Y\sim N(0,9)$,$X_1,X_2,\cdots,X_9$与$Y_1,Y_2,\cdots,Y_{16}$分别是取自X与Y的样本,求统计量

$$Z=\frac{X_1+X_2+\cdots+X_9}{\sqrt{Y_1^2+Y_2^2+\cdots+Y_{16}^2}}$$

所服从的分布.

15.设总体$X\sim N(0,1)$,$X_1,\cdots,X_6$为总体X的样本,统计量

$$Y=(X_1+X_2+X_3)^2+(X_4+X_5+X_6)^2$$

试确定常数c,使cY服从χ^2分布.

16.设总体$X\sim N(0,2^2)$,$X_1,X_2,\cdots,X_{10}$为来自总体X的样本.令

$$Y=\left(\sum_{i=1}^{5}X_i\right)^2+\left(\sum_{j=6}^{10}X_j\right)^2.$$

试确定常数C,使CY服从χ^2分布,并指出其自由度.

17.设X_1,X_2,X_3,X_4和Y_1,Y_2,Y_3,Y_4,Y_5分别是来自标准正态分布$N(0,1)$的总体X与Y的样本,$Z=\sum\limits_{i=1}^{4}(X_i-\overline{X})^2+\sum\limits_{i=1}^{5}(Y_i-\overline{Y})^2$,求$E(Z)$.

18.计算:①$\chi_{0.95}^2(9)$;②$\chi_{0.01}^2(9)$;③$\chi_{0.025}^2(15)$;④$\chi_{0.01}^2(12)$.

19.计算:①$t_{0.01}(15)$;②$t_{0.1}(15)$;③$t_{0.01}(12)$;④$t_{0.99}(12)$.

20.设$T\sim t(10)$,求常数c,使$P(T>c)=0.95$.

21. 证明 $F_{1-\alpha}(n,m)=\dfrac{1}{F_{\alpha}(m,n)}$.

22. 设 $X_1,\cdots,X_{10}$ 与 $Y_1,\cdots,Y_{15}$ 分别是正态总体 $N(20,3)$ 的两个独立样本,求

$$P(|\overline{X}-\overline{Y}|>0.1).$$

23. 某区有 25 000 户家庭,10%的家庭没有汽车.今随机抽取 1 600 户家庭进行调查,试求:没有汽车的家庭比例为 9%~11%的概率.

24. 某厂生产的滚珠轴承质量服从正态分布,平均质量为 0.5 kg,标准差为 0.02 kg,分别独立地抽取容量各为 1 000 个的两批滚珠轴承,试求两个样本平均重量之差的绝对值大于 2 kg 的概率.

25. A 品牌电缆的平均断裂强度为 1 400 kg,标准差为 200 kg,B 品牌电缆的平均断裂强度为 1 200 kg,标准差为 100 kg,假设两种牌子电缆的断裂强度近似服从正态分布,现从两种牌子的电缆中各取 250 根进行测试,问 A 品牌电缆的平均断裂强度至少大于 B 品牌的平均断裂强度180 kg 的概率.

26. 分别从方差为 20 和 35 的正态总体中抽取容量为 8 和 10 的两个样本,求第一个样本方差不小于第二个样本方差 2 倍的概率范围.

27. 在一项素质测验中,某高校学生平均得分为 72,标准差为 8,两群学生分别有 28 人和 36 人,求这两群学生成绩差为 2~5 分的概率.

第 6 章　参数估计

在实际问题中，对所研究的总体 X，当它的概率分布类型已知时，还需要确定分布函数中的参数值，这样 X 的分布函数才能完全确定，如泊松分布中的参数 λ，正态分布中的参数 μ 和 σ^2. 若总体 X 的分布函数或密度函数中有参数 θ（有时是多个参数 $\theta_1,\theta_2\cdots,\theta_k$）未知，这就需要通过样本数据所提供的有关总体的信息对它进行估计. 如何由样本 X_1，X_2，…，X_n 提供的信息，构造一个统计量来对未知参数 θ 进行估计？估计量的"最佳"准则如何确定？这些问题称为参数的估计问题.

参数估计简介

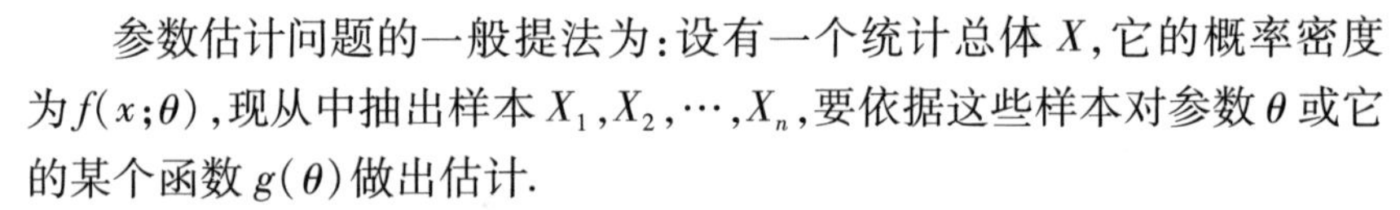

参数估计问题的一般提法为：设有一个统计总体 X，它的概率密度为 $f(x;\theta)$，现从中抽出样本 $X_1,X_2,\cdots,X_n$，要依据这些样本对参数 θ 或它的某个函数 $g(\theta)$ 做出估计.

参数估计一般有两种情形：一是点估计，即估计出未知参数的一个具体值；二是区间估计，即估计出未知参数的一个取值范围.

6.1 点估计

一、点估计的概念

点估计（point estimation）是用样本统计量来估计总体参数，因为样本统计量为数轴上某一点值，估计的结果也以一个点的数值表示，所以称为点估计.

先看一个例子.

例 6.1　已知灯泡的寿命 X 服从指数分布，设 $X\sim E(\lambda)$，其中 λ 未知. 现从一批灯泡中随机抽取 10 个，测量其寿命（单位：h），结果如下：

1 050，1 100，1 080，1 120，1 200，1 250，1 040，1 130，1 300，1 200

试估计参数 λ.

解　由于 $X\sim E(\lambda)$，故有 $E(X)=\dfrac{1}{\lambda}$，因而得 $\lambda=\dfrac{1}{E(X)}$.

要估计出 λ，只需要估计出总体均值 $E(X)$ 即可. 很自然的一种做法

是用样本均值来估计总体均值.由测量的数据计算得到

$$\overline{X}=\frac{1}{10}(1\ 050+1\ 100+\cdots+1\ 300+1\ 200)=1\ 147$$

从而 λ 的估计值为 $\hat{\lambda}=\frac{1}{1\ 147}\approx 0.000\ 87$.

这里用 $\hat{\lambda}=0.000\ 87$ 来估计 λ,等于用一个点来估计另一个点,故称为点估计.

一般来说,设 θ 是总体 X 分布中的未知参数,$X_1,X_2,\cdots,X_n$ 是 X 的一个样本,$x_1,x_2,\cdots,x_n$ 是相应的样本值,点估计问题就是要构造一个合适的统计量 $\hat{\theta}(X_1,X_2,\cdots,X_n)$,用它的观测值 $\hat{\theta}(x_1,x_2,\cdots,x_n)$ 来估计未知参数 θ.这时,统计量 $\hat{\theta}(X_1,X_2,\cdots,X_n)$ 称为 θ 的**估计量**,$\hat{\theta}(x_1,x_2,\cdots,x_n)$ 称为 θ 的**估计值**.若总体 X 分布中有多个未知参数 $\theta_1,\theta_2\cdots,\theta_k$,则需要对每一个参数都构造一个估计量.

在例 6.1 中,所用的估计量为

$$\hat{\lambda}=\frac{1}{\overline{X}}=\frac{n}{X_1+X_2+\cdots+X_n}.$$

下面介绍两种常用的构造估计量的方法:矩估计法和最大似然估计法.

二、矩估计法

卡尔·皮尔逊

矩估计法简介

矩估计法是由统计学家皮尔逊于 1894 年提出的一种点估计方法,也是最古老的一种估计法之一.

对于随机变量来说,矩是其最广泛、最常用的数字特征,主要有中心矩和原点矩.由辛钦大数定律可知,简单随机样本的原点矩依概率收敛到相应的总体原点矩,故当样本容量 n 较大时,样本矩非常接近总体矩,基于这一事实,矩估计法的基本思想就是用样本矩来估计总体矩,即用样本 k 阶原点矩 $A_k=\frac{1}{n}\sum_{i=1}^{n}X_i^k$ 来估计总体 k 阶原点矩 $\mu_k=E(X^k)$,有时也用样本 k 阶中点矩 $B_k=\frac{1}{n}\sum_{i=1}^{n}(X_i-\overline{X})^k$ 来估计总体 k 阶中点矩 $\nu_k=E[(X-E(X))^k]$.如在例 6.1 中,估计量 $\hat{\lambda}$ 就是用样本一阶原点矩 $\overline{X}$ 来估计总体一阶原点矩 $E(X)$ 得到的.这种用矩估计法得到的估计量称为**矩估计量**.

由于总体分布中的参数与总体矩总有一定的关系,甚至其本身就是总体的某个矩,因此,求矩估计量的步骤如下(设待估参数为 θ):

①计算总体矩 μ_k(也可以是 ν_k,以下仅以 μ_k 为例说明),找到一个总

体矩与待估参数 θ 之间的关系式，一般总是计算较简单的低阶原点矩，如 $\mu_1=E(X)$，$\mu_2=E(X^2)$ 等.

②从总体矩与 θ 的关系式中解出 θ，即将 θ 用总体矩表示出来，如 $\theta=h(\mu_k)$.

③将 $\theta=h(\mu_k)$ 中的总体矩 μ_k 用相应的样本矩 A_k 替换，就得到 θ 的矩估计量 $\hat{\theta}=h(A_k)$.

④若 $g(\theta)$ 是参数 θ 的连续函数，$\hat{\theta}$ 是 θ 的矩估计量，则 $g(\hat{\theta})$ 也是 $g(\theta)$ 的矩估计量.

例 6.2 设总体 $X\sim B(n,p)$，其中 n 已知，$X_1,X_2,\cdots,X_n$ 是来自 X 的样本，求参数 p 的矩估计量.

解 由于 $\mu_1=E(X)=np$，得 $p=\dfrac{1}{n}\cdot E(X)$.

用样本一阶原点矩 $A_1=\overline{X}$ 替换上式中的总体一阶原点矩 $\mu_1=E(X)$，得 p 的矩估计量为

$$\hat{p}=\frac{1}{n}\cdot\overline{X}$$

例 6.3 设总体 X 的概率密度函数为

$$f(x;\theta)=\begin{cases}\theta x^{\theta-1}, & 0<x<1\\ 0, & \text{其他}\end{cases}\quad(\theta>0)$$

$X_1,X_2,\cdots,X_n$ 为 X 的样本，求参数 θ 的矩估计量.

解 先计算 $E(X)$，得

$$E(X)=\int_{-\infty}^{\infty}xf(x,\theta)\,\mathrm{d}x=\int_0^1 x\cdot\theta x^{\theta-1}\mathrm{d}x=\frac{\theta}{\theta+1}.$$

从上式中解出 θ，得

$$\theta=\frac{E(X)}{1-E(X)}.$$

用 $\overline{X}$ 替换上式中的 $E(X)$，得 θ 的矩估计量为

$$\hat{\theta}=\frac{\overline{X}}{1-\overline{X}}.$$

例 6.4 设总体 X 的概率密度为

$$f(x,\theta)=\frac{1}{2\theta}\mathrm{e}^{-\frac{|x|}{\theta}},\ -\infty<x<\infty.$$

其中 $\theta>0$，$X_1,X_2,\cdots,X_n$ 为 X 的样本，求 θ 的矩估计量.

解 由于 $f(x,\theta)$ 中只含有一个未知参数 θ，一般只需求出 $E(X)$ 便可得到 θ 的矩估计量.而

$$E(X)=\int_{-\infty}^{\infty}x\cdot\frac{1}{2\theta}\mathrm{e}^{-\frac{|x|}{\theta}}\mathrm{d}x=0.$$

可见 $E(X)$ 中不含有参数 θ，不能由此解出 θ.再计算 $E(X^2)$，得

$$E(X^2)=\int_{-\infty}^{\infty}x^2\cdot\frac{1}{2\theta}e^{-\frac{|x|}{\theta}}dx=2\theta^2$$

解得

$$\theta=\sqrt{\frac{1}{2}E(X^2)}.$$

用 $A_2=\frac{1}{n}\sum_{i=1}^{n}X_i^2$ 替换上式中的 $\mu_2=E(X^2)$，得 θ 的矩估计量为

$$\hat{\theta}=\sqrt{\frac{1}{2n}\sum_{i=1}^{n}X_i^2}.$$

三、最大似然估计法

费希尔

最大似然估计法最早由高斯(Gauss)于 1821 年提出来，后来费希尔(R.A.Fisher)在 1922 年重新提出，并且证明了这个方法的一些性质.它是数理统计中极为重要并广泛使用的方法之一.最大似然估计建立在最大似然原理的基础上，这一原理的基本思想为：假定一个随机试验有若干个可能结果 $A_1,A_2,\cdots A_n$，若只进行了一次实验，而结果 A_i 出现了，则一般认为试验的条件对结果 A_i 出现有利，或认为试验中 A_i 出现的概率最大.相应地，若 A_i 出现的概率 $P(A_i)$ 与某一参数 θ 有关，如果要估计 θ 的值，自然会想到用使 $P(A_i)$ 达到最大值的 θ 值作为 θ 的估计.

先看一个例子.

例 6.5　设某班有 20 名同学，现从中选取 4 名同学参加某项活动.设该班女生人数为 θ(为简单起见，不妨设 θ 为 5 人，10 人，或 16 人).现随机选取 4 名同学，结果发现其中有 2 名女生，试根据这一结果来估计某班女生人数 θ.

解　设随机选取的 4 名同学中的女生数为 X，则 X 的分布律为

$$P\{X=k\}=\frac{C_{\theta}^{k}\cdot C_{20-\theta}^{4-k}}{C_{20}^{4}},k=0,1,2,3,4 \tag{6.1}$$

现在只随机选取了一次，结果为 $X=2$，就 θ 为 5 人，10 人，或 16 人 3 种情形分别计算概率 $P\{X=2\}$，利用式(6.1)，可得：

$$\theta=5:P\{X=2\}=\frac{C_5^2\cdot C_{15}^2}{C_{20}^4}\approx 0.216\,7$$

$$\theta=10:P\{X=2\}=\frac{C_{10}^2\cdot C_{10}^2}{C_{20}^4}\approx 0.417\,9$$

$$\theta=16:P\{X=2\}=\frac{C_{16}^2\cdot C_4^2}{C_{20}^4}\approx 0.148\,6$$

由计算结果知，当 $\theta=10$ 时，$X=2$ 的概率最大，因此该班女生人数最可能为 10 人，即 10 就是 θ 的最大似然估计值.

一般地，设总体 X 的概率密度(或分布律)为 $f(x;\theta_1,\theta_2,\cdots,\theta_k)$，$x\in$

$\mathbf{R}$,其中 $\theta_1,\theta_2,\cdots,\theta_k$ 为 k 个未知参数.$X_1,X_2,\cdots,X_n$ 为 X 的一个样本,则样本 $X_1,X_2,\cdots,X_n$ 的联合概率密度为 $f(x_1;\theta_1,\cdots,\theta_k)f(x_2;\theta_1,\cdots,\theta_k)\cdots f(x_n;\theta_1,\cdots,\theta_k)$,将它记为

$$L(x_1,x_2,\cdots,x_n;\theta_1,\theta_2,\cdots,\theta_k)=\prod_{i=1}^{n}f(x_i;\theta_1,\theta_2,\cdots,\theta_k) \tag{6.2}$$

对样本进行一次观察,得到样本观察值 $x_1,x_2,\cdots,x_n$.由于在一次观察中就得到了样本值 $x_1,x_2,\cdots,x_n$,因而样本 $X_1,X_2,\cdots,X_n$ 取该值的概率应较大.若

$$L(x_1,x_2,\cdots,x_n;\theta_1',\theta_2',\cdots,\theta_k') > L(x_1,x_2,\cdots,x_n;\theta_1'',\theta_2'',\cdots,\theta_k'')$$

则被估计的参数 $\theta_1,\theta_2,\cdots,\theta_k$ 是 $\theta_1',\theta_2',\cdots,\theta_k'$的可能性,要比它是 $\theta_1'',\theta_2'',\cdots,\theta_k''$的可能性大.若当$(\theta_1,\theta_2,\cdots,\theta_k)=(\hat{\theta}_1,\hat{\theta}_2,\cdots,\hat{\theta}_k)$时,$L(x_1,x_2,\cdots,x_n;\theta_1,\theta_2,\cdots,\theta_k)$达到最大值,则用 $\hat{\theta}_1,\hat{\theta}_2,\cdots,\hat{\theta}_k$ 作为 $\theta_1,\theta_2,\cdots,\theta_k$ 的估计值,这种估计方法称为**最大似然估计法**,称 $L(x_1,x_2,\cdots,x_n;\theta_1,\theta_2,\cdots,\theta_k)$为**似然函数**,常简记为 $L(\theta_1,\theta_2,\cdots,\theta_k)$或 L.

注:若总体分布是离散型的,则似然函数为

$$L(x_1,x_2,\cdots,x_n;\theta_1,\theta_2,\cdots,\theta_k)=P\{X_1=x_1,X_2=x_2,\cdots,X_n=x_n\}=\prod_{i=1}^{n}P\{X_i=x_i\} \tag{6.3}$$

显然,最大似然估计值 $\hat{\theta}_1,\hat{\theta}_2,\cdots,\hat{\theta}_k$ 将依赖于样本值 $x_1,x_2,\cdots,x_n$,即有

$$\hat{\theta}_i=\hat{\theta}_i(x_1,x_2,\cdots,x_n),i=1,2,\cdots,k \tag{6.4}$$

若将式(6.4)中的 $x_1,x_2,\cdots,x_n$ 换成样本 $X_1,X_2,\cdots,X_n$,则得到

$$\hat{\theta}_i=\hat{\theta}_i(X_1,X_2,\cdots,X_n),i=1,2,\cdots,k \tag{6.5}$$

式(6.5)定义的统计量称为 $\theta_1,\theta_2,\cdots,\theta_k$ 的**最大似然估计量**.

根据微积分知识,要求 $L(\theta_1,\theta_2,\cdots,\theta_k)$的最大值,一般可通过求导数的方法处理.由于对数函数 $\ln x$ 是单调递增的,故 $L(\theta_1,\theta_2,\cdots,\theta_k)$与 $\ln L(\theta_1,\theta_2,\cdots,\theta_k)$有相同的最大值点,为了简化计算,往往先对似然函数取对数,然后再分别对各未知参数求导,得:

$$\begin{cases}\dfrac{\partial \ln L(\theta_1,\theta_2,\cdots,\theta_k)}{\partial\theta_1}=0\\ \dfrac{\partial \ln L(\theta_1,\theta_2,\cdots,\theta_k)}{\partial\theta_2}=0\\ \quad\vdots\\ \dfrac{\partial \ln L(\theta_1,\theta_2,\cdots,\theta_k)}{\partial\theta_k}=0\end{cases} \tag{6.6}$$

方程组(6.6)称为**似然方程组**.它的解 $\hat{\theta}_1,\hat{\theta}_2,\cdots,\hat{\theta}_k$ 是似然函数 $L(\theta_1,\theta_2,\cdots,\theta_k)$的最大值点,用来作为未知参数 $\theta_1,\theta_2,\cdots,\theta_k$ 的最大似然估计.

求最大似然估计量的步骤如下：

①建立似然函数 $L(\theta_1,\theta_2,\cdots,\theta_k)$.

②取对数得到 $\ln L(\theta_1,\theta_2,\cdots,\theta_k)$.

③对各未知参数求导，得似然方程组，如式(6.6).

④解似然方程组，得最大似然估计值，如式(6.4).

⑤将 $x_1,x_2,\cdots,x_n$ 换成样本 $X_1,X_2,\cdots,X_n$，得到最大似然估计量，如式(6.5).

注意：若似然函数不能或不方便求导，则须用其他方法求出其最大值点.

注：由于函数 $\ln x$ 是单调上升的，故 $L(\theta_1,\theta_2,\cdots,\theta_k)$ 与 $\ln L(\theta_1,\theta_2,\cdots,\theta_k)$ 有相同的极值（或最值）点（如果存在的话）.

例 6.6 设总体 $X\sim P(\lambda)(\lambda>0)$，$X_1,X_2,\cdots,X_n$ 为 X 的一个样本，求 λ 的最大似然估计量.

解 总体 X 的分布律为

$$P(X=x)=\frac{\lambda^x}{x!}\mathrm{e}^{-\lambda},x=0,1,2,\cdots;\lambda>0.$$

似然函数为

$$L(\lambda)=\prod_{i=1}^{n}\frac{\lambda^{x_i}}{x_i!}\mathrm{e}^{-\lambda}=\frac{\lambda^{\sum\limits_{i=1}^{n}x_i}}{\prod\limits_{i=1}^{n}(x_i!)}\cdot\mathrm{e}^{-n\lambda}.$$

取对数，得

$$\ln L(\lambda)=\left(\sum_{i=1}^{n}x_i\right)\cdot\ln\lambda-\sum_{i=1}^{n}\ln(x_i!)-n\lambda.$$

对 λ 求导，得似然方程为

$$\frac{\mathrm{d}\ln L(\lambda)}{\mathrm{d}\lambda}=\frac{1}{\lambda}\sum_{i=1}^{n}x_i-n=0.$$

求解似然方程，得 $\hat{\lambda}=\frac{1}{n}\sum\limits_{i=1}^{n}x_i$，故 λ 的最大似然估计量为

$$\hat{\lambda}=\frac{1}{n}\sum_{i=1}^{n}X_i=\overline{X}.$$

例 6.7 设总体 $X\sim N(\mu,\sigma^2)$，$X_1,X_2,\cdots,X_n$ 为 X 的一个样本，求 μ，σ^2 的最大似然估计量.

解 总体 X 的概率密度为

$$f(x)=\frac{1}{\sqrt{2\pi}\sigma}\mathrm{e}^{-\frac{(x-\mu)^2}{2\sigma^2}}$$

似然函数为

$$L(\mu,\sigma^2)=\prod_{i=1}^{n}f(x_i)=\prod_{i=1}^{n}\frac{1}{\sqrt{2\pi}\sigma}\mathrm{e}^{-\frac{(x_i-\mu)^2}{2\sigma^2}}$$

$$=\left(\frac{1}{\sqrt{2\pi}}\right)^n\cdot\left(\frac{1}{\sigma^2}\right)^{\frac{n}{2}}\cdot\mathrm{e}^{-\frac{1}{2\sigma^2}\sum\limits_{i=1}^{n}(x_i-\mu)^2}$$

取对数,得

$$\ln L(\mu,\sigma^2)=n\ln\left(\frac{1}{\sqrt{2\pi}}\right)-\frac{n}{2}\ln(\sigma^2)-\frac{1}{2\sigma^2}\sum_{i=1}^{n}(x_i-\mu)^2$$

分别对 μ,σ^2 求偏导数,得到似然方程组

$$\begin{cases}\dfrac{1}{\sigma^2}\sum\limits_{i=1}^{n}(x_i-\mu)=0\\ -\dfrac{n}{2\sigma^2}+\dfrac{1}{2\sigma^4}\sum\limits_{i=1}^{n}(x_i-\mu)^2=0\end{cases}$$

解得

$$\hat{\mu}=\frac{1}{n}\sum_{i=1}^{n}x_i$$

$$\hat{\sigma}^2=\frac{1}{n}\sum_{i=1}^{n}(x_i-\bar{x})^2$$

故 μ,σ^2 的最大似然估计量分别为

$$\hat{\mu}=\frac{1}{n}\sum_{i=1}^{n}X_i=\bar{X},$$

$$\hat{\sigma}^2=\frac{1}{n}\sum_{i=1}^{n}(X_i-\bar{X})^2=B_2.$$

例 6.8 设总体 X 的概率密度为

$$f(x;\theta)=\begin{cases}\theta e^{-\theta x}, & x\geqslant 0\\ 0, & x<0\end{cases}(\theta>0)$$

现从 X 中抽取容量为 10 的一个样本,测得样本值如下:

1 050,1 100,1 080,1 200,1 300

1 250,1 340,1 060,1 150,1 150

求参数 θ 的最大似然估计值.

解 似然函数为

$$\begin{aligned}L(\theta)&=\prod_{i=1}^{n}f(x_i;\theta)\\&=(\theta e^{-\theta x_1})\cdot(\theta e^{-\theta x_2})\cdots(\theta e^{-\theta x_n})(x_1,x_2,\cdots,x_n\geqslant 0)\\&=\theta^n e^{-\theta\sum\limits_{i=1}^{n}x_i}\end{aligned}$$

取对数,得

$$\ln L(\theta)=n\ln\theta-\theta\sum_{i=1}^{n}x_i.$$

求导,得似然方程为

$$\frac{d(\ln L(\theta))}{d\theta}=\frac{n}{\theta}-\sum_{i=1}^{n}x_i=0.$$

解得 θ 的最大似然估计为

$$\hat{\theta} = \frac{1}{\frac{1}{n}\sum_{i=1}^{n} x_i} = \frac{1}{\bar{x}}$$

由样本值可求得

$$\bar{x} = \frac{1}{10}(1\ 050 + 1\ 100 + \cdots + 1\ 150) = 1\ 168$$

故 θ 的最大似然估计值为

$$\hat{\theta} = \frac{1}{1\ 168} \approx 0.000\ 856$$

例 6.9 为估计池塘中鱼数 N,捞取 100 条鱼做记号后重新放入池塘中,充分混合后,再从中捞取 200 条鱼,发现其中有 20 条是做过记号的,试估计池塘中鱼数 N.

解 设 X 表示第二次捞取到做有记号的鱼数,则 X 的分布律为

$$p\{X = x\} = \frac{C_{100}^{x} \cdot C_{N-100}^{200-x}}{C_N^{200}}, x = 0,1,2,\cdots,100$$

令

$$L(x;N) = \frac{C_{100}^{x} \cdot C_{N-100}^{200-x}}{C_N^{200}}$$

取使 $L(x;N)$ 达到最大值的 $\hat{N}$ 作为 N 的估计值.为此,考虑比值

$$\frac{L(x;N)}{L(x;N-1)} = \frac{N^2 - 300N + 20\ 000}{N^2 - 300N + xN}$$

由上式易知:

当 $xN<20\ 000$ 时,$L(x;N)>L(x;N-1)$;

当 $xN>20\ 000$ 时,$L(x;N)<L(x;N-1)$.

因而,取 N 为不超过 $\frac{20\ 000}{x}$ 的最大整数,即 $N=\left[\frac{20\ 000}{x}\right]$ 时,$L(x;N)$ 达到最大,故 $\hat{N}=\left[\frac{20\ 000}{x}\right]$.

题中 $x=20$,故池中鱼数 N 的估计值为 $\hat{N}=\left[\frac{20\ 000}{20}\right]=1\ 000$ 条.

6.2 估计量的评价标准

由于对同一个参数,用不同的估计方法求出的估计量可能不相同,即使用同一种估计方法,得到的估计量也不是唯一的.如何从中选取好的估计量,就需要有评价估计量优良性的标准.下面介绍常用的 3 条评价标准.

一、无偏性

估计量是一个随机变量，其取值是不稳定的，不可能指望它总与被估参数的真实值完全吻合，故希望估计值在被估参数的真值附近波动.当大量重复使用这个估计量进行估计时，估计值的平均值等于被估参数的真值，估计量的这种特性就是无偏性.

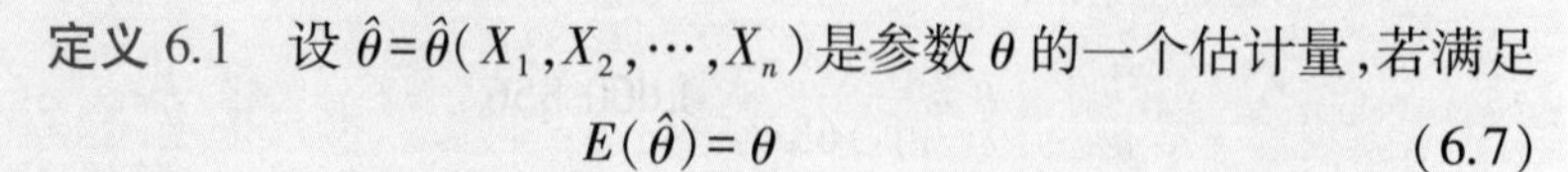

定义 6.1 设 $\hat{\theta}=\hat{\theta}(X_1,X_2,\cdots,X_n)$ 是参数 θ 的一个估计量，若满足

$$E(\hat{\theta})=\theta \tag{6.7}$$

无偏性的含义

则称 $\hat{\theta}$ 是 θ 的一个无偏估计量.否则称 $\hat{\theta}$ 是 θ 的有偏估计量，记$E(\hat{\theta})-\theta$ 为估计量 $\hat{\theta}$ 的偏差.

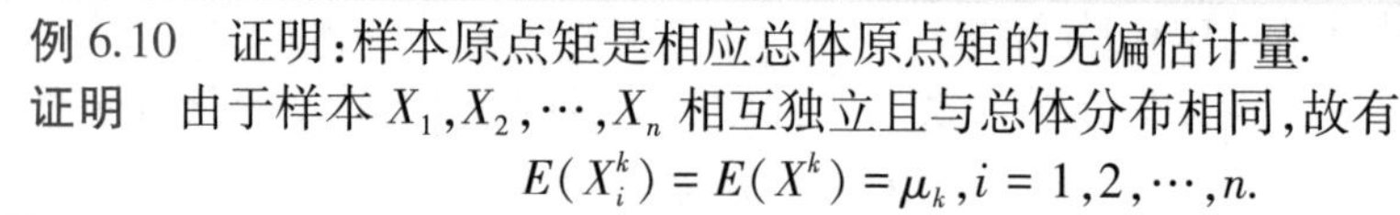

例 6.10 证明：样本原点矩是相应总体原点矩的无偏估计量.

证明 由于样本 $X_1,X_2,\cdots,X_n$ 相互独立且与总体分布相同，故有

$$E(X_i^k)=E(X^k)=\mu_k,i=1,2,\cdots,n.$$

从而

$$E(A_k)=E\left(\frac{1}{n}\sum_{i=1}^{n}X_i^k\right)=\frac{1}{n}\sum_{i=1}^{n}E(X_i^k)=\frac{1}{n}\cdot\sum_{i=1}^{n}\mu_k=\mu_k$$

当 $k=1$ 时，即得到样本均值 $\overline{X}$ 是总体均值 $E(X)$ 的无偏估计量，即 $E(\overline{X})=E(X)$.

例 6.11 设总体 X 的方差 $D(X)=\sigma^2$ 是有限的，证明：样本方差 S^2 是它的无偏估计量.

证明 利用关系式

$$E(X_i)=E(X)=\mu,D(X_i)=D(X)=\sigma^2,E(\overline{X})=\mu,D(\overline{X})=\frac{\sigma^2}{n}$$

及

$$D(X)=E(X^2)-[E(X)]^2,E(X^2)=D(X)+[E(X)]^2$$

得到

$$\begin{aligned}
E(S^2)&=E\left[\frac{1}{n-1}\sum_{i=1}^{n}(X_i-\overline{X})^2\right]\\
&=\frac{1}{n-1}E\left(\sum_{i=1}^{n}X_i^2-2\overline{X}\sum_{i=1}^{n}X_i+\sum_{i=1}^{n}(\overline{X})^2\right)\\
&=\frac{1}{n-1}E\left(\sum_{i=1}^{n}X_i^2-n(\overline{X})^2\right)=\frac{1}{n-1}\left(\sum_{i=1}^{n}E(X_i^2)-nE(\overline{X})^2\right)\\
&=\frac{1}{n-1}\left\{\sum_{i=1}^{n}[D(X_i)+(E(X_i))^2]-n[D(\overline{X})+(E(\overline{X}))^2]\right\}\\
&=\frac{1}{n-1}\left[n\sigma^2+n\mu^2-n\left(\frac{\sigma^2}{n}+\mu^2\right)\right]\\
&=\frac{1}{n-1}(n\sigma^2-\sigma^2)=\sigma^2.
\end{aligned}$$

注意：总体方差的矩估计量是样本二阶中心矩 $B_2=\dfrac{1}{n}\sum_{i=1}^{n}(X_i-\overline{X})^2$，

但 B_2 不是总体方差的无偏估计量.因为

$$E(B_2)=E\left(\frac{n-1}{n}S^2\right)=\frac{n-1}{n}E(S^2)=\frac{n-1}{n}\sigma^2.$$

所以在实际应用中,总是用样本方差 S^2 作为总体方差的估计量.

例 6.12　设总体 $X\sim U[0,\theta]$,$X_1,X_2,\cdots,X_n$ 是一个样本,求 θ 的矩估计量,并判断它是否为 θ 的无偏估计量.

解　由于

$$E(X)=\int_0^\theta x\cdot\frac{1}{\theta}\mathrm{d}x=\frac{\theta}{2}.$$

解得 $\theta=2E(X)$,故 θ 的矩估计量为 $\hat{\theta}=2\overline{X}$.又

$$E(\hat{\theta})=E(2\overline{X})=2E(\overline{X})=2E(X)=2\times\frac{\theta}{2}=\theta$$

所以,$\hat{\theta}=2\overline{X}$ 是 θ 的无偏估计量.

二、有效性

无偏性只表明估计值在被估参数的真值附近波动,而没有反映出波动幅度的大小.一个未知参数可能有很多个无偏估计量,在这些估计量中哪个更好? 为了保证估计值集中在被估参数的真值附近,即分散程度小,就要求估计量的方差越小越好.

定义 6.2　设 $\hat{\theta}_1,\hat{\theta}_2$ 都是 θ 的无偏估计量,若 $D(\hat{\theta}_1)<D(\hat{\theta}_2)$,则称 $\hat{\theta}_1$ 比 $\hat{\theta}_2$ 有效.

例 6.13　设总体 X 的期望和方差分别为 μ,σ^2,X_1,X_2,X_3 是来自 X 的样本,试比较下面关于 μ 的 3 个无偏估计量的有效性.

$$\hat{\mu}_1=\frac{1}{3}(X_1+X_2+X_3)$$

$$\hat{\mu}_2=\frac{1}{2}X_1+\frac{1}{3}X_2+\frac{1}{6}X_3$$

$$\hat{\mu}_3=\frac{1}{3}X_1+\frac{3}{4}X_2-\frac{1}{12}X_3$$

解　3 个估计量的无偏性容易验证.由 $D(X_i)=D(X)=\sigma^2,i=1,2,3$,可得

$$D(\hat{\mu}_1)=\frac{1}{9}(D(X_1)+D(X_2)+D(X_3))=\frac{\sigma^2}{3},$$

$$D(\hat{\mu}_2)=D\left(\frac{1}{2}X_1+\frac{1}{3}X_2+\frac{1}{6}X_3\right)=\frac{1}{4}D(X_1)+\frac{1}{9}D(X_2)+\frac{1}{36}D(X_3)=\frac{7}{18}\sigma^2,$$

$$D(\hat{\mu}_3)=D\left(\frac{1}{3}X_1+\frac{3}{4}X_2-\frac{1}{12}X_3\right)=\frac{1}{9}D(X_1)+\frac{9}{16}D(X_2)+\frac{1}{144}D(X_3)=\frac{49}{72}\sigma^2.$$

可见 $D(\hat{\mu}_1)<D(\hat{\mu}_2)<D(\hat{\mu}_3)$.

所以,这3个无偏估计量中 $\hat{\mu}_1$ 更有效.

一般地,在总体期望 μ 的所有形如 $\sum_{i=1}^{n} a_i X_i$(其中 $\sum_{i=1}^{n} a_i = 1$) 的无偏估计量中,样本均值 $\overline{X}$ 是最有效的.结论放入练习请读者自证.

例 6.14 设 $X_1', X_2', \cdots, X_m'$ 和 $X_1'', X_2'', \cdots, X_n''$ 是来自总体 X 的容量分别为 m,n 的两个样本,其样本均值分别为 $\overline{X}' = \frac{1}{m}\sum_{i=1}^{m} X_i'$ 和 $\overline{X}'' = \frac{1}{n}\sum_{i=1}^{n} X_i''$.若 $m < n$,试比较它们哪个有效?

解 由例 6.10 知,$\overline{X}'$,$\overline{X}''$ 都是总体均值的无偏估计量.又由于

$$D(\overline{X}') = \frac{1}{m}D(X), D(\overline{X}'') = \frac{1}{n}D(X).$$

当 $m<n$ 时,有 $D(\overline{X}'')<D(\overline{X}')$,即 $\overline{X}''$ 比 $\overline{X}'$ 有效.

这个例子说明,估计总体均值时,样本容量大的样本均值比容量小的样本均值有效.

三、相合性

估计量的无偏性与有效性是在样本容量固定时的估计量的性质,当样本容量越大时,自然希望估计值越稳定于被估参数的真值,这就要求估计量满足相合性的要求.

定义 6.3 设 $\hat{\theta}=\hat{\theta}(X_1, X_2, \cdots, X_n)$ 是参数 θ 的一个估计量,若当 $n\to\infty$ 时,$\hat{\theta}$ 依概率收敛于 θ,即对任意 $\varepsilon>0$,有

$$\lim_{n\to\infty} P\{|\hat{\theta}-\theta| \geqslant \varepsilon\} = 0 \tag{6.8}$$

则称 $\hat{\theta}$ 是 θ 的相合估计量(或一致估计量).

相合性反映了估计量在大样本时的特性,即估计值与被估参数的真值相互吻合的程度.式(6.8)说明,只要样本容量 n 足够大,估计量 $\hat{\theta}$ 与被估参数 θ 有较大偏差的可能性非常小.如果一个估计量没有相合性,那么,无论样本容量多大,也不可能把未知参数估计到任意预定的精度.

例 6.15 设总体 X 的均值 μ,方差 σ^2 都存在,$X_1, X_2, \cdots, X_n$ 是 X 的一个样本,试证明:$\overline{X}$ 是 μ 的相合估计量.

证明 因为 $E(\overline{X})=\mu$,$D(\overline{X})=\frac{\sigma^2}{n}$,由切比雪夫不等式有

$$P\{|\overline{X}-\mu| \geqslant \varepsilon\} \leqslant \frac{D(\overline{X})}{\varepsilon^2} = \frac{\sigma^2}{n\varepsilon^2}$$

所以

$$\lim_{n\to\infty} P\{|\overline{X}-\mu|\geqslant\varepsilon\}=0$$

故 $\overline{X}$ 是 μ 的相合估计量.

6.3 区间估计

参数的点估计方法是用一个确定的值(或一个点)去估计未知参数,从而能够得到未知参数的一个近似值.但是,这种近似值的精确程度和误差范围都没有给出,这是点估计的缺陷,而区间估计可以在一定程度上弥补这一不足.

区间估计,是参数估计的一种形式.1934 年,统计学家 J.奈曼创立的一种严格的区间估计理论,通过从总体中抽取的样本,根据一定的可靠度与精确度的要求,构造出适当的区间,以作为总体的分布参数(或参数的函数)的真值所在范围的估计.置信度是这个理论中最为基本的概念.

奈曼

一、区间估计的概念

顾名思义,区间估计就是用一个区间去估计未知参数,即把未知参数值估计在某两界限之间.例如,估计一个人的年龄为 20~25 岁,估计成本为 1 000~1 200 元等.

设总体分布中包含有未知参数 θ,$X_1,X_2,\cdots,X_n$ 是从该总体中抽出的一个样本,θ 的区间估计就是要找到两个统计量 $\hat{\theta}_1(X_1,X_2,\cdots,X_n)$,$\hat{\theta}_2(X_1,X_2,\cdots,X_n)$(满足 $\hat{\theta}_1<\hat{\theta}_2$),将 θ 估计在区间$[\hat{\theta}_1,\hat{\theta}_2]$之内.同时要求:

①θ 落在区间$[\hat{\theta}_1,\hat{\theta}_2]$之内的可能性要尽量大,即概率 $P\{\hat{\theta}_1\leqslant\theta\leqslant\hat{\theta}_2\}$ 要尽量大;概率 $P\{\hat{\theta}_1\leqslant\theta\leqslant\hat{\theta}_2\}$ 反映了估计的可靠度的大小.

②估计的精确度要尽可能高,精确度可以用区间的长度 $\hat{\theta}_2-\hat{\theta}_1$ 来衡量,即要求区间长度 $\hat{\theta}_2-\hat{\theta}_1$ 尽量小.

事实上,这两个要求是相互矛盾的.在样本资源给定的情况下,奈曼提出了一个广泛接受的原则:先保证可靠度,在此基础上,尽量提高精确度.为此有如下定义.

定义 6.4 对于总体 X 分布中的未知参数 θ,$X_1,X_2,\cdots,X_n$ 是 X 的一个样本,对于给定的常数 $\alpha\in(0,1)$,如果有两个统计量

$$\hat{\theta}_1(X_1,X_2,\cdots,X_n),\hat{\theta}_2(X_1,X_2,\cdots,X_n)$$

满足

$$P\{\hat{\theta}_1 \leqslant \theta \leqslant \hat{\theta}_2\} = 1 - \alpha \tag{6.9}$$

则称随机区间$[\hat{\theta}_1,\hat{\theta}_2]$是$\theta$的一个置信度为$1-\alpha$的区间估计或置信区间,$\hat{\theta}_1,\hat{\theta}_2$分别称为置信下限和置信上限,$1-\alpha$称为置信度或置信水平. α称为显著性水平.

注意:①置信区间$[\hat{\theta}_1,\hat{\theta}_2]$是一个随机区间,置信度$1-\alpha$是在求具体置信区间之前给定的,它反映了置信区间包含未知参数θ的可靠程度.

②设$[\hat{\theta}_1,\hat{\theta}_2]$是置信度为95%的置信区间,其含义为:若对样本$X_1$, $X_2,\cdots,X_n$进行100次观察,将这100次的观察值代入$[\hat{\theta}_1,\hat{\theta}_2]$,计算得到100个区间,那么这100个区间中包含$\theta$真值的约占95%,即约95个,不包含$\theta$真值的约占5%,即约5个.

下面仅针对单一正态总体参数来讨论区间估计的方法与应用.

二、正态总体均值μ的区间估计

1.方差σ^2已知时

枢轴量法

因为$\overline{X}$是μ的无偏估计,自然用$\overline{X}$作为μ的点估计.又因为$\overline{X}\sim N\left(\mu,\frac{\sigma^2}{n}\right)$,将它标准化,得统计量

$$U = \frac{\overline{X} - \mu}{\sigma/\sqrt{n}} \sim N(0,1) \tag{6.10}$$

给定置信度$1-\alpha$,由$z_{\frac{\alpha}{2}}=\text{NORMSINV}\left(1-\frac{\alpha}{2}\right)$求出分位数$z_{\frac{\alpha}{2}}$,使得

$$P(|U| \leqslant z_{\frac{\alpha}{2}}) = 1 - \alpha$$

即

$$P\left(\left|\frac{\overline{X} - \mu}{\sigma/\sqrt{n}}\right| \leqslant z_{\frac{\alpha}{2}}\right) = 1 - \alpha$$

亦即

$$P\left(\overline{X} - \frac{\sigma}{\sqrt{n}}z_{\frac{\alpha}{2}} \leqslant \mu \leqslant \overline{X} + \frac{\sigma}{\sqrt{n}}z_{\frac{\alpha}{2}}\right) = 1 - \alpha$$

故μ的置信度为$1-\alpha$的置信区间为

$$\left[\overline{X} - \frac{\sigma}{\sqrt{n}}z_{\frac{\alpha}{2}},\overline{X} + \frac{\sigma}{\sqrt{n}}z_{\frac{\alpha}{2}}\right] \tag{6.11}$$

求正态总体均值的置信区间,当方差已知时,可以按以上过程求得式(6.11)的结果,也可以利用命令函数CONFIDENCE更快捷地得出结果.

方差已知时总体均值的区间估计的命令方法

例 6.16 某零件的长度服从正态分布,从某天生产的一批零件中随机抽取 9 个,测得其平均长度为 21.4 cm,已知总体标准差 $\sigma=0.15$ cm,试求该批零件平均长度 μ 的 95%置信区间.

解 由题给条件已知 $n=9,\overline{X}=21.4,\sigma=0.15$,

又由 $1-\alpha=0.95,\alpha=0.05$,可求得 CONFIDENCE(0.05,0.15,9)=0.098,

而 $\overline{X}$±CONFIDENCE(0.05,0.15,9)=21.4±0.098

故所求 μ 的 95%置信区间为[21.302,21.498].

当然,也可以逐步计算如下:

$$z_{\frac{\alpha}{2}}=z_{0.025}=\text{NORMSINV}(0.975)=1.96$$

由式(6.11),计算得

$$\overline{X}\pm\frac{\sigma}{\sqrt{n}}z_{\frac{\alpha}{2}}=21.4\pm1.96\times\frac{0.15}{\sqrt{9}}=21.4\pm0.098$$

得置信区间为[21.302,21.498].

其含义为估计该批零件平均长度 μ 为 21.302~21.498 cm,这种估计的可靠性约为 95%.

在实际问题中,均值 μ 与方差 σ^2 往往都是未知的,下面讨论在 σ^2 未知的情形下,参数 μ 的区间估计.

2.方差 σ^2 未知时

当 σ^2 未知时,因为 $U=\dfrac{\overline{X}-\mu}{\sigma/\sqrt{n}}$中包含了未知参数 σ,故它不再是统计量.考虑到 S^2 是 σ^2 的无偏估计量,用 S 代替 σ,由定理 5.3 可知统计量

$$T=\frac{\overline{X}-\mu}{S/\sqrt{n}}\sim t(n-1)$$

同样,给定置信度 $1-\alpha$,由 $t_{\frac{\alpha}{2}}(n)=\text{TINV}(\alpha,n)$求出分位数 $t_{\frac{\alpha}{2}}$,使得

$$P\left(\left|\frac{\overline{X}-\mu}{S/\sqrt{n}}\right|\leqslant t_{\frac{\alpha}{2}}\right)=P\left(\overline{X}-\frac{S}{\sqrt{n}}t_{\frac{\alpha}{2}}\leqslant\mu\leqslant\overline{X}+\frac{S}{\sqrt{n}}t_{\frac{\alpha}{2}}\right)=1-\alpha$$

故 μ 的置信度为 $1-\alpha$ 的置信区间为

$$\left[\overline{X}-\frac{S}{\sqrt{n}}t_{\frac{\alpha}{2}},\overline{X}+\frac{S}{\sqrt{n}}t_{\frac{\alpha}{2}}\right]\tag{6.12}$$

例 6.17 已知某种灯泡的寿命服从正态分布,现从一批灯泡中随机抽取 16 只,测得其使用寿命(单位:h)如下:

1 510,1 450,1 480,1 460,1 520,1 480,1 490,1 460

1 480,1 510,1 530,1 470,1 500,1 520,1 510,1 470

试求该种灯泡平均寿命的置信区间($\alpha=0.05$).

解 根据测量结果计算,得

$$\overline{X} = \frac{\sum_{i=1}^{n} X_i}{n} = \frac{23\ 840}{16} = 1\ 490$$

$$S = \sqrt{\frac{\sum_{i=1}^{n} (X_i - \overline{X})^2}{n-1}} = \sqrt{\frac{9\ 200}{16-1}} = 24.77$$

例6.17的电子表格求解过程

由 $\alpha=0.05$,可得 $t_{\frac{\alpha}{2}}(n-1)=t_{0.025}(15)=2.131$,计算得

$$\overline{X} \pm \frac{S}{\sqrt{n}} t_{\frac{\alpha}{2}}(n-1) = 1\ 490 \pm 2.131 \times \frac{24.77}{\sqrt{16}} = 1\ 490 \pm 13.2$$

故该种灯泡平均使用寿命的95%置信区间为[1 476.8,1 503.2].

三、正态总体方差 σ^2 的区间估计

在研究生产的稳定性及加工的精度问题时,需要考虑总体方差的区间估计.一般情况下,总体的均值是未知的,所以这里只讨论当 μ 未知时,对方差 σ^2 的区间估计.

设总体 $X \sim N(\mu,\sigma^2)$,μ,σ^2 都未知,$X_1,X_2,\cdots,X_n$ 是 X 的一个样本,由定理5.3可知,统计量

$$\chi^2 = \frac{(n-1)S^2}{\sigma^2} \sim \chi^2(n-1)$$

对于给定的置信度 $1-\alpha$,由 $\chi^2_\alpha(n)=\text{CHIINV}(\alpha,n)$,求出两个分位数 $\chi^2_{\frac{\alpha}{2}}(n-1)$,$\chi^2_{1-\frac{\alpha}{2}}(n-1)$,如图6.1,使得

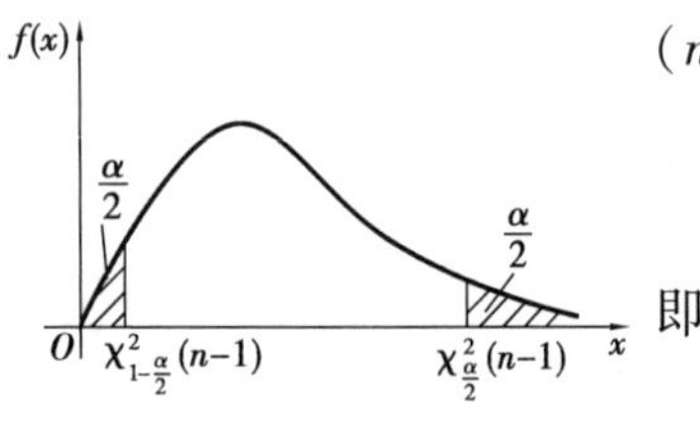

图6.1

$$P\left\{\chi^2_{1-\frac{\alpha}{2}}(n-1) \leqslant \frac{(n-1)S^2}{\sigma^2} \leqslant \chi^2_{\frac{\alpha}{2}}(n-1)\right\} = 1-\alpha$$

即

$$P\left\{\frac{(n-1)S^2}{\chi^2_{\frac{\alpha}{2}}(n-1)} \leqslant \sigma^2 \leqslant \frac{(n-1)S^2}{\chi^2_{1-\frac{\alpha}{2}}(n-1)}\right\} = 1-\alpha$$

故 σ^2 的置信度为 $1-\alpha$ 的置信区间为

$$\left[\frac{(n-1)S^2}{\chi^2_{\frac{\alpha}{2}}(n-1)},\frac{(n-1)S^2}{\chi^2_{1-\frac{\alpha}{2}}(n-1)}\right] \tag{6.13}$$

例6.18 对一种电子产品的某项技术指标进行抽检.从一批产品中随机抽取10件,测试结果如下:

10.1,10.0,9.8,10.5,9.7,10.1,9.9,10.3,10.2,9.9

假设这种产品的该项指标服从正态分布,求方差 σ^2 的95%置信区间.

解 由测试数据,计算得 $S^2=0.058\ 3$

由已知 $\alpha=0.05$,可求得

$$\chi^2_{0.025}(9)=19.03,\chi^2_{0.975}(9)=2.70$$

于是有

$$\frac{(n-1)S^2}{\chi^2_{\frac{\alpha}{2}}(n-1)}=\frac{9\times 0.058\ 3}{19.03}=0.028$$

$$\frac{(n-1)S^2}{\chi^2_{1-\frac{\alpha}{2}}(n-1)}=\frac{9\times 0.058\ 3}{2.70}=0.194$$

故方差 σ^2 的 95%置信区间为[0.028,0.194].

例 6.18 的电子表格求解过程

四、单侧置信限估计

以上给出的置信区间都是双侧的,但是在实际中,有时只需要确定置信下限或置信上限.比如用户只要求某种电子元件的平均寿命不低于某个值,平均寿命过长没有任何问题,这时只关心置信下限,而把上限视为+∞;又如考虑产品的次品率,其平均值太小没有问题,平均值过大就有问题,这时就只关心置信上限,而把下限取为 0.在这类问题中,只须估计参数的单侧置信限就可以了,称为单侧置信限估计.

对于单侧置信限估计,给定置信度 $1-\alpha$,若

$$P\{\theta_1\leqslant\theta\}=1-\alpha$$

则称 θ_1 为参数 θ 的置信度为 $1-\alpha$ 的置信下限;若

$$P\{\theta\leqslant\theta_2\}=1-\alpha$$

则称 θ_2 为参数 θ 的置信度为 $1-\alpha$ 的置信上限.

比如当正态总体 σ^2 未知时,求均值 μ 的置信下限.仍选用统计量

$$T=\frac{\overline{X}-\mu}{S/\sqrt{n}}\sim t(n-1)$$

对于给定的置信度 $1-\alpha$,可求得 $t_\alpha(n-1)=\text{TINV}(2\alpha,n-1)$,注意这里 α 是单尾概率,如图 6.2 所示,使得

$$P\left(\frac{\overline{X}-\mu}{S/\sqrt{n}}\leqslant t_\alpha(n-1)\right)=1-\alpha\text{ 或 }P\left(\frac{\overline{X}-\mu}{S/\sqrt{n}}>t_\alpha(n-1)\right)=\alpha$$

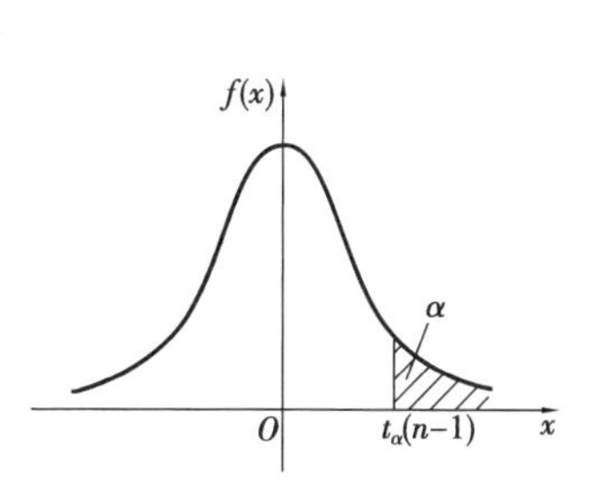

图 6.2

即得

$$P\left(\mu\geqslant\overline{X}-t_\alpha(n-1)\frac{S}{\sqrt{n}}\right)=1-\alpha$$

所以均值 μ 的 $1-\alpha$ 置信下限为 $\overline{X}-t_\alpha(n-1)\frac{S}{\sqrt{n}}$,单侧置信区间为

$$\left[\overline{X}-t_\alpha(n-1)\frac{S}{\sqrt{n}},+\infty\right)\tag{6.14}$$

例 6.19 从某批灯泡中随机取 5 只作寿命试验,结果如下:

1 050,1 100,1 120,1 250,1 280

设灯泡寿命服从正态分布,试求灯泡平均寿命的置信度为95%的置信下限.

解 由于σ^2未知,应用t分布,即利用

$$T=\frac{\overline{X}-\mu}{S/\sqrt{n}}\sim t(n-1)$$

由题中数据,计算可得

$$\overline{X}=1\ 160,S^2=9\ 950$$

注:题中$\alpha=0.05$是单尾概率,故这里$t_{0.05}(5-1)=$TINV(0.1,4).

由$\alpha=0.05$,可得$t_{0.05}(5-1)=2.131\ 8$

根据式(6.14),计算得灯泡平均寿命的置信度为95%的置信区间为$[1\ 065,+\infty)$,置信下限为1 065.

习题6

1.判断题.

①点估计就是用样本的某一个函数值作为总体参数的估计值. ( )

②对总体参数θ进行估计,用矩估计法得到的矩估计量一定是唯一的. ( )

③最大似然估计法的基本思想是:在已经得到实验结果的情况下,应该找使这个结果出现的可能性最大的那个θ值作为θ的估计. ( )

④一个无偏估计量意味着它非常接近总体未知参数. ( )

⑤估计量的无偏性是指估计值与真值相等. ( )

⑥估计量的无偏性是指估计量没有系统偏差. ( )

⑦区间估计就是对于未知参数给出一个范围,并且在一定可靠度下使这个范围包含未知参数的真值. ( )

⑧在参数的区间估计中,置信度与估计精度是一对矛盾,置信度越大,对未知参数的估计精度就越差. ( )

⑨对于总体$X\sim N(\mu,\sigma^2)$,σ^2为已知,μ为未知,设$X_1,X_2,\cdots,X_n$为来自总体X的样本,则μ的置信度为$1-\alpha$的置信区间为$\left[\overline{X}-\frac{\sigma}{\sqrt{n}}z_{\frac{\alpha}{2}},\overline{X}+\frac{\sigma}{\sqrt{n}}z_{\frac{\alpha}{2}}\right]$. ( )

⑩对于总体$X\sim N(\mu,\sigma^2)$,其中μ和σ^2均为未知,设$X_1,X_2,\cdots,X_n$为来自总体X的样本,S^2是样本方差,则方差σ^2的置信度为$1-\alpha$的置信区间为$\left[\frac{(n-1)S^2}{\chi^2_{1-\frac{\alpha}{2}}(n-1)},\frac{(n-1)S^2}{\chi^2_{\frac{\alpha}{2}}(n-1)}\right]$. ( )

2.选择题.

①总体X的均值μ与方差σ^2的矩估计量为( ).

A.$\overline{X},\ \frac{1}{n}\sum_{i=1}^{n}(X_i-\overline{X})^2$ B.$\overline{X},\frac{1}{n-1}\sum_{i=1}^{n}(X_i-\overline{X})^2$

C. $\overline{X},\overline{X}^2$　　　　D. $\overline{X},\dfrac{\overline{X}}{2}$

②设 0,1,0,1,1 为来自二项分布 $B(1,p)$ 的样本观察值,则 p 的矩估计值为(　　).

A. $\dfrac{1}{5}$　　B. $\dfrac{2}{5}$　　C. $\dfrac{3}{5}$　　D. $\dfrac{4}{5}$

③设总体 X 的分布密度为 $f(x)=\begin{cases}\dfrac{1}{\beta}, 0<x<\beta \\ 0, \text{其他}\end{cases}$,1.3,0.6,1.7,2.2,0.3,1.1 为来自这一总体的一组样本观察值,则 β 的矩估计值为(　　).

A. 1.2　　B. 0.6　　C. 0.8　　D. 2.4

④设总体 X 的概率分布为:

X	0	1	2	3
p	θ^2	$2\theta(1-\theta)$	θ^2	$1-2\theta$

样本观察值为 3,1,3,0,3,1,2,3,$\left(\text{其中 } 0<\theta<\dfrac{1}{2}\right)$,那么 θ 的最大似然估计值为(　　).

A. $\dfrac{7-\sqrt{13}}{12}$　　B. $\dfrac{7+\sqrt{13}}{12}$　　C. $\dfrac{7\pm\sqrt{13}}{12}$　　D. 以上都不是

⑤在参数估计中,要求通过统计量来估计总体参数,评价统计量的标准之一是使它与总体参数的离差越小越好.这种评价标准称为(　　).

A. 无偏性　　B. 有效性　　C. 一致性　　D. 充分性

⑥设 $\hat{\theta}$ 为 θ 的无偏估计,且 $D(\hat{\theta})>0$,那么 $\hat{\theta}^2=(\hat{\theta})^2$ 为 θ^2 的(　　)估计.

A. 无偏估计　　B. 有偏估计　　C. 有效估计　　D. 相合估计

⑦设从均值为 μ,方差为 $\sigma^2>0$ 的总体中,分别抽取容量为 n_1,n_2 两个样本,$\overline{X}_1,\overline{X}_2$ 分别为样本均值,那么 $Y=a\overline{X}_1+b\overline{X}_2$,$(a+b=1)$ 为 μ 的(　　).

A. 无偏估计　　B. 有效估计　　C. 有偏估计　　D. 相合估计

⑧对于总体未知参数 θ,用矩估计和最大似然估计所得估计量(　　).

A. 总是相同　　　　B. 总是不同

C. 有时相同有时不同　　　　D. 总是无偏的

⑨设总体 $X\sim N(\mu,\sigma^2)$,$X_1,X_2,\cdots,X_n(n>2)$ 为来自总体 X 的样本,则下列关于 μ 的 4 个无偏估计量最有效的是(　　).

A. $2\overline{X}-X_1$　　B. $\overline{X}$　　C. $\dfrac{X_1+X_2}{2}$　　D. $\dfrac{1}{2}X_1+\dfrac{2}{3}X_2-\dfrac{1}{6}X_3$

⑩设 X_1,X_2,X_3 是取自总体 X 的一个样本,下式中为总体期望的无偏估计量的个数是(　　).

① $\dfrac{1}{5}X_1+\dfrac{3}{10}X_2+\dfrac{1}{2}X_3$　② $\dfrac{1}{3}X_1+\dfrac{1}{4}X_2+\dfrac{5}{12}X_3$　③ $\dfrac{1}{3}X_1+\dfrac{3}{4}X_2-\dfrac{1}{12}X_3$

A. 1　　B. 2　　C. 3　　D. 0

⑪已知总体 X 的期望 $E(X)=0$,方差 $D(X)=\sigma^2$,$X_1,X_2,\cdots,X_n$ 为其简单随机样本,均值为 $\overline{X}$,方差为 S^2.则 σ^2 的无偏估计量为(　　).

A. $n\overline{X}^2+S^2$　　B. $\frac{1}{2}n\overline{X}^2+\frac{1}{2}S^2$　　C. $\frac{1}{3}n\overline{X}^2+S^2$　　D. $\frac{1}{4}n\overline{X}^2+\frac{1}{4}S^2$

⑫无论 σ^2 是否已知,正态总体均值 μ 的置信水平为 $1-\alpha$ 的置信区间的中心都为(　　).

A. μ　　B. $\overline{X}$　　C. σ^2　　D. S^2

⑬置信水平 $(1-\alpha)$ 表达了置信区间的(　　).

A. 准确性　　B. 精确性　　C. 显著性　　D. 可靠性

⑭95%的置信水平是指(　　).

A. 总体参数落在一个特定的样本所构造的区间内的概率是95%

B. 在用同样方法构造的总体参数的多个区间中,包含总体参数的区间比例为95%

C. 总体参数落在一个特定的样本所构造的区间内的概率是5%

D. 在用同样方法构造的总体参数的多个区间中,包含总体参数的区间比例为5%

⑮根据一个具体的样本求出的总体均值95%的置信区间(　　).

A. 以95%的概率包含总体均值　　B. 有5%的可能性包含总体均值

C. 一定包含总体均值　　D. 要么包含总体均值,要么不包含总体均值

⑯下列说法正确的是(　　).

A. 置信水平越大,估计的可靠性越大　　B. 置信水平越大,估计的可靠性越小

C. 置信水平越小,估计的可靠性越大　　D. 置信水平的大小与估计的可靠性无关

⑰对于正态总体 $X\sim N(\mu,\sigma^2)$,其中 σ^2 未知,样本容量 n 与置信水平 $1-\alpha$ 均不变,则对于不同的样本观察值,总体均值 μ 的置信区间长度 L(　　).

A. 变短　　B. 变长　　C. 不变　　D. 不能确定

⑱当样本容量一定时,置信区间的宽度(　　).

A. 随着置信水平的增大而减小　　B. 随着置信水平的增大而增大

C. 与置信水平的大小无关　　D. 与置信水平的平方成反比

⑲当置信水平一定时,置信区间的宽度(　　).

A. 随着样本量的增大而减小　　B. 随着样本量的增大而增大

C. 与样本量的大小无关　　D. 与样本量的平方根成正比

⑳在其他条件相同的条件下,95%的置信区间比90%的置信区间(　　).

A. 要宽　　B. 要窄　　C. 相同　　D. 可能宽也可能窄

3.设总体 X 的概率密度为

$$f(x,\theta)=\begin{cases}(\theta+1)x^{\theta}, & 0<x<1\\ 0, & \text{其他}\end{cases}$$

其中 $\theta>-1$ 未知,$X_1,X_2,\cdots,X_6$ 是 X 的一个样本,试求参数 θ 的矩估计量和最大似然估计量.若有一组样本值0.1,0.2,0.9,0.8,0.7,0.7,求参数 θ 的相应的估计值.

4.设某型号铸件上的瑕疵点数服从参数为 λ 的泊松分布,其中 λ 未知,$\lambda>0$,为测定 λ 的值,检查了100个此种型号铸件上的瑕疵点数,结果如下表:

X	0	1	2	3	4	5	6
频数	14	27	26	20	7	3	3

求 λ 的矩估计值与最大似然估计值.

5.设总体 X 具有分布律

X	1	2	3
P	θ^2	$2\theta(1-\theta)$	$(1-\theta)^2$

其中 $\theta(0<\theta<1)$ 为未知参数.已知取得了样本值 $x_1=1,x_2=2,x_3=1$,试求 θ 的矩估计值和最大似然估计值.

6.设总体 X 的均值 μ 和方差 σ^2 均存在,但是未知,且 $\sigma^2>0,X_1,X_2,\cdots,X_n$ 为 X 的一个样本,求 μ,σ^2 的矩估计量.

7.设随机变量 X 的概率密度函数为:$f(x)=\begin{cases}\dfrac{3x^2}{\theta^3},0<x<\theta\\0,\quad 其他\end{cases}$,其中 $\theta>0$,且 $X_1,X_2,\cdots,X_n$ 是取自总体 X 的简单随机样本,求 θ 的矩估计量.

8.设 $X_1,X_2,\ldots,X_n$ 是总体 X 的一个样本,X 的密度函数为

$$f(x,\theta)=\begin{cases}\dfrac{1}{\theta}e^{-\frac{x}{\theta}},x\geqslant 0\\0,\qquad x<0\end{cases}$$

其中 $\theta>0$ 未知,求 θ 的矩估计量.

9.设 $X_1,X_2,\cdots,X_n$ 为总体 X 的一个样本,$x_1,x_2,\cdots,x_n$ 为一相应的样本值,X 的概率密度为

$$f(x,\theta)=\begin{cases}\sqrt{\theta}x^{\sqrt{\theta}-1},0\leqslant x\leqslant 1,\\0,\qquad 其他\end{cases}$$

其中 $\theta>0,\theta$ 为未知参数.求 θ 的最大似然估计量.

10.某学校第一学期缺课人数 X 是一随机变量,且 $X\sim N(\mu,\sigma^2)$,其中 μ,σ^2 未知,调查取得数据如下表,求参数 μ,σ^2 的最大似然估计值.

X	0	1	2	3	4	5	6
人数	75	90	54	22	6	2	1

11.设总体 X 的概率密度为 $f(x,\theta)=\begin{cases}\dfrac{1}{1-\theta},\theta\leqslant x\leqslant 1\\0,\quad 其他\end{cases}$,其中 θ 为未知参数,$X_1,X_2,\cdots,X_n$ 是来自总体的简单样本.

①求参数 θ 的矩估计量;

②求参数 θ 的最大似然估计量.

12.设 $X_1,X_2,\cdots,X_5$ 是总体 X 的一组样本,$\overline{X}$ 为样本均值,下列统计量是否为总体期望的无偏估计量?

①$X_1+X_3-X_5$;

②$2X_2-X_4$;

③$\frac{1}{3}X_3+\frac{2}{3}\overline{X}$;

④$\frac{3}{2}\overline{X}-\frac{1}{2}X_1$.

13.若总体 $X\sim B(n,p)$,$X_1,X_2,\cdots,X_n$ 是总体 X 的样本,试证明:$\hat{\theta}_1=\frac{X_1}{n}$,$\hat{\theta}_2=\frac{\overline{X}}{n}$都是参数 p 的无偏估计量.

14.设 $\hat{\theta}$ 是 θ 的无偏估计量,且 $D(\hat{\theta})>0$.试证 $\hat{\theta}^2$ 不是 θ^2 的无偏估计量.

15.设总体 $X\sim N(\mu,\sigma^2)$,其中 μ 未知,X_1,X_2,X_3 是 X 的一个样本.判断下列 3 个 μ 的估计量是否为无偏估计量?若是,试比较它们的有效性.

①$\hat{\mu}_1=\frac{2}{5}X_1+\frac{1}{10}X_2+\frac{1}{2}X_3$;

②$\hat{\mu}_2=\frac{1}{5}X_1+\frac{3}{5}X_2+\frac{1}{5}X_3$;

③$\hat{\mu}_3=\frac{1}{10}X_1+\frac{3}{5}X_2+\frac{3}{10}X_3$.

16.证明:在总体期望 μ 的所有形如 $\sum_{i=1}^{n}a_iX_i\left(其中\sum_{i=1}^{n}a_i=1\right)$ 的无偏估计量中,样本均值 $\overline{X}$ 是最有效的.

17.已知幼儿身高服从正态分布,标准差 $\sigma=7$.现从 5~6 岁的幼儿中随机地抽查了 9 人,其身高分别为(单位:cm):

115,120,131,115,109,115,115,105,110

试求身高均值 μ 的 95%置信区间.

18.某车间生产滚珠,从长期实践中知道,滚珠直径 X 服从正态分布 $N(\mu,0.2^2)$,从某天生产的产品中随机抽取 6 个,测得直径如下(单位:mm):

14.7,15.0,14.9,14.8,15.2,15.1

求 μ 的置信度分别为 0.9 和 0.99 的置信区间.

19.设总体的方差 σ^2 已知,问抽取的样本容量 n 应为多大,才能使总体均值 μ 的置信度为0.95的置信区间长度不大于 L.

20.从正态总体中抽取容量为 5 的样本观察值:

6.60,4.60,5.40,5.80,5.50

试求总体均值 μ 的置信区间($\alpha=0.05$).

21.某单位职工每天的医疗费服从正态分布 $N(\mu,\sigma^2)$,现抽查 25 天,统计得 $\overline{X}=170$ 元,$S=30$ 元,求该单位职工每天医疗费均值 μ 的置信区间($\alpha=0.10$).

22. 设某机床加工的零件长度 $X \sim N(\mu, \sigma^2)$，今抽查 16 个零件，测得长度(单位:mm)如下：

$$12.15, 12.12, 12.01, 12.08, 12.09, 12.16, 12.03, 12.01$$
$$12.06, 12.13, 12.07, 12.11, 12.08, 12.01, 12.03, 12.06$$

试求总体方差 σ^2 的 95%置信区间.

23. 在一批铜丝中，随机抽取 9 根，测得其抗拉强度为：

$$578, 582, 574, 568, 596, 572, 570, 584, 578$$

设抗拉强度服从正态分布，求 σ^2 的 95%置信区间.

24. 若估计某行业工人的平均工资，已知标准差为 100 元，问要取多大样本容量，才能使以 95%的把握使得估计的误差不超过 20 元？

25. 某商店为了解居民对某种商品的需要，调查了 100 家住户，得出每户每月平均需要量为 10 kg，标准差为 9 kg. 如果该商店供应 10 000 户，试对居民对该商品的平均需求量进行区间估计($\alpha=0.01$)，并依此考虑最少要准备多少这种商品才能以 99%的概率满足需要？

26. 科学上的重大发现往往是由年轻人做出的，下面列出了自 16 世纪中叶至 20 世纪早期的 12 项重大发现的发现者和他们发现时的年龄.

发现	发现者	发现时间	年龄
①地球绕太阳运转	哥白尼	1543	40
②天文学的基本定律	伽利略	1600	36
③运动原理，微积分	牛顿	1665	23
④电的本质	富兰克林	1746	40
⑤燃烧与氧气关系	拉瓦锡	1774	31
⑥地球是渐进过程演化成的	莱尔	1830	33
⑦自然选择控制演化的证据	达尔文	1858	49
⑧光的场方程	麦克斯威尔	1864	33
⑨放射性	居里	1896	34
⑩量子论	普朗克	1901	43
⑪狭义相对论	爱因斯坦	1905	26
⑫量子论的数学基础	薛定谔	1926	39

设样本来自正态总体，试求重大发现时发现者的平均年龄的置信水平为 0.95 的单侧置信上限.

第 7 章　假设检验

假设检验简介

本章讨论统计推断的另一类重要问题:假设检验.在这里,“假设”是指一个其正确性有待通过样本去判断的陈述;所谓假设检验,就是事先对总体参数或总体分布形式做出一个假设,然后利用样本提供的信息来推断这个假设的正确性.

7.1　问题提法与基本概念

一、问题提法

例 7.1　某工厂有一批产品,共 10 000 件,须经检验后方可出厂.按规定标准,次品率不得超过 5%;今在其中任选 50 件进行检验,发现有次品 4 件;问这批产品能否出厂?

例 7.1 中,假设事先对这批产品次品率的情况一无所知.现在需要根据抽样的次品率(4/50)来推断整批产品的次品率是否超过了 5%? 换言之,可以对整批产品做一个假设:次品率低于 5%.需要根据子样情况来检验所做假设的正确性.

例 7.2　某种建筑材料,其抗断强度以往一直符合正态分布.今改变了配料方案,其抗断强度是否仍符合正态分布?

同样,可以先做出假设:其抗断强度仍符合正态分布.然后通过抽取子样来推断上述假设的正确性.

以上两例的共同特点是:先对总体分布函数中的某些参数或总体的分布函数形式做出某种假设;然后抽取子样,利用子样的有关信息,对假设的正确性进行推断.这种就任何一个总体的未知参数或总体分布所做的假设称为统计假设,简称为假设.若已知总体的分布,就总体分布中所包含的未知参数(如例 7.1)做出的假设称为参数假设,相应的假设检验为参数检验.但在实际问题中,人们往往事先很少知道有关总体的知识,如例 7.2 中,对改变配料方案后,这种建筑材料的抗断强度服从什么分布是未知的,因此只能就总体的未知分布函数的形式做出假设,称为非参数假设,相应的假设检验为非参数检验.

一般而言,如果关于总体有两个假设,二者之间有且仅有一个成立,人们往往将其中的一个称为原假设(或零假设),用 H_0 表示;把另一个称为对立假设,用 H_1 表示,对立假设就是与原假设对立的意思.对立假设也常称为"备择假设",即在拒绝原假设后可供选择的假设.关于原假设与对立假设的区分并不是绝对的,针对具体问题,如何提出原假设往往有多方面的考虑.

就参数假设检验问题的提法,再看几个例子.

例 7.3 有人声称一根金条重 312.5 g.现拿到一架精密天平上重复称 n 次,得出结果 $x_1,x_2,\cdots,x_n$.假设此天平上称出的结果服从正态分布 $N(\mu,\sigma^2)$(这一假设已被承认,不是检验对象),这时要检验的假设为:

$$H_0: \mu = 312.5$$

其中 σ 可以已知,也可以未知.

例 7.4 某工厂某种产品的一项质量指标假设服从正态分布 $N(\mu_1,\sigma^2)$.现在对其制造工艺做了若干变化,人们说结果质量起了变化或有了改进,通过样本来检验一下:

假设修改工艺后,质量指标仍服从正态分布,且只是均值可能有变而方差不变,即分布为 $N(\mu_2,\sigma^2)$,则针对"质量起了变化"这一说法,可设待检验的假设为:

$$H_0: \mu_1 = \mu_2$$

针对"质量有了改进"这一说法,则设待检验的假设为:

$$H_0: \mu_1 \geqslant \mu_2$$

例 7.5 有一个骰子,怀疑它是否均匀.要用投掷若干次的结果去检验它.若以掷出点数的概率分布来表示,所要检验的内容可表示为假设:

$$H_0: p_1 = p_2 = \cdots = p_6 = \frac{1}{6}$$

这意味着把骰子的均匀性解释为:它掷出任何一点的概率都相同.

二、有关概念

如何检验一个统计假设呢? 先看一个例子.

例 7.6 设总体 $X\sim N(\mu,1)$,其中有一个未知参数,即期望 μ,现在欲检验统计假设 $H_0: \mu=0$.

这里只有一个未知参数及一个统计假设,一般将这类检验问题称为显著性检验.为了检验 H_0 的正确性(或真假),需要进行如下工作:

①对总体进行一定次数的观察,获得数据,即抽取子样(不妨设容量 $n=10$).

②由于子样来自总体,反映了总体的分布规律,因此子样中必然包

含有未知参数 μ 的信息.一般而言,直接从子样推断假设 H_0 的正确性是很困难的,还需要对子样进行加工,即构造一个适用于检验假设 H_0 的统计量,为的是将子样中关于未知参数 μ 的信息集中起来.

由于样本均值 $\overline{X}$ 是总体均值 μ 的无偏估计量,且 $D(\overline{X})=\dfrac{1}{n}D(X)=\dfrac{1}{n}$,即 $\overline{X}$ 比样本的每个分量 X_i 更集中地分布在 μ 的周围.

③若从子样观察值计算得到 $\overline{X}$ 的观察值 $\bar{x}=1.01$,那么该如何判断 H_0 的正确性呢?

假定 $H_0(\mu=0)$ 成立,则 $X\sim N(0,1)$, $\overline{X}\sim N(0,0.1)$,此时有

$$P\{|\overline{X}|\geqslant 1.01\}\approx 0.001\,4$$

上式表明:假定 H_0 成立,事件 $\{|\overline{X}|\geqslant 1.01\}$ 的概率约为 0.001 4,实际上不大可能出现!

但我们不能因此而证实 H_0 不成立!因为在假设 H_0 成立的条件下,事件 $\{|\overline{X}|\geqslant 1.01\}$ 的概率确实很小,但这个事件仍然可能发生,只是可能性很小而已.

现在我们面临的问题是,必须根据这一子样的观察值做出一个判断,或说是决断,即接受还是拒绝 H_0?当 H_0 成立时我们接受它,不成立时就拒绝它.

一般可以这样处理:给定一个临界概率 $\alpha(0<\alpha<1)$,如果在 H_0 成立的条件下,出现观察到的事件的概率 $\leqslant\alpha$,就拒绝 H_0.

这个临界概率 α 也称为显著性水平或简称为水平,一般应取 α 为一个较小的数.

以上处理方法的基本思想是应用小概率原理.所谓小概率原理,是指发生概率很小的随机事件在一次试验中是几乎不可能发生的.在假设 H_0 成立的条件下,如果出现了概率很小的事件,就怀疑 H_0 不成立!

这里,检验水平 α 的意义是把概率不超过 α 的事件当作一次试验中实际不会发生的"小概率事件",从而当这样的事件发生时就拒绝原假设 H_0.但是,在一次试验中,小概率事件并非一定不发生,只不过它发生的概率不超过 α 而已.因此,依据小概率原理进行实际推断可能会犯错误!在做假设检验时,一般有两种类型的错误:当 H_0 成立时,我们拒绝它,这类错误称为第一类错误,或称"弃真"的错误;当 H_0 不成立时,我们接受它,这类错误称为第二类错误,或称"取伪"的错误.显然,当 H_0 成立时,只有发生了概率不超过 α 的事件时,我们才拒绝它,故犯第一类错误的概率

$$P\{拒绝 H_0 \mid H_0 真\}\leqslant\alpha$$

即 α 就是犯第一类错误的概率上限,因此,显著性水平 α 可以用来控制

犯第一类错误的可能性大小.

在确定检验法则时,自然希望犯这两类错误的概率越小越好.但当样本容量固定时,若减少犯第一类错误的概率则犯第二类错误的概率往往增大,反之亦然;若要使犯这两类错误的概率都减小,唯一的办法是增加样本容量.一般采取的基本原则是"保一望二",意思是在控制 α 前提下尽量减小犯第二类错误的概率.该原则的含义是,原假设要受到维护,使它不致被轻易否定,若要否定原假设,必须有充分的理由,即某一小概率事件发生了;若接受原假设,只说明否定它的理由还不充分.

三、假设检验的基本步骤

由例 7.6 可以看到,假设检验基本步骤如下:

①提出原假设 H_0.

②构造一个合适的统计量 U,并对子样进行观察,计算出统计量的观察值 U_0.

③在 H_0 成立的条件下,计算 P 值,即概率 $P\{|U| \geqslant |U_0|\}$.

④比较 P 值与 α(事先已给定)的大小,作出决断.当 P 值$\leqslant \alpha$ 时拒绝 H_0,否则就接受 H_0.

历史上,由于统计量 U 的分布往往很复杂,要计算出概率 $P\{|U| \geqslant |U_0|\}$ 是很困难的.人们在实际处理中,引入了临界值这一概念,针对一些特殊的水平 α,比如 0.01,0.05,0.10 等,通过查表求临界值来作出判断.当给定显著水平 α 后,求出一个常数 C,使得

$$P\{|U| \geqslant C\} = \alpha \tag{7.1}$$

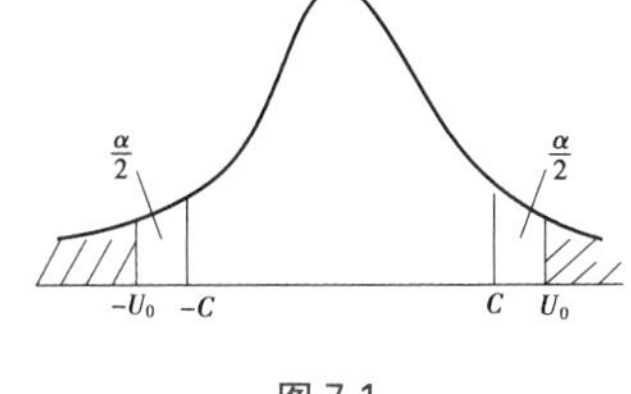

图 7.1

式(7.1)中的常数 C 称为临界值.当样本观察值 $U_0 \in (-\infty, -C) \cup (C, +\infty)$,即 $|U_0|>C$ 时,显然有 $\{|U| \geqslant |U_0|\} \subset \{|U| \geqslant C\}$,由概率的性质,有

$$P\{|U| \geqslant |U_0|\} \leqslant p\{|U| \geqslant C\} = \alpha \tag{7.2}$$

式(7.2)的意义如图 7.1 所示(这里不妨设 U 的分布密度曲线是对称的且 $U_0>C$).

由此,当 $|U_0| \geqslant C$ 时,拒绝 H_0.一般而言,拒绝原假设 H_0 的区域称为拒绝域,接受 H_0 的区域称为接受域,如图 7.2 所示.

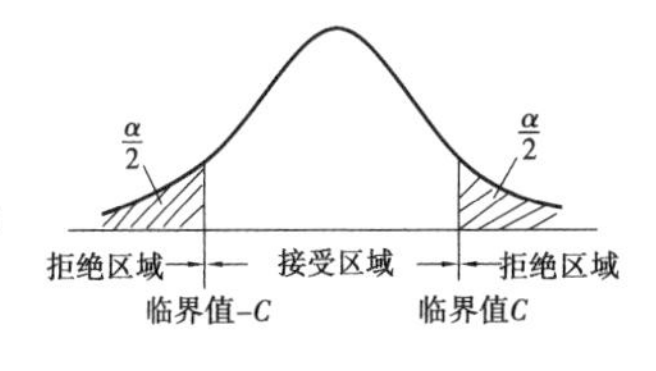

图 7.2

引入临界值概念后,假设检验也可按如下步骤进行:

①提出原假设 H_0.

②构造一个合适的统计量 U,确定在 H_0 成立的条件下,该统计量所服从的分布;并对子样进行观察,计算出统计量的观察值 U_0.

③给出一个显著水平 α;按照(7.1)式要求,求出临界值 C.

④做出决断.当 U_0 在拒绝域内,即 $|U_0| \geqslant C$ 时拒绝 H_0,否则就接受 H_0.

* 四、双侧检验和单侧检验

在假设检验中,常有两种情形,一种双侧检验;一种单侧检验.

就总体均值的检验而言,有3种情况:

①$H_0: \mu=\mu_0; H_1: \mu \neq \mu_0$.

②$H_0: \mu \geqslant \mu_0; H_1: \mu<\mu_0$.

③$H_0: \mu \leqslant \mu_0; H_1: \mu>\mu_0$.

1.双侧检验

双侧检验指的是,$H_0: \mu=\mu_0, H_1: \mu \neq \mu_0$.即假定总体均值$\mu$等于某一数值$\mu_0$,若样本均值大于或小于$\mu_0$的幅度很显著时,则都拒绝原假设.在双侧检验中,有两个拒绝区域,如图7.2所示.如果统计量观察值落在任一拒绝区域内,都拒绝原假设.

那么,什么时候使用双侧检验呢?例如某一灯具厂的生产经理希望生产出的日光灯的平均寿命为1 200 h.因为在市场上,如果寿命小于1 200 h,就会降低竞争能力,而要在1 200 h的基础上再提高产品寿命,则必须增加单位成本.为了既不增加成本,又能保证灯具寿命,就要严格控制生产工艺过程,使其正常生产.生产经理从产品中随机抽取了一个样本,用来检验假设$H_0: \mu=1\ 200$.由于生产经理希望大于或小于1 200 h的任何一种情况,都尽量减少,因此,这时只能选择双侧检验方法.也就是说,无论样本中日光灯的平均寿命大于1 200 h过多,还是小于1 200 h过多,都将拒绝原假设.

2.单侧检验

单侧检验是指在某些不适合使用双侧检验的情况下,所采用的一种检验方法,一般分两种情况:一种是所考察的数值越大越好.例如某单位购买的灯泡的使用寿命,轮胎的行驶里程数等.另一种是数值越小越好,例如废品率、生产成本等.单侧检验可分为左侧检验和右侧检验两种,它们都只有一个拒绝区域.

(1)左侧检验

通常情况下,如果原假设是$H_0: \mu \geqslant \mu_0; H_1: \mu<\mu_0$,就使用左侧检验.拒绝区域在临界值左端,如图7.3所示.

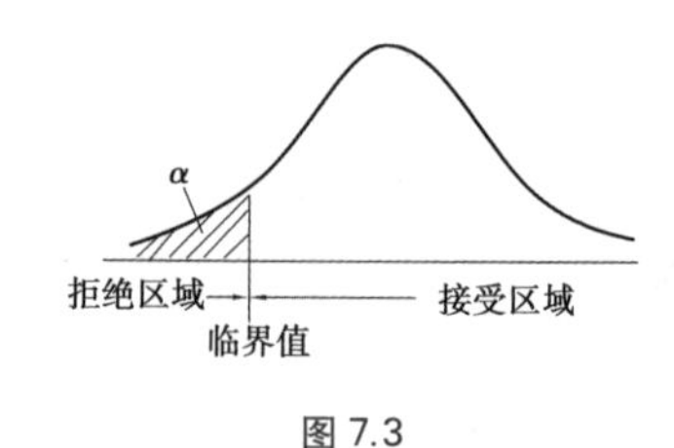

图7.3

仍以上面的灯具寿命问题为例,现某单位从如上厂家订购了一批日光灯,如果这批产品的平均寿命在1 200 h以下,就决定拒绝这批产品;如果平均寿命在1 200 h以上,就接受这批产品,因此,该单位做了如下假设:原假设为$H_0: \mu \geqslant 1\ 200$ h,对立假设为$H_1: \mu<1\ 200$ h.只有当所抽取的灯泡的平均寿命低于1 200 h较多时,才会拒绝H_0.

(2)右侧检验

与左侧检验相反,如果假设为 $H_0: \mu \leqslant \mu_0$;$H_1: \mu > \mu_0$,就使用右侧检验.右侧检验的拒绝区域如图 7.4 所示.

图 7.4

7.2 正态总体参数的检验

考虑到正态总体的广泛性,本节仅就正态总体的两个参数均值 μ 及方差 σ^2,详细地介绍几种常用的检验方法.为简单起见,仅介绍双侧检验的情形.

假设检验时应注意的问题

一、均值的检验

1.方差已知,关于均值 μ 的检验

设样本 $X_1, X_2, \cdots, X_n$ 来自正态总体 $N(\mu, \sigma^2)$,总体方差 σ^2 已知,现欲检验假设 $H_0: \mu = \mu_0$.

当 H_0 成立时,由于总体 $X \sim N(\mu_0, \sigma^2)$,根据抽样分布定理,样本均值 $\overline{X} \sim N\left(\mu_0, \dfrac{\sigma^2}{n}\right)$.从而统计量 $U = \dfrac{\overline{X} - \mu_0}{\sigma/\sqrt{n}} \sim N(0,1)$.利用服从正态分布(或渐近正态分布)的统计量 U 进行假设检验的方法称为 U 检验法.具体步骤如下:

区间估计与假设检验的联系和区别

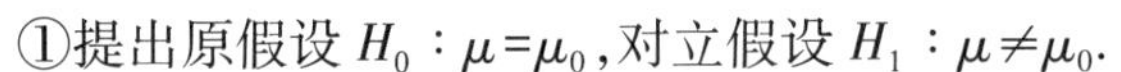

①提出原假设 $H_0: \mu = \mu_0$,对立假设 $H_1: \mu \neq \mu_0$.

②选取统计量 $U = \dfrac{\overline{X} - \mu_0}{\sigma/\sqrt{n}}$,当 H_0 成立时,$U \sim N(0,1)$.

③当 H_0 成立时,计算统计量 U 的观察值 U_0,进一步计算 P 值.

④作出决断.当 P 值 $\leqslant \alpha$ 时拒绝 H_0,否则就接受 H_0;若拒绝 H_0,则接受 H_1.

例 7.7 某市历年来对 7 岁男孩的统计资料表明,他们的身高服从均值为 1.32 m、标准差为 0.12 m 的正态分布.现从各个学校随机抽取 25 个 7 岁男学生,测得他们的平均身高为 1.36 m,若已知今年全市 7 岁男孩身高的标准差仍为 0.12 m,问与历年 7 岁男孩的身高相比是否有显著差异?($\alpha = 0.05$)

解 从题中已知,$\overline{X} = 1.36$ m,$\mu_0 = 1.32$ m,$\sigma = 0.12$ m,$n = 25$.

待检验的假设为:$H_0: \mu = 1.32$,$H_1: \mu \neq 1.32$.

在 H_0 成立的条件下,统计量

$$U = \frac{\overline{X} - 1.32}{0.12/\sqrt{25}} \sim N(0,1).$$

注:对给定的 $\alpha=0.05$,可求得临界值 $C=z_{\frac{\alpha}{2}}=1.96$,同样因 $|U_0|=1.67<1.96$,得出不能否定原假设 H_0 的结论.

由已知数据可算得统计量 $U_0=\dfrac{1.36-1.32}{0.12/\sqrt{25}}=1.67$.

利用命令 NORMSDIST,可求得 P 值:

$$P\text{ 值}=P\{|U|\geqslant 1.67\}=2(1-P\{U<1.67\})\approx 0.095$$

因 $0.095>\alpha=0.05$,故不能否定原假设 H_0,即不能认为今年7岁男孩平均身高与历年7岁男孩平均身高有显著差异.

注:利用命令 ZTEST 可以非常方便地求出 P 值.

ZTEST 命令及例 7.8 的电子表格求解方法

例 7.8 某百货商场的日销售额(单位:万元)服从正态分布,去年的日均销售额为53.6,方差为36,今年随机抽查了10个日销售额,分别是

57.2,57.8,58.4,59.3,60.7,71.3,56.4,58.9,47.5,49.5

根据经验,方差没有变化,问今年的日均销售额与去年相比有无显著变化?($\alpha=0.05$)

解 待检验的假设是

$$H_0:\mu=53.6$$

在 H_0 成立的条件下,统计量

$$U=\frac{\overline{X}-53.6}{6/\sqrt{10}}\sim N(0,1).$$

由于

$$\overline{X}=\frac{1}{10}(57.2+57.8+58.4+59.3+60.7+71.3+56.4+58.9+47.5+49.5)$$
$$=57.7$$

$$U_0=\frac{57.7-53.6}{6/\sqrt{10}}=2.16$$

可计算 P 值,得

$$P\{|U|\geqslant 2.16\}\approx 0.0307<0.05$$

故拒绝原假设 H_0,即认为今年的日均销售额与去年不同.

2.方差未知,关于均值 μ 的检验

在许多实际问题中,总体的方差往往是未知的,要想检验 $H_0:\mu=\mu_0$,这时,用样本方差代替总体方差,由定理5.3知,当 H_0 成立时,统计量

$$T=\frac{\overline{X}-\mu_0}{S/\sqrt{n}}\sim t(n-1) \tag{7.3}$$

因为这个 T 统计量服从 t 分布,所以称为 t 检验法.具体步骤如下:

①提出原假设 $H_0:\mu=\mu_0$,对立假设 $H_1:\mu\neq\mu_0$.

②选取统计量 $T=\dfrac{\overline{X}-\mu_0}{S/\sqrt{n}}$,当 H_0 成立时,$T\sim t(n-1)$.

③当 H_0 成立时,计算统计量 T 的观察值 T_0,进一步计算 P 值 $P\{|T|\geqslant|T_0|\}$.

④作出决断.当 P 值 $\leqslant\alpha$ 时拒绝 H_0,否则就接受 H_0.

TDIST 函数命令

例 7.9 某工厂生产一批钢材时,已知这种钢材强度 X 服从正态分布,今从中抽取 10 件,测得数据为(单位:kg/cm^2):

48.5,49.0,53.5,49.5,56.0,52.5,51.7,47.5,54.5,55.3

那么,能否认为这批钢材的平均强度为 52 kg/cm^2?($\alpha=0.05$)

解 这里 $X\sim N(\mu,\sigma^2)$,方差 σ^2 未知,待检验的假设为

$$H_0:\mu=52$$

又根据样本数据,算得 $\overline{X}=51.8$,$S^2=\dfrac{1}{n-1}\sum\limits_{i=1}^{n}(X_i-\overline{X})^2=9.23$

以及

$$|T_0|=\frac{|\overline{X}-52|}{S/\sqrt{10}}=\frac{|51.8-52|}{\sqrt{9.23}/\sqrt{10}}\approx 0.208$$

利用函数命令 TDIST,可求得 P 值:

$$P\{|T|\geqslant 0.208\}\approx 0.84>0.05$$

因此,接受 H_0,即可认为这批钢材的平均强度为 52 kg/cm^2.

注:也可以求出临界值 $t_{\frac{\alpha}{2}}(10-1)=t_{0.025}(9)=2.262$,由于 $0.208<2.262$,所以接受 H_0.

注:做假设检验时,若样本容量比较小,则需要给出统计量的精确分布,而对于样本容量较大的情形,则可利用统计量的极限分布作为近似.本例中,当总体方差未知时检验均值,由于$n=6$,用 t 检验法是恰当的;随着样本容量 n 的增大,t 分布趋近于标准正态分布,所以在大样本情况下($n>30$),总体方差未知时对均值 μ 的假设检验通常近似采用 U 检验法.同样,大样本情况下非正态总体均值的检验也可用 U 检验法.因为,根据大样本的抽样分布定理,总体分布形式不明或为非正态总体时,样本均值的分布趋近于正态分布.这时,检验统计量 U 中的总体标准差 σ 用样本标准差 S 来代替.

3.两个正态总体均值差的检验

设 $X_1,X_2,\cdots,X_m$ 是从正态总体 $N(\mu_1,\sigma_1^2)$ 中抽出的样本,$Y_1,Y_2,\cdots,Y_n$ 是从正态总体 $N(\mu_2,\sigma_2^2)$ 中抽出的样本,σ_1^2,σ_2^2 可以已知,也可以未知,要求检验假设 $H_0:\mu_1=\mu_2$,即比较两个正态总体的均值是否有显著差异.

对此分两种情形讨论.

①当总体方差 σ_1^2,σ_2^2 已知时,用 U 检验法:

由于 $\overline{X}\sim N\left(\mu_1,\dfrac{\sigma_1^2}{m}\right)$,$\overline{Y}\sim N\left(\mu_2,\dfrac{\sigma_2^2}{n}\right)$,且 $\overline{X},\overline{Y}$ 相互独立,由定理 5.4①知,当 H_0 成立时,统计量

$$U=\frac{(\overline{X}-\overline{Y})}{\sqrt{\dfrac{\sigma_1^2}{m}+\dfrac{\sigma_2^2}{n}}}\sim N(0,1) \tag{7.4}$$

②当总体方差 σ_1^2,σ_2^2 未知,但 $\sigma_1^2=\sigma_2^2=\sigma^2$ 时,用 t 检验法:

由于

$$\frac{(\overline{X}-\overline{Y})-(\mu_1-\mu_2)}{\sqrt{\dfrac{\sigma_1^2}{m}+\dfrac{\sigma_2^2}{n}}}=\frac{(\overline{X}-\overline{Y})-(\mu_1-\mu_2)}{\sigma\cdot\sqrt{\dfrac{1}{m}+\dfrac{1}{n}}}$$

因 σ 未知,故用按自由度加权计算的样本方差均值

$$S_w^2=\frac{(m-1)S_1^2+(n-1)S_2^2}{m+n-2}$$

来代替 σ^2,由定理 5.4 知,当 H_0 成立时,统计量

$$T=\frac{(\overline{X}-\overline{Y})}{\sqrt{\dfrac{(m-1)S_1^2+(n-1)S_2^2}{m+n-2}}\cdot\sqrt{\dfrac{1}{m}+\dfrac{1}{n}}}\sim t(m+n-2) \quad (7.5)$$

同前面一个正态总体均值的检验情形一样,对给定的水平 α,求出 P 值或临界值,进行决断.若接受 H_0(或认为 H_0 是相容的),则认为两个总体的均值没有显著差异;拒绝 H_0,则认为两个正态总体的均值有显著差异.

例 7.10　由长期积累的资料知道,甲、乙两城市 20 岁男青年的体重都服从正态分布,并且标准差分别为 14.2 kg 和 10.5 kg,现各随机抽取 27 名 20 岁男青年,测得平均体重分别为 65.4 kg 和 54.7 kg,问甲、乙两城市 20 岁男青年的平均体重有无显著差异?($\alpha=0.05$)

解　已知 $X\sim N(\mu_1,14.2^2)$,$Y\sim N(\mu_2,10.5^2)$,待检验假设为

$$H_0:\mu_1=\mu_2$$

将已知数据 $\overline{X}=65.4$ kg,$\overline{Y}=54.7$ kg,$m=n=27$ 代入统计量,得

$$U=\frac{\overline{X}-\overline{Y}}{\sqrt{\dfrac{\sigma_1^2}{m}+\dfrac{\sigma_2^2}{n}}}=\frac{65.4-54.7}{\sqrt{\dfrac{14.2^2+10.5^2}{27}}}\approx 3.15$$

对于 $\alpha=0.05$,可求得 P 值为 $0.001\,6<0.05$,或求得临界值 $z_{\frac{\alpha}{2}}=1.96$,有 $3.15>1.96$,所以拒绝假设 H_0,即认为甲、乙两城市 20 岁男青年的平均体重有显著差异.

例 7.11　为研究正常成年男女血液红细胞平均数(单位:万/mm^3)的差别,检查某地成年男子 156 名、女子 74 名;计算得男子红细胞平均数为 465.13,子样方差为 3 022.414 4;女子红细胞平均数为 422.16,子样方差为 2 453.799 4.试检验该地正常成年人的红细胞的平均数是否与性别有关?($\alpha=0.01$)

解　设总体 X 表示正常成年男性的红细胞平均数,总体 Y 表示正常成年女性的红细胞平均数.由经验可知,X、Y 均服从正态分布,且方差相同.

现要求检验 $H_0:\mu_1=\mu_2$.

由已知有

$$m=156,\overline{X}=465.13,S_1^2=3\ 022.414\ 4;$$
$$n=74,\overline{Y}=422.16,S_2^2=2\ 453.799\ 4.$$

代入式(7.5),计算得

$$T=\frac{\overline{X}-\overline{Y}}{\sqrt{\frac{(m-1)S_1^2+(n-1)S_2^2}{m+n-2}}\cdot\sqrt{\frac{1}{m}+\frac{1}{n}}}\approx 5.7$$

两个正态总体均值差的检验宏命令方法示例

自由度 $m+n-2=156+74-2=228$,可求得临界值:

$$C=t_{0.005}(228)=\text{TINV}(0.01,228)\approx 2.597$$

由于 5.73>2.597,所以拒绝 H_0,即认为该地正常成年人红细胞的平均数与性别有关.

以上计算比较复杂烦琐,实际工作中利用 Excel 软件提供的数据分析宏命令比较方便.

二、方差的检验

方差的检验包括一个正态总体的方差的检验和两个正态总体的方差比的检验.在许多实际问题中,常常要求检验关于方差的假设,如当一种产品的质量问题主要在于波动太大时,就可能需要检验方差;方差比的检验可用于检验关于两个方差相等的假设(如前面对两个总体的均值进行检验的情形)是否合理等.

1.一个正态总体的方差的检验

设总体 $X\sim N(\mu,\sigma^2)$,其中 μ,σ^2 均未知,要检验的假设为 $H_0:\sigma^2=\sigma_0^2$.

由定理 5.3,当 H_0 成立时,统计量

$$\chi^2=\frac{(n-1)S^2}{\sigma_0^2}\sim\chi^2(n-1) \tag{7.6}$$

由于 χ^2 分布密度不对称,故不宜用 P 值进行判断.

若显著水平为 α,则由

$$P\left\{\chi_{1-\frac{\alpha}{2}}^2(n-1)\leqslant\frac{(n-1)S^2}{\sigma_0^2}\leqslant\chi_{\frac{\alpha}{2}}^2(n-1)\right\}=1-\alpha \tag{7.7}$$

并且

$$P\{\chi^2<\chi_{1-\frac{\alpha}{2}}^2(n-1)\}=P\{\chi^2>\chi_{\frac{\alpha}{2}}^2(n-1)\}=\frac{\alpha}{2} \tag{7.8}$$

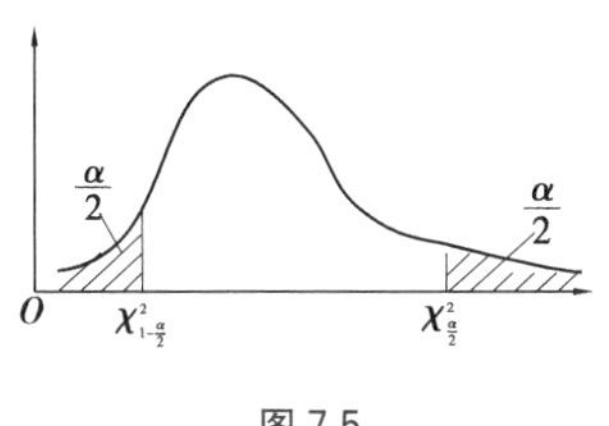

图 7.5

可以利用命令 $\chi_\alpha^2(n)=\text{CHIINV}(\alpha,n)$,求得两个临界值 $\chi_{1-\frac{\alpha}{2}}^2$ 及 $\chi_{\frac{\alpha}{2}}^2$,如图 7.5所示.

根据样本观察值,计算统计量 $\chi^2=\frac{(n-1)S^2}{\sigma_0^2}$ 的值.

当$\chi^2_{1-\frac{\alpha}{2}}<\chi^2<\chi^2_{\frac{\alpha}{2}}$时，则 H_0 相容，否则，就拒绝 H_0. 由于用到的统计量服从χ^2 分布，故称这种方法为χ^2 检验法.

例 7.12 已知维尼纶纤度在正常条件下服从正态分布 $N(1.405, 0.048^2)$，某日抽取 10 根纤维，测得其纤度如下：

1.32，1.55，1.36，1.40，1.44，1.38，1.47，1.29，1.51，1.45

问这一天纤维的总标准差是否正常？（$\alpha=0.10$）

解 待检验假设为

$$H_0: \sigma^2 = \sigma_0^2 = 0.048^2$$

当 H_0 成立时，统计量

$$\chi^2 = \frac{(n-1)S^2}{\sigma_0^2} \sim \chi^2(n-1)$$

对于 $\alpha=0.10$，参考例 6.18 电子表格求法，容易算得：

$$\chi^2_{1-\frac{\alpha}{2}}(n-1) = \chi^2_{0.95}(9) = 3.325, \chi^2_{\frac{\alpha}{2}}(n-1) = \chi^2_{0.05}(9) = 16.919$$

$$\overline{X} = 1.417, S^2 = 0.006\ 8$$

$$\chi^2 = \frac{(n-1)S^2}{\sigma_0^2} = \frac{9 \times 0.006\ 8}{0.048^2} \approx 26.567$$

由于$\chi^2=26.567>16.919$，故拒绝 H_0，即认为总体标准差显著地变大了.

2.两个正态总体的方差比的检验

设总体 X,Y 相互独立，且 $X\sim N(\mu_1,\sigma_1^2)$，$Y\sim N(\mu_2,\sigma_2^2)$，从两个总体中分别抽取容量为 m,n 的样本$(X_1,X_2,\cdots,X_m)$，$(Y_1,Y_2,\cdots,Y_n)$，其样本均值分别为 $\overline{X},\overline{Y}$，样本方差为 S_1^2,S_2^2，要检验的假设为 $H_0:\sigma_1^2=\sigma_2^2$.

很自然地，想到应用它们的估计量 S_1^2 和 S_2^2 来进行比较. 若假设 H_0 成立，则它们二者的比值不能太大，也不能太小，即统计量 $F=S_1^2/S_2^2$ 的值不应太大或大小.

由定理 5.4 知，当 H_0 成立时，统计量

$$F = \frac{S_1^2}{S_2^2} \sim F(m-1,n-1) \tag{7.9}$$

与χ^2 检验法类似，由于 F 分布密度也不对称，故不宜使用 P 值来进行判断.

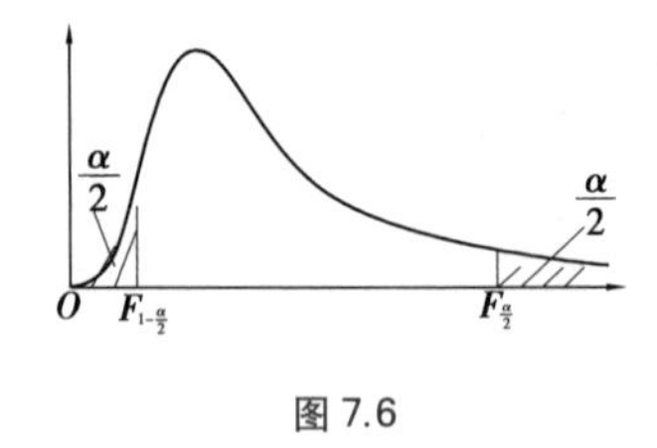

图 7.6

给定 α，利用命令 $F_\alpha(n_1,n_2)=\text{FINV}(\alpha,n_1,n_2)$，求出临界值 $F_{\frac{\alpha}{2}}$ 及 $F_{1-\frac{\alpha}{2}}$，如图 7.6 所示，使它们满足

$$p\left\{F > F_{\frac{\alpha}{2}}\right\} = p\left\{F < F_{1-\frac{\alpha}{2}}\right\} = \frac{\alpha}{2} \tag{7.10}$$

然后根据样本数据计算统计量 F 的值，若 $F_{1-\frac{\alpha}{2}}<F<F_{\frac{\alpha}{2}}$，则接受假设 H_0，否则拒绝. 由于检验中用到的统计量服从 F 分布，故称这种方法为 F 检验法.

例 7.13　在例 7.11 中，假设男女红细胞数分布的方差相等，现在就来检验这一假设：$H_0: \sigma_1^2=\sigma_2^2$；

这里，$F=\dfrac{S_1^2}{S_2^2}=\dfrac{3\ 022.414\ 4}{2\ 453.799\ 4}\approx 1.23$

若给定 $\alpha=0.10$，自由度为(155,73)，则可得

$$F_{0.95}(155,73)\approx 0.726, F_{0.05}(155,73)\approx 1.41$$

可见：$0.726<F=1.23<1.41$，故接受 H_0.

一般地，对于两个正态总体，如果它们的方差是未知的而且需要比较它们的均值是否相等时，可以先用 F 检验法检验它们的方差是否一致，如果检验结果是接受方差相等这一假设，则再用 t 检验法比较它们的均值.

例 7.14　从甲校新生中随机抽取 11 名学生，得知其平均成绩 $\overline{X}_1=78.3$ 分，方差 $S_1^2=53.14$.从乙校新生中抽取 11 名学生，得知其平均成绩 $\overline{X}_2=80.0$ 分，方差 $S_2^2=60.22$.在显著水平 $\alpha=0.1$ 下，检验这两校新生平均成绩有无显著差异.

解　在本例中，总体方差未知，可以先检验两总体的方差是否相等，即检验两总体的方差有无显著差异，然后检验两总体的均值有无显著差异.

①首先检验总体方差是否相等，待检验假设为

$$H_0: \sigma_1^2=\sigma_2^2$$

统计量 $F=\dfrac{S_1^2}{S_2^2}\sim F(10,10)$，对于给定的 $\alpha=0.10$，求得临界值

$$F_{\frac{\alpha}{2}}=2.978, F_{1-\frac{\alpha}{2}}=0.336$$

由样本数据，计算得 $F=\dfrac{S_1^2}{S_2^2}=\dfrac{53.14}{60.22}=0.882\ 4$

显然 $0.336<F<2.978$，故接受 H_0，即认为两校新生成绩方差无显著差异.

②检验总体均值，待检验假设为

$$H_0: \mu_1=\mu_2$$

由样本数据，计算得

$$T=\frac{\overline{X}-\overline{Y}}{\sqrt{(m-1)S_1^2+(n-1)S_2^2}}\cdot\sqrt{\frac{mn(m+n-2)}{m+n}}\approx -0.015\ 73$$

对于水平 $\alpha=0.10$，自由度为 20，求得临界值为 1.725.

由于 $|T|<1.725$，接受 H_0，即在显著水平 $\alpha=0.10$ 下，两校新生平均成绩无显著差异.

现将本节所介绍的检验方法列表如下，见表 7.1.

表 7.1 正态总体参数的假设检验

检验参数	假设 H_0	统计量	分布
均值 μ	$\mu=\mu_0$ ($\sigma=\sigma_0$)	$U=\dfrac{\overline{X}-\mu_0}{\sigma_0/\sqrt{n}}$	$N(0,1)$
	$\mu_1=\mu_2$ (σ_1,σ_2 已知)	$U=(\overline{X}-\overline{Y})/\sqrt{\dfrac{\sigma_1^2}{m}+\dfrac{\sigma_2^2}{n}}$	
	$\mu=\mu_0$ (σ^2 未知)	$T=\dfrac{\overline{X}-\mu_0}{S/\sqrt{n}}$	$t(n-1)$
	$\mu_1=\mu_2$ $\sigma_1=\sigma_2$ 未知	$T=\dfrac{\overline{X}-\overline{Y}}{\sqrt{(m-1)S_1^2+(n-1)S_2^2}}\sqrt{\dfrac{mn(m+n-2)}{m+n}}$	$t(m+n-2)$
方差 σ^2	$\sigma^2=\sigma_0^2$	$\chi^2=\dfrac{(n-1)S^2}{\sigma_0^2}$	$\chi^2(n-1)$
	$\sigma_1^2=\sigma_2^2$	$F=\dfrac{S_1^2}{S_2^2}$	$F(m-1,n-1)$

7.3 分布拟合检验

前面讨论的关于正态总体参数的检验,都是先假定总体的分布已知且服从正态分布,然而在许多情况下,事先并不知道总体分布的类型,需要根据子样对总体是否服从某种分布的假设进行检验.分布拟合检验就是为了检验观察到的一批数据是否与某种理论分布符合.例如,考察某一产品的质量指标而打算采用正态分布模型,或考察一种元件的寿命而打算采用指数分布模型,可能事先有一些理论或经验上的根据,但究竟是否可行?有时就需要通过样本去进行检验.例如,抽取若干产品测定其质量指标,得 $X_1,X_2,\cdots,X_n$,然后依据它们来决定“总体分布是正态分布”这样的原假设能否被接受.又如,有人制造了一个骰子,他声称是均匀的,即出现各面的概率都是 1/6.骰子是否均匀单凭审视骰子外形是难以进行判断的,于是把骰子投掷若干次,记下其出现 1 点,2 点,…,6 点的次数,再来检验投掷结果与“各面概率都是 1/6”的说法能否吻合.

分布拟合检验在应用上很重要,在数理统计学发展史上也占有一定的地位.统计分析方法在 19 世纪时多用于分析生物数据,那时曾流行一种看法认为正态分布普遍地适用于这类数据.到 19 世纪末,K.皮尔逊对此提出疑问,他指出有些数据有显著的偏态,不适于用正态模型.他于是提出了一个包罗甚广的,日后以他的名字命名的分布族,其中包含正态分布，但也有很多偏态的分布.皮尔逊认为：第一步是根据数据从这一大族分布中挑出一个最能反映所得数据性态的分布；第二步就是要检验所得数据与这个分布的拟合如何.他为此引进了著名的χ^2 检验法.后来，R. A.费歇尔对χ^2 检验法就总体分布中含有未知参数的情形作了重要的修正.

一、χ^2 检验法

下面我们就总体的理论分布已知且只取有限个值的情况，介绍χ^2 检验法的基本概念.

设总体 X 是仅取 k 个值 $a_1, a_2, \cdots, a_k$ 的离散型随机变量，假设其概率分布为

$$H_0: P\{X=a_i\}=p_i, i=1, \cdots, k \tag{7.11}$$

其中 $a_i, p_i, i=1, \cdots, k$ 都已知，且 $p_i>0, i=1, \cdots, k$.

从该总体中抽取样本 $X_1, X_2, \cdots, X_n$（或称对 X 进行 n 次观察，得到 $X_1, X_2, \cdots, X_n$），样本观察值记为 $x_1, x_2, \cdots, x_n$.现要根据它们来检验式(7.11)中的原假设 H_0 是否成立.

记 n_i 为观察值 $x_1, x_2, \cdots, x_n$ 中取值为 a_i 的个数，即观察中出现事件$\{X=a_i\}$的频数，相应地得到 $n_1, n_2, \cdots, n_k$.当观察次数（或样本数）n 足够大时，由伯努利大数定律，事件$\{X=a_i\}$的频率$\frac{n_i}{n}$与其概率 $p_i=P\{X=a_i\}$有较大偏差的可能性很小，即应有$\frac{n_i}{n}\approx p_i$.很自然地，频率$\frac{n_i}{n}$与概率 p_i 的差异越小，则 H_0 越可能是成立的，人们也就更乐于接受它.因而问题就归结为要找出一个适当的量来反映这种差异，皮尔逊首先提出用下面的统计量来衡量它们的差异程度

$$\chi^2=\sum_{i=1}^{k} \frac{(n_i-np_i)^2}{np_i} \tag{7.12}$$

这个统计量称为皮尔逊χ^2 统计量，以后简称为χ^2 统计量.

将这个统计量形式上等价地改写为

$$\chi^2=\sum_{i=1}^{k}\left(\frac{n_i}{n}-p_i\right)^2 \cdot \frac{n}{p_i} \tag{7.13}$$

因为当 H_0 成立时，$\left|\frac{n_i}{n}-p_i\right|$应该比较小，于是统计量$\chi^2$ 也应该比较小.式(7.13)中的因子$\frac{n}{p_i}$起一种“平衡”的作用，如果没有这一因子，则当 p_i 很小时，即使频率 n_i/n 与概率 p_i 的差异相对于 p_i 来说很大，$(n_i/n-p_i)^2$ 也仍然会很小，这就导致小概率部分的吻合程度的好坏得不到充分

的反映,从而影响检验的可靠性.

1900 年皮尔逊证明了如下的定理:

定理 7.1 若式(7.11)中的原假设 H_0 成立,则式(7.12)中的统计量χ^2 的分布趋近于自由度为 $k-1$ 的χ^2 分布.

用以上定理就可以检验 H_0. 当样本容量 n 足够大时,可以近似地认为式(7.12)中的统计量$\chi^2 \sim \chi^2(k-1)$,给定显著水平 α,求出临界值 $C=\chi^2_\alpha(k-1)$,再由样本观察值计算出统计量χ^2 的值,若$\chi^2 \geqslant C$ 时,则拒绝假设 H_0.

例 7.15 为检验某一骰子是否均匀,现将它投掷 100 次,记录各点出现的次数如下:

点数	1	2	3	4	5	6
次数	14	17	20	16	15	18

问这枚骰子是否均匀?($\alpha=0.10$)

解 设随机变量 X,$X=i$ 表示投掷这枚骰子出现点数 i,$i=1,2,\cdots,6$,若骰子均匀,则各点数出现的概率应相等,即应有 $P\{X=i\}=1/6$. 因此,设要检验的假设为

$$H_0: P\{X=i\}=\frac{1}{6}, i=1,2,\cdots,6$$

在 H_0 成立的条件下,由式(7.12),统计量

$$\chi^2=\sum_{i=1}^{6}\frac{\left(n_i-\frac{n}{6}\right)^2}{\frac{n}{6}} \sim \chi^2(5)$$

由已知,$n=100$,$\alpha=0.10$,$\chi^2_{0.10}(5)=9.236$

计算可得$\chi^2=1.4<9.236$,即 H_0 是相容的,可以认为这枚骰子是均匀的.

二、总体分布为连续型的分布拟合检验

χ^2 检验法也可用来检验总体分布为连续型的情形. 设样本 X_1,X_2,$\cdots$,X_n 来自分布函数为 $F(x)$的总体,要检验的假设为:

$$H_0: \text{总体 } X \text{ 的分布函数为 } F(x) \tag{7.14}$$

其中,$F(x)$完全已知,也可带有未知参数. 检验这一假设的办法是,通过区间划分把它转化成前面讨论过的情形. 设 $F(x)$为连续函数,在实数轴上取 $k-1$ 个点 $a_1<a_2<\cdots<a_{k-1}$,将$(-\infty,+\infty)$划分为$-\infty<a_1<a_2<\cdots<a_{k-1}<+\infty$,一共得到 k 个区间,记为

$$I_1=(-\infty,a_1], I_2=(a_1,a_2], \cdots, I_{k-1}=(a_{k-2},a_{k-1}], I_k=(a_{k-1},+\infty).$$

用 n_i 表示观察值 $x_1, x_2, \cdots, x_n$ 中落在区间 I_i 内的频数，$i=1,2,\cdots,k$，而 n_i/n 为相应的频率.当假设 H_0 成立时，记总体 X 在区间 I_i 内取值的概率为 p_i，则有

$$
\begin{aligned}
p_1 &= P\{X \leqslant a_1\} = F(a_1); \\
p_2 &= P\{a_1 < X \leqslant a_2\} = F(a_2) - F(a_1) \\
&\vdots \\
p_{k-1} &= P\{a_{k-2} < X \leqslant a_{k-1}\} = F(a_{k-1}) - F(a_{k-2}) \\
p_k &= P\{X > a_{k-1}\} = 1 - F(a_{k-1})
\end{aligned} \tag{7.15}
$$

接下来的讨论与 X 为离散型的情形完全一样.若 $F(x)$ 中带有未知参数，不妨设 $F(x)$ 中有 r 个未知参数 $\theta_1, \theta_2, \cdots, \theta_r$，这时将很难算出式(7.15)中的概率，相应地，$\chi^2$ 统计量也就无法算出，上述检验方法不能直接运用，需要进行修改.很自然的想法是：在式(7.15)中用未知参数的估计量 $\hat{\theta}_1, \hat{\theta}_2, \cdots, \hat{\theta}_r$ 来代替未知参数 $\theta_1, \theta_2, \cdots, \theta_r$(一般采用最大似然估计).1924 年，费歇尔证明了如下的定理：

定理 7.2 在一定条件下，若式(7.14)中的原假设 H_0 成立时，则当样本容量 $n \to +\infty$ 时，式(7.12)中的统计量 χ^2 的分布趋近于自由度为 $k-1-r$ 的 χ^2 分布.

与定理 7.1 相比，差别在于自由度减少了 r 个，即减少的个数正好等于要估计的参数个数.

此时，将 $\hat{\theta}_1, \hat{\theta}_2, \cdots, \hat{\theta}_r$ 代入式(7.15)中得到 $\hat{p}_1, \hat{p}_2, \cdots, \hat{p}_k$，且式(7.12)中的统计量变成

$$
\chi^2 = \sum_{i=1}^{k} \frac{(n_i - n\hat{p}_i)^2}{n\hat{p}_i} \tag{7.16}
$$

例 7.16 随机抽取某地 50 名新生男婴，测其体重如下表(单位：g)：

2 520	3 510	2 600	3 320	3 120	3 400	2 900	2 420	3 220	3 100
2 980	3 160	3 150	3 460	2 740	3 060	3 700	3 460	3 500	1 600
3 080	3 700	3 280	2 880	3 120	3 800	3 740	2 940	3 550	2 980
3 700	3 460	2 940	3 300	2 980	3 480	3 220	3 060	3 400	2 680
3 340	2 500	2 960	2 900	4 600	2 710	3 340	2 500	3 300	3 640

试在显著水平 $\alpha=0.05$ 下，检验该地新生男婴体重是否服从正态分布.

解 要检验的假设为 H_0：总体 X 服从正态分布.

这里，由于假设没有给出 X 的均值与方差，而仅说明它服从正态分布，因此需要先估计正态分布的两个参数 μ, σ^2.在应用上，常使用易于计算的估计量，如用样本均值和样本方差来估计总体均值和方差，即采用

$$
\hat{\mu} = \overline{X}, \hat{\sigma}^2 = S^2.
$$

根据测量数据计算得 $\overline{X}=3\ 160$，$S^2=465.5^2$.

在χ^2检验中,一般要求对数据分组时每组中的观察个数不少于5个,现在选取6个数:2 450,2 700,2 950,3 200,3 450,3 700将$(-\infty,+\infty)$分为7个区间,相应地将数据分为7组,得到各组的频数如下:

组号	1	2	3	4
区间界限	$(-\infty,2\ 450]$	$(2\ 450,2\ 700]$	$(2\ 700,2\ 950]$	$(2\ 950,3\ 200]$
频数	2	5	7	12
组号	5	6	7	
区间界限	$(3\ 200,3\ 450]$	$(3\ 450,3\ 700]$	$(3\ 700,+\infty)$	
频数	10	11	3	

下面计算相应的$\hat{p}_i,i=1,2,\cdots,7$.

当H_0成立时,X近似服从分布$N(3\ 160,465.5^2)$,故

$$\hat{p}_1=F(2\ 450)=0.063$$

$$\hat{p}_2=F(2\ 700)-F(2\ 450)=0.098$$

$$\hat{p}_3=F(2\ 950)-F(2\ 700)=0.165$$

$$\hat{p}_4=F(3\ 200)-F(2\ 950)=0.210$$

$$\hat{p}_5=F(3\ 450)-F(3\ 200)=0.196$$

$$\hat{p}_6=F(3\ 700)-F(3\ 450)=0.145$$

$$\hat{p}_7=1-F(3\ 700)=0.123$$

将以上计算结果代入式(7.16),计算得统计量$\chi^2=4.38$,自由度为$7-1-2=4$,对水平$\alpha=0.05$,求得临界值$\chi^2_{0.05}(4)=9.488$.

由于$\chi^2=4.38<9.488$,故接受假设H_0,即认为该地新生男婴的体重服从正态分布.

习题7

1.判断题.

①所谓假设检验,就是事先对总体参数或总体分布形式作出一个假设,然后利用样本提供的信息来推断这个假设的正确性.　　(　　)

②已知某建筑材料,其抗断强度以往一直符合正态分布,现改变了配料方案,其抗断强度是否仍符合正态分布?针对该问题做假设检验时,应做参数假设.　　(　　)

③在假设检验中,原假设与备择假设可以同时成立.　　(　　)

④第一类错误是指原假设不成立时，接受原假设. （　）

⑤第二类错误是指备择假设成立时，拒绝备择假设. （　）

⑥在假设检验中，常犯两类错误，一类称为取伪错误，一类称为弃真错误. （　）

⑦在做固定样本容量的假设检验时，当确定检验法则后，可以同时减小犯两类错误的概率.

（　）

⑧显著性水平 α 是指，在原假设 H_0 成立的条件下，出现观察到事件的概率大于等于 α，就拒绝 H_0. （　）

⑨对原假设 H_0 而言，从样本提供的信息，作出判断，接受 H_0，可以认为 H_0 客观上是正确的.

（　）

⑩在假设检验中，拒绝备择假设的区域称为拒绝域. （　）

2.选择题.

①假设检验的基本思想是依据（　）.

A. 中心极限定理　B. 小概率原理　C. 大数定律　D. 最大似然估计法

②在假设检验中，若 H_1 为备择假设，则称（　）犯第一类错误.

A. H_1 真，接受 H_1　B. H_1 不真，接受 H_1　C. H_1 真，拒绝 H_1　D. H_1 不真，拒绝 H_1

③在假设检验中，若检验方法选择正确，计算也没错误，则（　）.

A. 仍有可能作出错误判断　B. 不可能作出错误判断

C. 计算再精确些就可避免作出错误判断　D. 增加样本容量就不会作出错误判断

④样本容量 n 确定后，在一个假设检验中，给定显著性水平 α，设犯第二类错误的概率为 β，则必有（　）.

A. $\alpha+\beta=1$　B. $\alpha+\beta>1$　C. $\alpha+\beta<1$　D. $\alpha+\beta<2$

⑤如果一项假设规定的显著性水平为 0.05，下列表述正确的是（　）.

A. 接受 H_0 时的可靠性为 95%　B. 接受 H_1 时的可靠性为 95%

C. H_0 为假时被接受的概率为 5%　D. H_1 为真时被拒绝的概率为 5%

⑥在对总体的假设检验中，若给定显著性水平 α，则犯第一类错误的概率上限为（　）.

A. $1-\alpha$　B. α　C. $\dfrac{\alpha}{2}$　D. 不能确定

⑦在一次假设检验中，当显著性水平设为 0.05 时，结论是拒绝原假设，现将显著水平设为0.1，那么（　）.

A. 仍然拒绝原假设　B. 不一定拒绝原假设

C. 需要重新进行假设检验　D. 一定接受原假设

⑧进行假设检验时，在其他条件不变的情形下，增加样本容量，检验结论犯两类错误的概率将（　）.

A. 都减小　B. 都增加　C. 都不变　D. 一个增加一个减少

⑨参数的区间估计与参数的假设检验都是统计推断的重要内容，它们之间的关系是（　）.

A. 没有任何相似之处

B. 假设检验法隐含了区间估计法

C. 区间估计法隐含了假设检验法

D. 两种方法虽然提法不同,但解决问题的途径是相同的

⑩对于总体分布的假设检验,一般都使用χ^2检验法,这种检验法要求总体分布类型为(　　).

A. 离散型分布　　B. 连续型分布　　C. 只能为正态分布　D. 任何类型分布

3.什么是显著性水平? 改变它的大小,对两类错误发生的概率有什么影响?

4.在产品质量检验时,原假设H_0:产品合格,为了使次品混入正品的可能性很小,在样本容量固定的情况下,显著水平α应取大些还是小些? 为什么?

5.某高校一年级新生进行数学期中考试,测得平均成绩为75.6分,标准差为7.4分.从该校某专业抽取50名学生,测得平均成绩为78分,试问该专业学生与全校学生数学成绩有无明显差异?($\alpha=0.05$)

6.某饲料公司用自动打包机打包,每包标准质量为100 kg,每天开工后需检验一次打包机是否正常工作,某日开工后测得9包质量为

$$99.3,98.7,100.5,101.2,98.3,99.7,99.5,102.1,100.5$$

假设每包的质量服从正态分布.在显著性水平为$\alpha=0.05$下,打包机工作是否正常?

7.正常人的脉搏平均为72次/min,现某医生测得10例慢性四乙基铅中毒患者的脉搏(单位:次/min)如下:

$$54,68,65,77,70,64,69,72,62,71$$

设患者的脉搏次数X服从正态分布,试检验患者的脉搏与正常人的脉搏有无显著差异?($\alpha=0.05$)

8.某牌香烟生产商称其生产的香烟中尼古丁含量的方差为2.3,现随机抽取8支,测得样本标准差为2.4,假定香烟中尼古丁含量服从正态分布.问能否同意生产商的说法?($\alpha=0.05$)

9.某汽车配件厂在新工艺下,对加工好的25个活塞的直径进行测量,得样本方差$S^2=0.000\ 66$.已知老工艺生产的活塞直径的方差为0.000 40.问新工艺下方差有无显著变化?($\alpha=0.05$)

10.在正常生产条件下,某产品的测试指标总体$X\sim N(\mu,0.023^2)$,后来改变生产水平,出了新产品,此时产品的测试指标总体$X\sim N(\mu,\sigma^2)$.现从新产品中抽取10件测试,计算出样本标准差为0.033,若显著水平为$\alpha=0.05$,试问方差有没有显著变化?

11.从两个教学班各随机选取14名学生进行数学测验,第一教学班与第二教学班的数学成绩都服从正态分布,其方差分别为57分和53分,14名学生的平均成绩分别为90.9分和92分,在显著水平$\alpha=0.05$下,分析两教学班的数学测验成绩有无明显差异?

12.从某学校抽取16名学生测其智商,平均值为107,样本标准差为10,而从另一学校抽取的16名学生的智商平均值为112,标准差为8,问这两组学生的智商有无差异?($\alpha=0.05$)

13.为比较甲,乙两种安眠药的疗效,将20名患者分成两组,每组10人,如服药后延长睡眠的时间分别近似服从正态分布(假设标准差相同),数据如下:

甲:1.9,0.8,1.1,0.1,-0.1,4.4,5.5,1.6,4.6,3.4

乙:0.7,-1.6,-0.2,-1.2,-0.1,3.4,3.7,0.8,0,2.2

试问两种安眠药的疗效有无显著差异?($\alpha=0.05$)

14.在10块土地上试种甲乙两种作物,所得产量分别为$x_1,x_2,\cdots,x_{10},y_1,y_2,\cdots,y_{10}$,假设作物产量服从正态分布(假设标准差相同),并计算得$\bar{x}=30.97,\bar{y}=21.79,S_x=26.7,S_y=12.1$.取显著性水平0.01,问是否可认为两个品种的产量没有显著差别?

15.机床厂某日从两台机床所加工的同一种零件中分别抽取若干样本测量零件尺寸(单位:cm)

甲 20.5,19.8,19.7,20.4,20.1,20.0,19.6,19.9

乙 19.7,20.8,20.5,19.8,19.4,20.6,19.2

试比较两台机床加工的精度有无显著差异?($\alpha=0.05$)

16.某公司经营甲、乙两地生产的水果.为检验两个产地生产的水果大小是否均匀,从甲地抽取25个样本,样本方差为8,从乙地抽取样本20个,样本方差为4,测得平均质量分别为120 g和117 g.假设两地水果质量都服从正态分布,试检验两地生产的水果大小均匀度是否一样?($\alpha=0.05$)

17.某工厂近5年来共发生63起事故,按星期几分类见下表:

星期	1	2	3	4	5	6
次数	9	10	11	8	13	12

问事故是否与星期几有关?($\alpha=0.05$)

18.1 h内电话交换台呼叫次数按每分钟统计结果见下表:

每分钟呼叫次数	0	1	2	3	4	5	6
频数	8	16	17	10	6	2	1

用χ^2检验法检验每分钟内电话呼唤次数是否服从泊松分布?($\alpha=0.05$)

19.为考察某公路上通过汽车车辆的规律,记录每15 s内通过汽车的辆数,统计工作持续50 min,得频数如下:

车辆数	0	1	2	3	4	≥5
频数	92	68	28	11	1	0

试问:15 s内通过的车辆数是否服从泊松分布?($\alpha=0.05$)

20.对某型号电缆进行耐压测试实验,记录43根电缆的最低击穿电压,数据如下:

测试电压	3.8	3.9	4.0	4.1	4.2	4.3	4.4	4.5	4.6	4.7	4.8
击穿频数	1	1	1	2	7	8	8	4	6	4	1

试检验电缆耐压数据是否服从正态分布?($\alpha=0.1$)

第 8 章　回归分析

在自然现象和社会现象中，普遍存在着变量之间的关系，这些关系大致可以分为两种类型：一类是函数关系，另一类是相关关系．函数关系即为所谓的确定性关系，即当某一变量发生变化，另一变量也随之发生变化，而且有确定的值与之相对应．如圆的面积与圆半径之间的关系 $S=\pi R^2$，又如，某种股票的成交额 Y 与该股票的成交量 X、成交价格 P 之间的关系可以用 $Y=PX$ 来表示，这些都是函数关系．

相关关系则不同，在现实世界中存在着大量这样的情况：两个或多个变量之间有一些关系，但没有确切到可以严格决定的程度．如人的身高 X 与体重 Y 之间的关系，一般表现为 X 大时，Y 也倾向于大，但由 X 并不能严格地决定 Y．一种农作物的亩产量 Y 与其播种量 X_1，施肥量 X_2 之间有关系，但 X_1，X_2 不能严格决定 Y．又如产品的成本与利润之间，人均 GDP 与生育率之间等等，都存在着关系，这种非确定性的关系就是相关关系．

高尔顿与回归

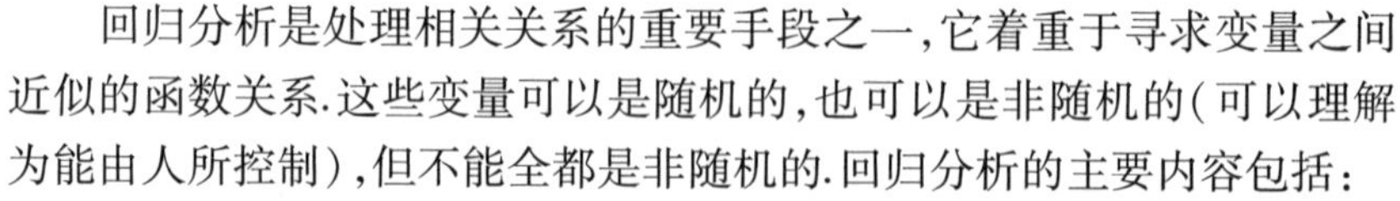

回归分析是处理相关关系的重要手段之一，它着重于寻求变量之间近似的函数关系．这些变量可以是随机的，也可以是非随机的（可以理解为能由人所控制），但不能全都是非随机的．回归分析的主要内容包括：

①寻求变量间的近似函数关系（即回归方程，通常也称为经验公式）．

②对回归方程、参数估计值的有效性进行显著性检验．

③利用经验公式进行预测和控制．

关于回归分析的内容，可以从不同的角度来划分．按照变量的个数划分，有一元回归分析和多元回归分析．一元回归分析研究两个变量之间的相关关系，多元回归分析则研究多个变量之间的相关关系；按照变量之间相关关系的表现形式划分，有线性（直线）回归和非线性（曲线）回归．本章着重讨论一元线性回归分析．

8.1 一元线性回归分析

一、一元线性回归模型

设 x 与 Y 有相关关系，其中 x 是普通变量或可控变量，Y 是随机变量. 当自变量 $x=x_0$ 时，因变量 Y 并不取固定值与其对应，而是一个依赖于 x_0 的随机变量 Y_0 与 x_0 对应，Y_0 按其概率分布取值. 如果要用一个函数关系来近似 x 与 Y 之间的相关关系，比较自然的想法是，用 $E(Y_0)$ 作为 Y 与 $x=x_0$ 相对应的取值. 对任意的 x，用 $E(Y)$ 作为与 x 对应的 Y 的取值. 若记 $Y-E(Y)=\mathrm{e}$，则有

$$E(\mathrm{e})=0, Y=E(Y)+\mathrm{e}$$

一般地，$E(Y)$ 是 x 的函数，人们将它称为 Y 对 x 的**回归函数**（或称回归方程，经验公式），x 称为回归变量（或回归因子）. 特别地，若 Y 与 x 之间满足

$$\begin{cases} Y=a+bx+\mathrm{e} \\ \mathrm{e}\sim N(0,\sigma^2) \end{cases} \tag{8.1}$$

其中 a,b,σ^2 为常数（不依赖于 x），则称 Y 与 x 之间存在线性相关关系，称式(8.1)为**一元正态线性回归模型**，简称一元线性模型. 记 $y=E(Y)$，则得回归函数

$$y=a+bx \tag{8.2}$$

称为 Y 对 x 的线性回归，a,b 称为**回归系数**.

能否用线性回归模型来描述 Y 与 x 之间的关系呢？对具体问题要根据有关专业知识来判断. 例如，从物理学知道，在一定温度（变量 x）的范围内，一根金属杆之长（变量 Y）大体上为 x 的线性函数，这时选择线性回归模型有充分的根据. 但在许多问题中，不存在这样的充分依据，在很大的程度上，要依靠数据本身，直观上可从散点图进行初步判断，也可以根据实际观察数据应用统计检验的方法进行检验. 当 x 取值 $x_1,x_2,\cdots,x_n$ 时，对 Y 进行观察或试验，得到 $y_1,y_2,\cdots,y_n$，将样本观察值

$$(x_1,y_1),(x_2,y_2),\cdots,(x_n,y_n)$$

作为 n 个点，在平面直角坐标系中画出来，其图像就是试验的**散点图**. 当 n 较大时，若散点图上的 n 个点近似地分布在一条直线附近，即可以粗略地认为，选取线性回归模型来描述 Y 与 x 之间的关系是合适的.

例 8.1　在研究我国人均消费水平的问题时，把全国人均消费支出记为 Y，把人均国内生产总值（人均 GDP）记为 x. 2002—2021 年这 20 年间的有关数据 (x_i,y_i)，$i=1,2,\cdots,20$，见表 8.1.

表 8.1 我国人均国内生产总值与人均消费支出数据

年份	人均国内生产总值/美元	人均消费支出/元	年份	人均国内生产总值/美元	人均消费支出/元
2002	1 148	3 548	2012	6 300	1 2054
2003	1 288	3 889	2013	7 020	13 220
2004	1 508	4 395	2014	7 636	14 491
2005	1 753	5 035	2015	8 016	15 712
2006	2 099	5 634	2016	8 094	17 111
2007	2 693	6 592	2017	8 816	18 322
2008	3 468	7 548	2018	9 905	19 853
2009	3 832	8 377	2019	10 143	21 559
2010	4 550	9 378	2020	10 408	21 210
2011	5 614	10 820	2021	12 556	24 100

数据来源:国家统计局官网.

根据表 8.1,画出(x_i,y_i),$i=1,2,\cdots,20$ 的散点图(图 8.1)如下

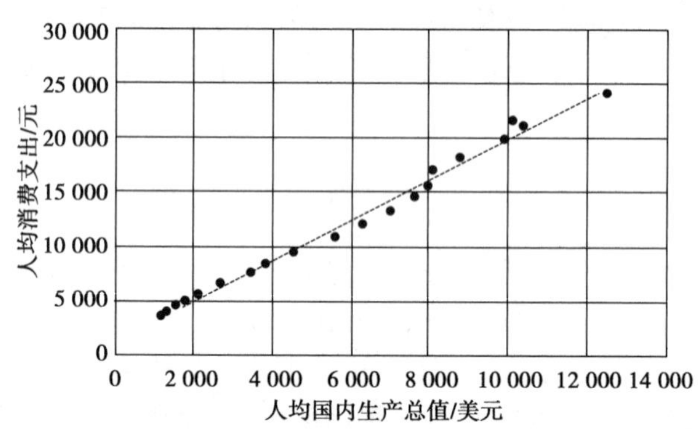

图 8.1

从图 8.1 中我们看到样本数据(x_i,y_i)大致落在一条直线附近,这说明变量 x 与 Y 之间具有明显的线性相关关系,适合于用一元线性回归模型来描述.

最小二乘法简介

要确定回归函数,就需要确定回归系数 a,b.从散点图上看,可以在上面画一条直线,使该直线从总体上看最接近这些点,则这条直线在 y 轴上的截距就是 a,斜率就是要求的 b.这种几何作图的方法简单直观,但是精度差,局限性大,对非线性问题及多变量问题也无效.下面我们介绍估计 a,b 的常用方法——最小二乘法.

二、最小二乘法

对于一元正态线性模型,样本观察值 $y_1,y_2,\cdots,y_n$ 满足

$$y_i = a + bx_i + e_i, i = 1,2,\cdots,n \tag{8.3}$$

其中 $e_1,e_2,\cdots,e_n$ 相互独立,且均服从正态分布 $N(0,\sigma^2)$.将式(8.3)改写成

$$e_i = y_i - a - bx_i, i = 1,2,\cdots,n$$

则全部误差的平方和为

$$\sum_{i=1}^{n} e_i^2 = \sum_{i=1}^{n} [y_i - (a + bx_i)]^2$$

它是关于 a,b 的二元函数,记为 $Q(a,b)$.于是,找一条直线使它与 n 个点最接近的问题,就转化为找两个数 $\hat{a},\hat{b}$,使得当 $a=\hat{a},b=\hat{b}$ 时,$Q(a,b)$ 取到最小值,即

$$Q(\hat{a},\hat{b}) = \min_{-\infty<a,b<+\infty} Q(a,b) = \min_{-\infty<a,b<+\infty} \sum_{i=1}^{n} [y_i - (a + bx_i)]^2 \tag{8.4}$$

由于 $Q(a,b)$ 是 n 个量的平方和,用使 $Q(a,b)$ 取最小值的 $\hat{a},\hat{b}$ 作为未知参数 a,b 的估计值,这种方法称为最小二乘法.

为了求出 $\hat{a},\hat{b}$,对 $Q(a,b)$ 分别求一阶偏导数并令其为零,得

$$\begin{cases} \dfrac{\partial Q}{\partial a} = -2\sum\limits_{i=1}^{n}(y_i - a - bx_i) = 0 \\ \dfrac{\partial Q}{\partial b} = -2\sum\limits_{i=1}^{n}(y_i - a - bx_i)x_i = 0 \end{cases}$$

整理后得到关于 a,b 的一次线性方程组

$$\begin{cases} na + n\bar{x}b = n\bar{y} \\ n\bar{x}a + \left(\sum\limits_{i=1}^{n} x_i^2\right) b = \sum\limits_{i=1}^{n} x_i y_i \end{cases} \tag{8.5}$$

其中 $\bar{x} = \dfrac{1}{n}\sum\limits_{i=1}^{n} x_i, \bar{y} = \dfrac{1}{n}\sum\limits_{i=1}^{n} y_i$,此方程组称为正规方程组.

由于 $x_1,x_2,\cdots,x_n$ 不全相等,可知正规方程组的系数行列式

$$\begin{vmatrix} n & n\bar{x} \\ n\bar{x} & \sum\limits_{i=1}^{n} x_i^2 \end{vmatrix} = n\left(\sum_{i=1}^{n} x_i^2 - n(\bar{x})^2\right) = n\sum_{i=1}^{n}(x_i - \bar{x})^2 \neq 0$$

故正规方程组有唯一解.解之得使 $Q(a,b)$ 取最小值的 $\hat{a},\hat{b}$:

$$\begin{cases} \hat{a} = \bar{y} - \hat{b}\bar{x} \\ \hat{b} = \dfrac{\sum\limits_{i=1}^{n} x_i y_i - n\bar{x}\bar{y}}{\sum\limits_{i=1}^{n} x_i^2 - n(\bar{x})^2} = \dfrac{\sum\limits_{i=1}^{n}(x_i - \bar{x})(y_i - \bar{y})}{\sum\limits_{i=1}^{n}(x_i - \bar{x})^2} = \dfrac{\sum\limits_{i=1}^{n}(x_i - \bar{x})y_i}{\sum\limits_{i=1}^{n}(x_i - \bar{x})^2} \end{cases} \tag{8.6}$$

$\hat{a}$,$\hat{b}$ 分别称为 a,b 的最小二乘估计值.相应地,Y 对 x 的线性回归函数的估计为

$$\hat{y} = \hat{a} + \hat{b}x \tag{8.7}$$

式(8.7)即为 Y 对 x 的经验回归方程(简称回归方程)或经验公式,它的图像称为经验回归直线,简称回归直线.

将 $\hat{a}=\bar{y}-\hat{b}\bar{x}$代入式(8.7),得

$$\hat{y} = \bar{y} + \hat{b}(x - \bar{x}) \tag{8.8}$$

为了方便,引进几个记号(以后在不引起混淆时,均将 $\sum\limits_{i=1}^{n}$ 简记为 $\sum$)

$$l_{xx} = \sum (x_i - \bar{x})^2 = \sum (x_i - \bar{x})x_i$$

$$l_{xy} = \sum (x_i - \bar{x})(y_i - \bar{y}) = \sum (x_i - \bar{x})y_i$$

$$l_{yy} = \sum (y_i - \bar{y})^2 = \sum (y_i - \bar{y})y_i$$

运用这些记号,则有

$$\hat{a} = \bar{y} - \hat{b}\bar{x}, \hat{b} = \frac{l_{xy}}{l_{xx}} \tag{8.9}$$

当样本数据容量较大时,式(8.6)或式(8.9)直接计算太复杂,可以借助软件求解.

注:Excel 提供了以下两个函数用于求一元线性回归方程:

①函数命令 INTERCEPT,用于求出一元线性回归方程的截距 $\hat{a}$,

命令格式:INTERCEPT(known_y's,known_x's).

②函数命令 SLOPE,用于求出一元线性回归方程的斜率 $\hat{b}$,

命令格式:SLOPE(known_y's,known_x's).

上述命令中,参数 Known_y's 因变量所在的数据区域,Known_x's 自变量所在的数据区域.

例 8.2 求例 8.1 中人均消费 Y 对人均国内生产总值 x 的回归方程.

解 这里利用电子表格的函数命令求解.

Step 1 输入样本数据,如图 8.2 所示.

Step 2 列出需要求解的相关数值名称,如图 8.2 中 D 列所示.

计算"截距"时,在"E2"中输入"=INTERCEPT(C2:C21,B2:B21)".

计算"斜率"时,在"E3"中输入"=SLOPE(C2:C21,B2:B21)".

计算结果如图 8.2 中 E 列所示.

例 8.2 的另一种快捷求法

	A	B	C	D	E
1	年份	人均国内生产总值（美元）	人均消费支出（元）		
2	2002	1148	3548	截距	1315.45042
3	2003	1288	3889	斜率	1.853184006
4	2004	1508	4395		
5	2005	1753	5035		
6	2006	2099	5634		
7	2007	2693	6592		
8	2008	3468	7548		
9	2009	3832	8377		
10	2010	4550	9378		
11	2011	5614	10820		
12	2012	6300	12054		
13	2013	7020	13220		
14	2014	7636	14491		
15	2015	8016	15712		
16	2016	8094	17111		
17	2017	8816	18322		
18	2018	9905	19853		
19	2019	10143	21559		
20	2020	10408	21210		
21	2021	12556	24100		

图 8.2

因此，一元线性回归方程为 $\hat{y}=1\ 315.45+1.853\ 2x$.

例 8.3　测得某物质在不同温度 x 下吸附另一物质的质量 Y 如下：

x_i/℃	1.5	1.8	2.4	3.0	3.5	3.9	4.4	4.8	5.0
y_i/mg	4.8	5.7	7.0	8.3	10.9	12.4	13.1	13.6	15.3

假设 Y 与 x 具有线性关系 $Y=a+bx+e, e\sim N(0,\sigma^2)$，求 Y 对 x 的线性回归方程.

解　利用式(8.9)，可计算如下：

$$\sum x_i = 30.3, \sum y_i = 91.11$$

$$\sum x_i y_i = 345.09, \sum x_i^2 = 115.11$$

$$\bar{x} = \frac{1}{9}\sum x_i = 3.366\ 7, \bar{y} = \frac{1}{9}\sum y_i = 10.122\ 2$$

从而得

$$\hat{b} = \frac{l_{xy}}{l_{xx}} = \frac{\sum x_i y_i - 9\overline{xy}}{\sum x_i^2 - 9\bar{x}^2} = 2.930\ 3$$

$$\hat{a} = \bar{y} - \hat{b}\bar{x} = 0.256\ 8$$

所以，回归方程为 $\hat{y}=0.256\ 8+2.930\ 3x$.

三、可化为线性回归的情形

实际问题中，变量之间的相关关系不一定是线性的，有时表现为曲线形式，这时就需要建立曲线回归模型.一般来说，可通过散点图所显示的曲线形状来选择一条曲线拟合散点图上这些点，但要想直接求出回归曲线则很困难.

在多数情况下，对曲线回归问题，可以通过适当的变量替换，将其化成线性回归问题，然后再用前面介绍的线性回归的方法来解决.下面是几种常见的可线性化的曲线类型.

1.指数函数 $Y=ae^{bx}$

指数函数 $Y=ae^{bx}$ 如图 8.3 所示.

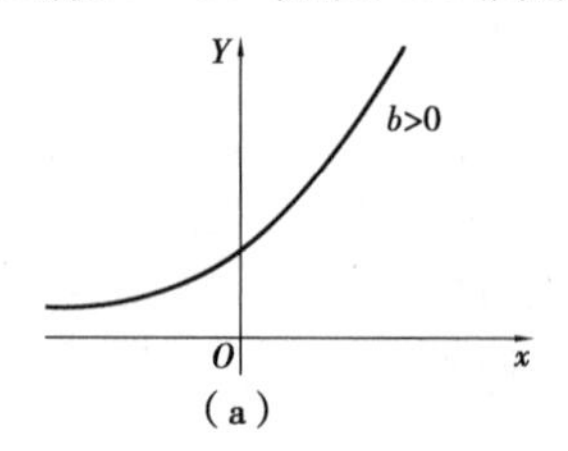

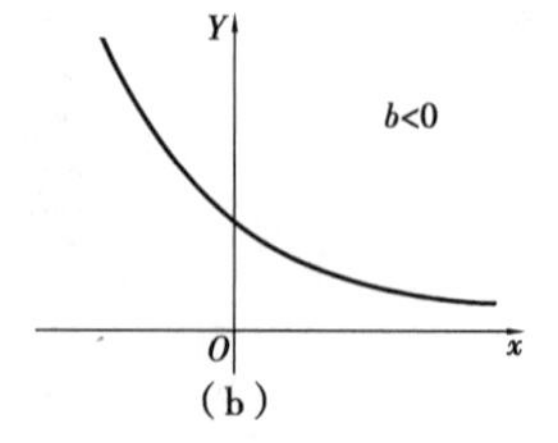

图 8.3

对其两边取自然对数，得

$$\ln Y = \ln a + bx$$

令 $y' = \ln Y$，则 $y' = \ln a + bx$

2.幂函数 $Y=ax^b$

幂函数 $Y=ax^b$ 如图 8.4 所示.

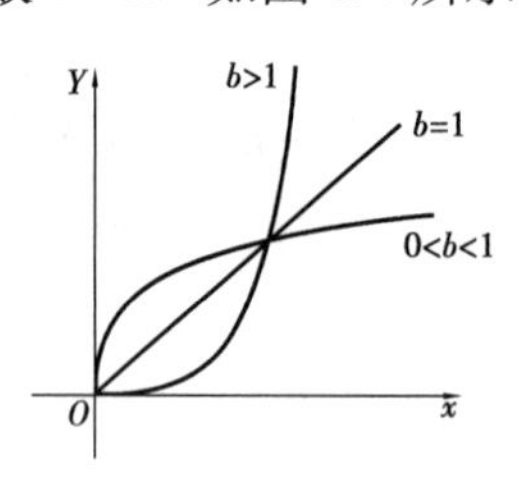

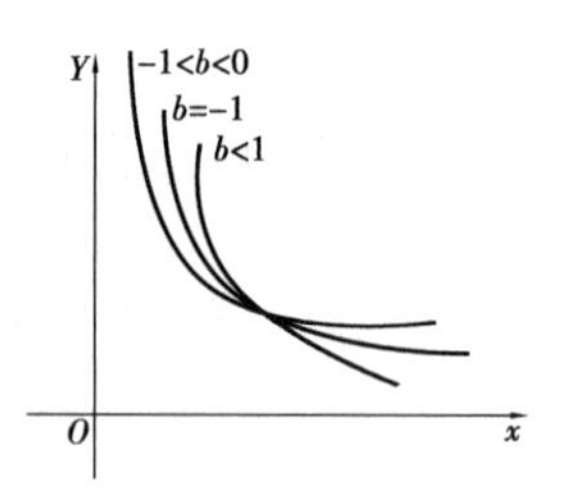

图 8.4

同样，对 $Y=ax^b$ 两边取对数，得

$$\ln Y = \ln a + b \ln x$$

令 $y' = \ln Y, x' = \ln x$，则得

$$y' = \ln a + bx'$$

3.双曲线函数 $\frac{1}{Y}=a+\frac{b}{x}$

双曲线函数 $\frac{1}{Y}=a+\frac{b}{x}$ 如图 8.5 所示.

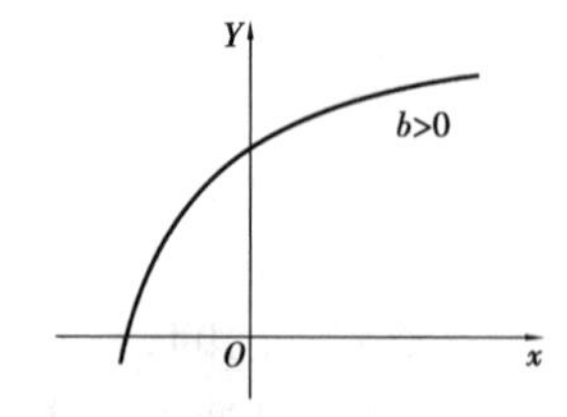

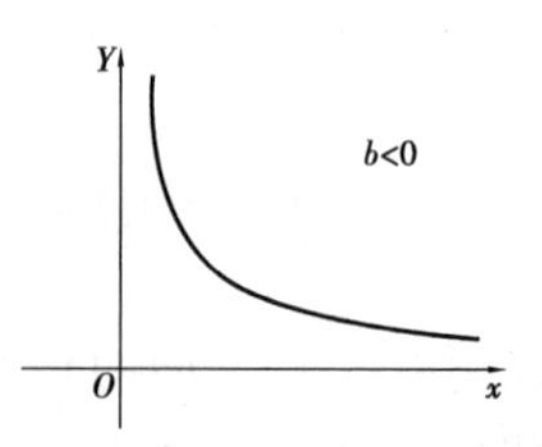

图 8.5

令 $y'=\dfrac{1}{Y},x'=\dfrac{1}{x}$,则得 $y'=a+bx'$

4.对数函数 $Y=a+b\ \ln x$

对数函数 $Y=a+b\ \ln x$ 如图 8.6 所示.

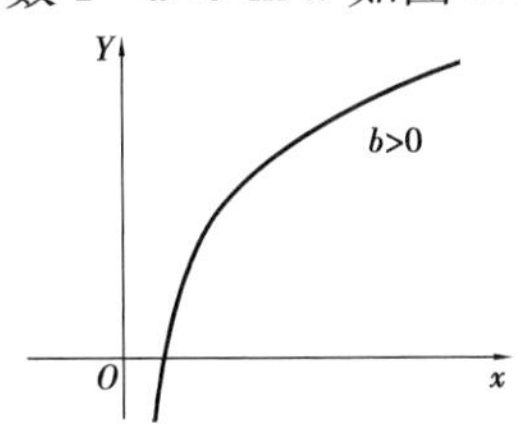

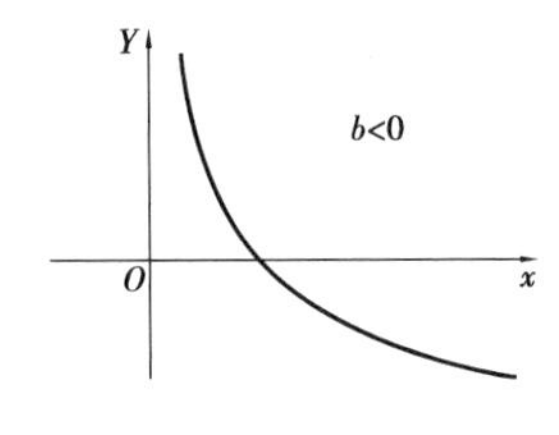

图 8.6

令 $x'=\ln x$,则得 $Y=a+bx'$

5.S 形曲线 $Y=\dfrac{1}{a+be^{-x}}$

S 形曲线 $Y=\dfrac{1}{a+be^{-x}}$ 如图 8.7 所示.

令 $y'=\dfrac{1}{Y},x'=e^{-x}$,则得 $y'=a+bx'$.

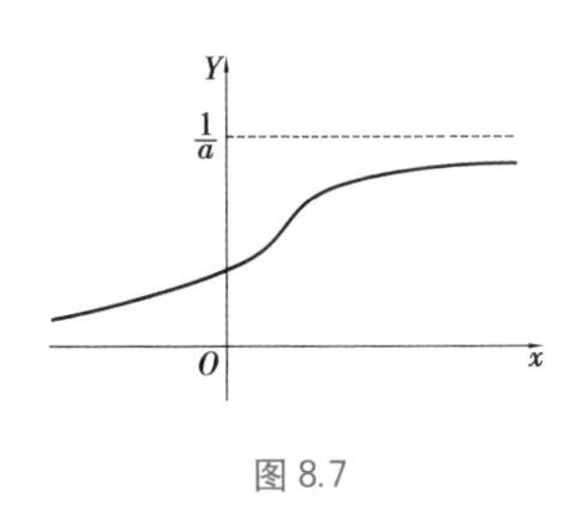

图 8.7

例 8.4 两个变量 X 和 Y 的数据见表 8.2,试建立这两个变量的回归方程.

表 8.2

X	9.3	10.4	12.6	15.4	17.5	19.6	21.7	23.4	25.3	27.5
Y	17.1	24.2	31.3	37.9	43.3	46.2	47.5	50.1	51.1	51.3

解 画出散点图如图 8.8 所示.

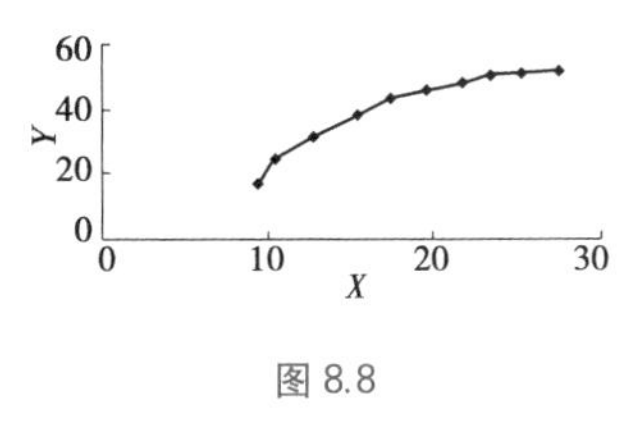

图 8.8

从图中可以看出这两个变量之间不是线性关系,其散点图近似呈一个递增的双曲线走势,因此,可以认为这两个变量之间有近似的双曲函数关系 $\dfrac{1}{Y}=a+\dfrac{b}{X}$,令

$$y'=\frac{1}{Y},x'=\frac{1}{x}$$

则化成 $y'=a+bx'$,计算结果见表 8.3.

表 8.3

X	Y	$x'=\dfrac{1}{X}$	$y'=\dfrac{1}{Y}$
9.3	17.1	0.108	0.058
10.4	24.2	0.096	0.041
12.6	31.3	0.079	0.032

续表

X	Y	$x'=\frac{1}{X}$	$y'=\frac{1}{Y}$
15.4	37.9	0.065	0.026
17.5	43.3	0.057	0.023
19.6	46.2	0.051	0.022
21.7	47.5	0.046	0.021
23.4	50.1	0.043	0.020
25.3	51.1	0.040	0.020
27.5	51.3	0.036	0.019

用例 8.2 中的方法,求出变量 x',y'之间的回归方程如下:

$$\hat{y}' = -0.002 + 0.487\,7x'$$

将 $\hat{y}'=\frac{1}{\hat{y}}$,$x'=\frac{1}{x}$代入,得变量 x,y 之间回归曲线方程为:

$$\frac{1}{\hat{y}} = -0.002 + 0.487\,7\frac{1}{x}$$

8.2 一元线性回归效果的显著性检验

在 8.1 节中,假设随机变量 Y 与非随机变量 x 之间有线性相关关系,然后用最小二乘法求出线性回归方程.但是,当 Y 与 x 之间没有线性相关关系时,形式地求出线性回归方程是没有意义的.因此,对于给定的观察数据(x_i,y_i),$i=1,2,\cdots,n$,我们需要判断 Y 与 x 之间是否真的存在线性相关关系.

在模型 $Y=a+bx+e$ 中,如果 $b=0$,则说明线性回归模型不能描述 Y 与 x 之间的相关关系.为了判断 Y 与 x 之间是否存在线性相关关系,应当提出待检验假设 $H_0:b=0$.

为了检验假设 H_0,可以对偏差平方和进行分解,把 x 对 Y 的线性影响与随机波动引起的偏差分开.

一、偏差平方和分解

回归方程 $\hat{y}=\hat{a}+\hat{b}x$ 只反映了由于 x 的变化所引起的 Y 的变化,而没有包含随机因素 e 的影响,所以回归值 $\hat{y}_i=\hat{a}+\hat{b}x_i$ 只是观察值 y_i 中受 x_i 影响的那一部分.而 $y_i-\hat{y}_i$ 则是除去 x_i 影响后,受其他各种随机因素 e 影响的部分,故通常称 $y_i-\hat{y}_i$ 为残差或剩余.

显然,观察值 y_i 可以分解为回归值与残差之和,即

$$y_i = \hat{y}_i + (y_i - \hat{y}_i)$$

且 y_i 与其均值 $\bar{y}$ 的偏差可分解成

$$y_i - \bar{y} = (\hat{y}_i - \bar{y}) + (y_i - \hat{y}_i)$$

记 $y_1,y_2,\cdots,y_n$ 的总偏差平方和为

$$SS = \sum (y_i - \bar{y})^2$$

它的大小描述了这 n 个数据 $y_1,y_2,\cdots,y_n$ 的分散程度.由于

$$\begin{aligned} SS &= \sum (y_i - \bar{y})^2 \\ &= \sum [(y_i - \hat{y}_i) + (\hat{y}_i - \bar{y})]^2 \\ &= \sum (y_i - \hat{y}_i)^2 + 2\sum (y_i - \hat{y}_i)(\hat{y}_i - \bar{y}) + \sum (\hat{y}_i - \bar{y})^2 \end{aligned}$$

结合式(8.8)及式(8.9),可知交叉项

$$\hat{y}_i - \bar{y} = \hat{a} + \hat{b}x_i - \bar{y} = \hat{b}(x_i - \bar{x})$$

$$y_i - \hat{y}_i = (y_i - \bar{y}) - \hat{b}(x_i - \bar{x})$$

所以

$$\begin{aligned} \sum (y_i - \hat{y}_i)(\hat{y}_i - \bar{y}) &= \sum [\hat{b}(y_i - \bar{y})(x_i - \bar{x}) - \hat{b}^2 (x_i - \bar{x})^2] \\ &= \hat{b}l_{xy} - \hat{b}^2 l_{xx} = 0 \end{aligned}$$

若记剩余平方和 $S_e = \sum (y_i - \hat{y}_i)^2$,回归平方和 $S_H = \sum (\hat{y}_i - \bar{y})^2$,则有

$$SS = S_e + S_H \tag{8.10}$$

由于

$$\frac{1}{n}\sum \hat{y}_i = \frac{1}{n}\sum (\hat{a} + \hat{b}x_i) = \hat{a} + \hat{b} \cdot \frac{1}{n}\sum x_i = \hat{a} + \hat{b}\bar{x} = \bar{y}$$

可见,$\hat{y}_1,\cdots,\hat{y}_n$ 的平均值等于 $y_1,\cdots,y_n$ 的平均值 $\bar{y}$,故 S_H 反映了回归值 $\hat{y}_1,\cdots,\hat{y}_n$ 的分散程度.又 $\hat{y}_i$ 是回归直线上对应于 x_i 的纵坐标,故 $\hat{y}_1,\cdots,\hat{y}_n$ 的分散性来源于 $x_1,x_2,\cdots,x_n$ 的分散性,它是通过 x 对 Y 的相关关系引起的,因此称其为回归平方和.而 S_e 则是总偏差 SS 中已分离出 x 对 Y 的线性影响外其余因素所产生的误差,反映了观察值偏离回归直线的程度.在 $Y=a+bx+e$ 的假定下,S_e 完全由随机项 e 引起,S_e 越小,即各观察值越接近回归直线,同时 S_H 与 SS 越接近.因此,可以用 S_e,S_H 相对的比值来判断 x 与 Y 之间的线性相关程度.特别地,当 $S_e=0$ 时,$SS=S_H$,各观察值全部落在回归直线上,这时 x 与 Y 完全线性相关.

二、F 检验

由以上分析可知,比值 S_H/S_e 反映了线性相关关系与随机因素对 Y

的影响的大小,比值越大,说明线性相关性越强.为了检验假设

$$H_0: b = 0$$

选取检验统计量

$$F = \frac{S_H}{S_e/(n-2)} \tag{8.11}$$

可以证明,当假设 H_0 成立时,式(8.11)定义的统计量服从 $F(1,n-2)$ 分布.因此,给定了显著水平 α 及一组样本观察值 $(x_1,y_1),(x_2,y_2),\cdots,(x_n,y_n)$ 之后,我们就可以对 x 与 Y 之间是否存在线性相关关系进行检验.相关性检验的步骤归纳如下:

①提出假设 $H_0: b=0$.

②选取统计量 $F=\dfrac{S_H}{S_e/(n-2)}$,当 H_0 成立时,$F \sim F(1,n-2)$.

③给定显著性水平 α,求出临界值 $C=F_\alpha(1,n-2)$.

④由样本值计算统计量 F 的值,若 $F \geqslant C$,则拒绝假设 H_0,即认为 x 与 Y 之间存在线性相关关系(或称线性回归效果显著).

例 8.5 就上节例 8.3 中,用 F 检验法检验物质吸附重量 Y 与温度 x 之间是否具有线性相关关系?($\alpha=0.05$)

解 要检验的假设为 $H_0: b=0$

计算可得

$$n = 9, l_{xx} = 13.098, l_{yy} = 114.519\,8, l_{xy} = 38.381\,07.$$

$$S_H = \frac{l_{xy}^2}{l_{xx}} = 112.409\,4, S_e = l_{yy} - S_H = 2.110\,36.$$

$$F = \frac{S_H}{S_e/n-2} = \frac{112.409\,4}{2.110\,36/7} = 372.922\,2 > F_{0.05}(1,7) = 5.59.$$

故拒绝 H_0,即认为 Y 与 x 之间线性关系是明显的.

注:

$SS = \sum (y_i - \bar{y})^2 = l_{yy}$

$S_H = \sum (\hat{y}_i - \bar{y})^2 = \sum (\hat{a} + \hat{b}x_i - \hat{a} - \hat{b}\bar{x})^2$

$= \sum [\hat{b}(x_i - \bar{x})]^2 = \hat{b}^2 \cdot l_{xx} = \left(\dfrac{l_{xy}}{l_{xx}}\right)^2 \cdot l_{xx} = \dfrac{l_{xy}^2}{l_{xx}}.$

三、t 检验

为检验相关性,也可考虑比值 S_H/SS,这个比值越大,说明 x 与 Y 之间线性相关性越强.因此,定义一个统计量

$$r^2 = \frac{S_H}{SS} = \frac{\hat{b}^2 \sum (x_i - \bar{x})^2}{\sum (y_i - \bar{y})^2} = \frac{\hat{b}^2 l_{xx}}{l_{yy}} = \frac{(l_{xy})^2}{l_{xx} l_{yy}}$$

即

$$r = \frac{l_{xy}}{\sqrt{l_{xx} \cdot l_{yy}}} \tag{8.12}$$

这个统计量 r 称为样本相关系数,不难证明,它正是两个总体 X,Y 的相关系数

$$\rho = \frac{\mathrm{Cov}(X,Y)}{\sqrt{D(X) \cdot D(Y)}}$$

的矩估计量.

显然,当 $r=0$ 时,有 $\hat{b}=\frac{l_{xy}}{l_{xx}}=0$. 可以证明,$E(\hat{b})=b$,且 $\hat{b} \sim N\left(b,\frac{\sigma^2}{l_{xx}}\right)$,从而

$$\frac{\hat{b}-b}{\sigma/\sqrt{l_{xx}}} \sim N(0,1)$$

上式中,因 σ 未知,用下面的统计量代替:

$$\hat{\sigma} = \sqrt{\frac{S_e}{n-2}}$$

其中

$$S_e = SS - S_H = l_{yy} - \hat{b}^2 l_{xx} = l_{yy} - r^2 l_{yy} = (1-r^2) l_{yy}.$$

所以,当 $b=0$ 时,统计量

$$t = \frac{\hat{b}}{\hat{\sigma}/\sqrt{l_{xx}}} = \frac{\hat{b}\sqrt{l_{xx}}}{\sqrt{S_e/n-2}} = \frac{l_{xy}}{\sqrt{l_{xx}l_{yy}} \cdot \sqrt{1-r^2}} \cdot \sqrt{n-2} = \frac{r}{\sqrt{1-r^2}}\sqrt{n-2}$$

且有

$$t = \frac{r}{\sqrt{1-r^2}} \cdot \sqrt{n-2} \sim t(n-2) \tag{8.13}$$

容易验证,式(8.11)中的统计量 F 与式(8.13)中的统计量 t 之间满足

$$F = \frac{S_H}{S_e/(n-2)} = \frac{(n-2)l_{xy}^2/l_{xx}}{l_{yy}\left(1-\frac{l_{xy}^2}{l_{xx}l_{yy}}\right)} = \frac{(n-2)r^2}{1-r^2} = t^2$$

根据以上讨论,为了检验假设 $H_0: b=0$(或检验 $H_0: r=0$),也可以选取式(8.13)中的统计量 t,即用 t 检验法来检验.

例 8.6 在例 8.3 中,用 t 检验法检验物质吸附重量 Y 与温度 x 之间是否具有线性相关关系?($\alpha=0.05$)

解 检验假设 $H_0: b=0$.

计算得

$$n=9, l_{xx}=13.098, l_{yy}=114.519\,8, l_{xy}=38.381\,07.$$

$$t = \frac{r}{\sqrt{1-r^2}} \cdot \sqrt{n-2} = \frac{l_{xy}}{\sqrt{l_{xx}l_{yy}-l_{xy}^2}}\sqrt{n-2} = 19.588\,3$$

由于

$$t_{\frac{\alpha}{2}}(n-2) = t_{0.025}(7) = 2.364\,6 < |t|$$

故拒绝 H_0,即认为线性回归效果显著,或认为 Y 与 x 之间线性关系是明

显的.

由以上各例可以看出,无论是求回归方程还是进行线性回归效果检验,计算量都很大.Excel 提供了一个回归分析宏,可以用来方便地求解实际应用中的这类问题.

例 8.7　为了研究某个品种的水稻亩产量 Y 与某种化肥施用量 x 之间的关系,某农科部门进行了 7 次试验,所得数据见表 8.4.

表 8.4

化肥施用量 x/kg	15	20	25	30	35	40	45
水稻亩产量 Y/kg	330	345	365	405	445	490	445

①计算化肥施用量与水稻亩产量之间的相关系数.

②求水稻亩产量对化肥施用量的线性回归方程.

③检验②中回归效果是否显著?($\alpha=0.05$)

解　利用 Excel 提供的回归分析宏求解如下:

Step 1　输入样本数据,如图 8.9 所示.

	A	B	C	D
1	化肥施用量	水稻亩产量		
2	15	330		
3	20	345		
4	25	365		
5	30	405		
6	35	445		
7	40	490		
8	45	445		

图 8.9

Step 2　然后在主菜单中依次选择“数据”“数据分析”选项,弹出“数据分析”对话框.从对话框的“分析工具”列表中选择“回归”,如图 8.10所示.单击“确定”按钮进入“回归”对话框,并在对话框中输入相应数据,如图 8.11 所示.

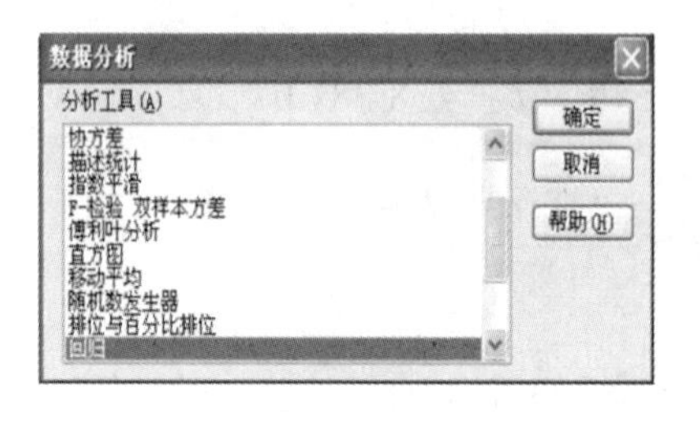

图 8.10

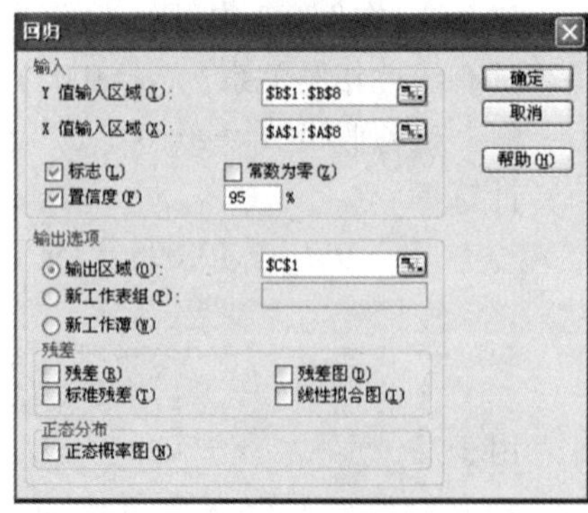

图 8.11

单击“确定”按钮,结果如图 8.12 所示.

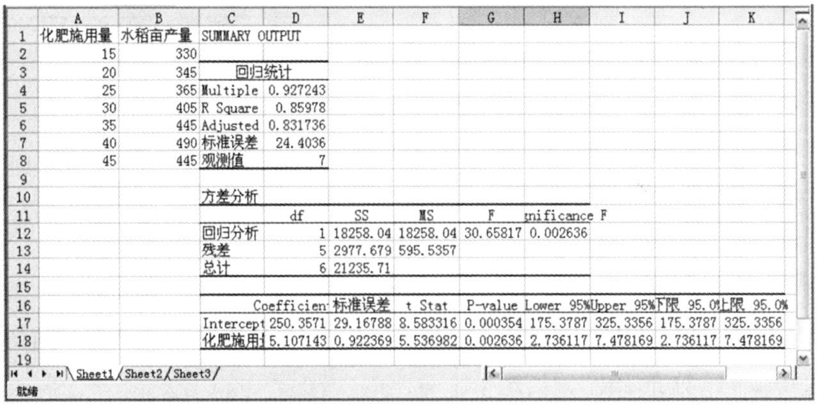

回归分析宏输出结果的解释

	A	B	C	D	E	F	G	H	I	J	K
1	化肥施用量	水稻亩产量	SUMMARY OUTPUT								
2	15	330									
3	20	345	回归统计								
4	25	365	Multiple	0.927243							
5	30	405	R Square	0.85978							
6	35	445	Adjusted	0.831736							
7	40	490	标准误差	24.4036							
8	45	445	观测值	7							
9											
10			方差分析								
11				df	SS	MS	F	gnificance F			
12			回归分析	1	18258.04	18258.04	30.65817	0.002636			
13			残差	5	2977.679	595.5357					
14			总计	6	21235.71						
15											
16				Coefficien	标准误差	t Stat	P-value	Lower 95%	Upper 95%	下限 95.0%	上限 95.0%
17			Intercept	250.3571	29.16788	8.583316	0.000354	175.3787	325.3356	175.3787	325.3356
18			化肥施用量	5.107143	0.922369	5.536982	0.002636	2.736117	7.478169	2.736117	7.478169
19											

Sheet1 Sheet2 Sheet3

就绪

图 8.12

①由图 8.12 中的回归统计表中 Multiple R 值,得相关系数约为 0.927.

②由图 8.12 中的回归参数表中,可知截距为 250.357,斜率为5.107,故线性回归方程为 $\hat{y}=250.357+5.107x$.

③由图 8.12 中的方差分析表中 Significance F 参数值,即 F 检验的 P 值为 $0.002\ 6<\alpha=0.05$,所以拒绝假设,水稻亩产量对化肥施用量线性回归效果是显著的.

8.3 一元线性回归的预测与控制

如果变量 Y 与 x 之间线性相关关系显著,利用观察数据 (x_1,y_1), (x_2,y_2), $\cdots$, (x_n,y_n) 求出的线性回归方程 $\hat{y}=\hat{a}+\hat{b}x$ 就大致反映了 Y 与 x 之间的变化规律,从而我们可以利用回归方程进行预测与控制.

一、预测

对于一元线性回归模型

$$Y = a + bx + e, e \sim N(0,\sigma^2)$$

当自变量 $x=x_0$ 时,相应地,$Y_0=a+bx_0+e_0$,由于 Y_0 是随机的,故很自然地想到利用 $\hat{y}_0=\hat{a}+\hat{b}x_0$ 作为 Y_0 的预测值,这就是 Y_0 的点估计值,称为点预测.在实际应用中,往往还需要知道 Y_0 的一个预测值范围,这就应当对 Y_0 作区间估计,即给定置信水平 $1-\alpha$,求出 Y_0 的一个置信区间,这个区间称为预测区间.

为确定 Y_0 的置信区间,我们利用统计量

$$T=\frac{Y_0-\hat{y}_0}{\hat{\sigma}\cdot\sqrt{1+\frac{1}{n}+\frac{(x_0-\bar{x})^2}{\sum_{i=1}^{n}(x_i-\bar{x})^2}}}=\frac{Y_0-\hat{a}-\hat{b}x_0}{\hat{\sigma}\cdot\sqrt{1+\frac{1}{n}+\frac{(x_0-\bar{x})^2}{\sum_{i=1}^{n}(x_i-\bar{x})^2}}} \tag{8.14}$$

其中

$$\hat{\sigma}=\sqrt{\frac{S_e}{n-2}}$$

可以证明,在正态模型的假设下,式(8.14)定义的统计量 T 服从自由度为 $n-2$ 的 t 分布.给定置信水平 $1-\alpha$,有

$$P\{|T|<t_{\frac{\alpha}{2}}(n-2)\}=1-\alpha$$

由此可得 Y_0 的置信区间

$$\left(\hat{a}+\hat{b}x_0\ \pm t_{\frac{\alpha}{2}}(n-2)\hat{\sigma}\cdot\sqrt{1+\frac{1}{n}+\frac{(x_0-\bar{x})^2}{\sum_{i=1}^{n}(x_i-\bar{x})^2}}\right)$$

令

$$\delta(x)=t_{\frac{\alpha}{2}}(n-2)\hat{\sigma}\cdot\sqrt{1+\frac{1}{n}+\frac{(x-\bar{x})^2}{\sum_{i=1}^{n}(x_i-\bar{x})^2}}$$

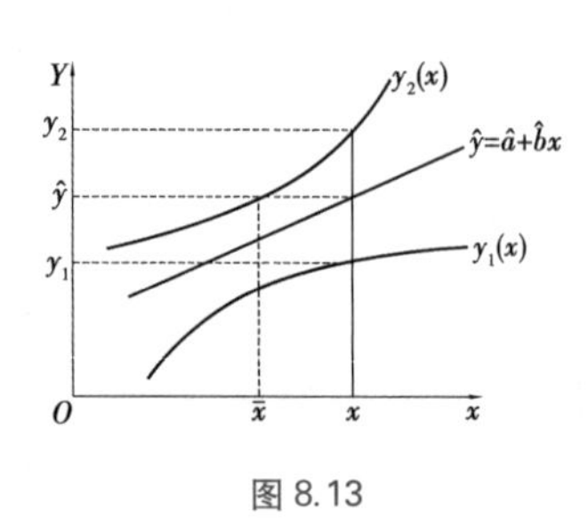

图 8.13

于是当 $x=x_0$ 时,Y_0 的置信区间为

$$[\hat{a}+\hat{b}x_0-\delta(x_0),\hat{a}+\hat{b}x_0+\delta(x_0)]\text{ 或}[\hat{y}_0-\delta(x_0),\hat{y}_0+\delta(x_0)]$$

一般来说,若记为

$$y_1(x)=\hat{y}-\delta(x)=\hat{a}+\hat{b}x-\delta(x)$$

$$y_2(x)=\hat{y}+\delta(x)=\hat{a}+\hat{b}x+\delta(x) \tag{8.15}$$

则对于任意的 x,$Y=a+bx+e$ 的 $1-\alpha$ 预测区间为$[y_1(x),y_2(x)]$,如图8.13所示.

在图 8.13 中,夹在 $y_1(x)$ 和 $y_2(x)$ 之间的部分就是 $Y=a+bx+e$ 的 $1-\alpha$ 预测带,预测带在 $x=\bar{x}$ 处最窄,当 x 离 $\bar{x}$ 越远,预测带越宽,两端呈喇叭口状.也就是说,对于给定的样本观察值和置信水平而言,当 x 越靠近 $\bar{x}$,预测区间的长度越短,预测就越精确;当 x 偏离 $\bar{x}$ 越远,预测区间的长度越大,预测的精度要差一些.

当 n 很大,且 x 离 $\bar{x}$ 不太远时,由于

$$\sqrt{1+\frac{1}{n}+\frac{(x-\bar{x})^2}{\sum_{i=1}^{n}(x_i-\bar{x})^2}}\approx 1$$

且自由度为 $n-2$ 的 t 分布近似于标准正态分布 $N(0,1)$,因此有近似式

$$\delta(x) \approx z_{\frac{\alpha}{2}} \cdot \hat{\sigma}$$

这时,图 8.13 中的两条曲线 $y_1(x)$ 和 $y_2(x)$ 可用两条直线近似表示,即

$$\tilde{y}_1(x) = \hat{y} - z_{\frac{\alpha}{2}} \cdot \hat{\sigma} = \hat{a} + \hat{b}x - z_{\frac{\alpha}{2}} \cdot \hat{\sigma}$$

$$\tilde{y}_2(x) = \hat{y} + z_{\frac{\alpha}{2}} \cdot \hat{\sigma} = \hat{a} + \hat{b}x + z_{\frac{\alpha}{2}} \cdot \hat{\sigma} \tag{8.16}$$

如图 8.14 所示.

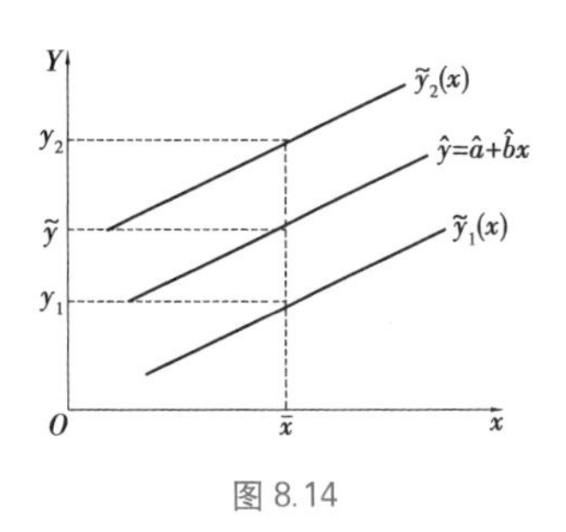

图 8.14

例 8.8 根据例 8.1 的资料,若 2022 年的人均国内生产总值为 12 741美元,求人均消费支出的预测值及预测区间($1-\alpha=0.95$).

解 由例 8.2 知道,回归方程为

$$\hat{y} = 1\ 315.45 + 1.853\ 2x$$

运用回归方程,可以得到

$$\hat{y}_0 = 1\ 315.45 + 1.853\ 2 \times 12\ 741 \approx 24\ 927(\text{元})$$

因此 2022 年的人均消费支出预测值为 24 927 元.

又当 $x_0=12\ 741$ 时,人均消费 Y_0 的 95%预测区间为

$$[\hat{y}_0 - \delta(x_0), \hat{y}_0 + \delta(x_0)]$$

可求得:$z_{\frac{0.05}{2}}=1.96$,$\hat{\sigma}=693.91$,$\delta(x_0)= 1.96\times693.91\approx1\ 360$,

故由式(8.16)可求出 Y_0 的近似预测区间为

$$[24\ 927 - 1\ 360, 24\ 927 + 1\ 360] = [23\ 567, 26\ 287]$$

二、控制

控制是预测的反问题.对于 Y 的一个指定区间$[y_1,y_2]$,求出 x 的一个区间,例如$[x_1,x_2]$,使得当 $x_1\leqslant x\leqslant x_2$ 时,相应 Y 的取值以置信度 $1-\alpha$ 落在区间$[y_1,y_2]$内.这就是所谓的控制问题.

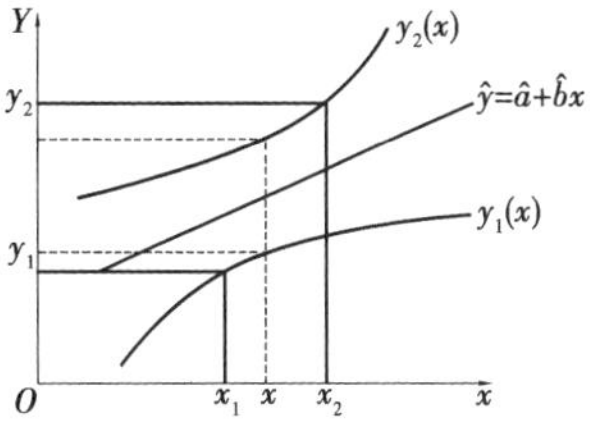

要想由式(8.15)解出 x_1,x_2 是比较困难的,如图 8.15 所示,对任意的 x,满足 $x_1\leqslant x\leqslant x_2$,其预测区间只有包含在区间$[y_1,y_2]$内,才能满足控制的要求.

图 8.15

而 x 点的预测区间长度为 $2\delta(x)$,即必须有

$$2\delta(x) = 2t_{\frac{\alpha}{2}}(n-2)\hat{\sigma} \cdot \sqrt{1 + \frac{1}{n} + \frac{(x-\bar{x})^2}{\sum_{i=1}^{n}(x_i-\bar{x})^2}} \leqslant y_2 - y_1$$

才能求解控制问题.这里我们仅讨论当 n 很大,且 x 偏离 $\bar{x}$ 不太远时的情形.

当 $y_2-y_1\geqslant2z_{\frac{\alpha}{2}}\cdot\hat{\sigma}$ 时,由式(8.16),令

$$y_1 = \hat{a} + \hat{b}x - z_{\frac{\alpha}{2}} \cdot \hat{\sigma}$$

$$y_2 = \hat{a} + \hat{b}x + z_{\frac{\alpha}{2}} \cdot \hat{\sigma}$$

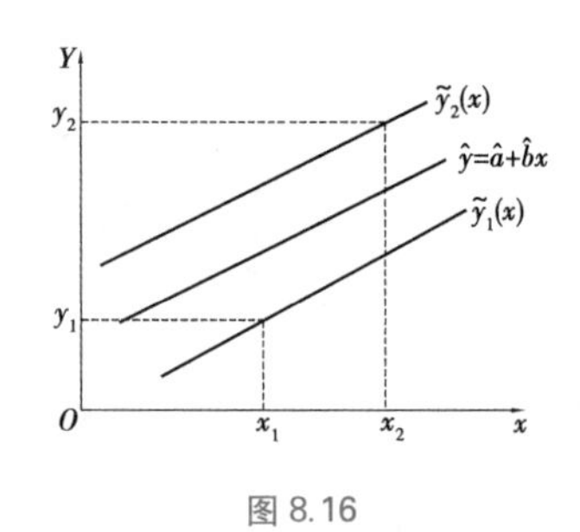

图 8.16

解得控制 x 的上、下限分别为

$$x_1 = \frac{y_1 - \hat{a} + z_{\frac{\alpha}{2}} \cdot \hat{\sigma}}{\hat{b}}, x_2 = \frac{y_2 - \hat{a} - z_{\frac{\alpha}{2}} \cdot \hat{\sigma}}{\hat{b}}$$

如图 8.16 所示.

习题 8

1. 判断题.

①回归分析是对具有函数关系的两个变量进行统计分析的一种方法.　(　　)

②回归分析和相关分析一样,所分析的两个变量都一定是随机变量.　(　　)

③在回归分析中,对于没有明显因果关系的两个变量可以求得它们的回归方程.　(　　)

④利用回归方程,两个变量可以相互推算.　(　　)

⑤一个回归变量只能做一种推算,即给出自变量的数值估计因变量的可能值.　(　　)

⑥当相关系数 r 为正时,回归系数 b 一定为正.　(　　)

⑦在残差图中,残差点比较均匀地落在水平的带状区域内,说明选用的模型比较恰当.(　　)

⑧比较两个模型的拟合效果,可以比较残差平方和的大小,残差平方和越小的模型,拟合效果越好.　(　　)

2. 选择题.

①下列说法正确的是(　　).

A. 任何两个变量都具有相关关系

B. 人的知识与其年龄具有相关关系

C. 散点图中的各点是分散的,没有规律

D. 根据散点图求得的回归直线方程都是有意义的

②在画两个变量的散点图时,下面正确的叙述是(　　).

A. 预报变量在 x 轴上,解释变量在 y 轴上

B. 解释变量在 x 轴上,预报变量在 y 轴上

C. 可以选择两个变量中任意一个变量在 x 轴上

D. 可以选择两个变量中任意一个变量在 y 轴上

③回归模型不可用于(　　).

A. 反映变量之间一般的数量变动关系　　B. 预测

C. 反映变量之间相互关系的密切程度　　D. 反映变量之间的变化方向

④以下说法中正确的个数是(　　).

①线性回归分析就是由样本点去寻找一条直线贴近这些样本点的方法

②利用样本点的散点图可以直观判断两个变量是否具有线性关系

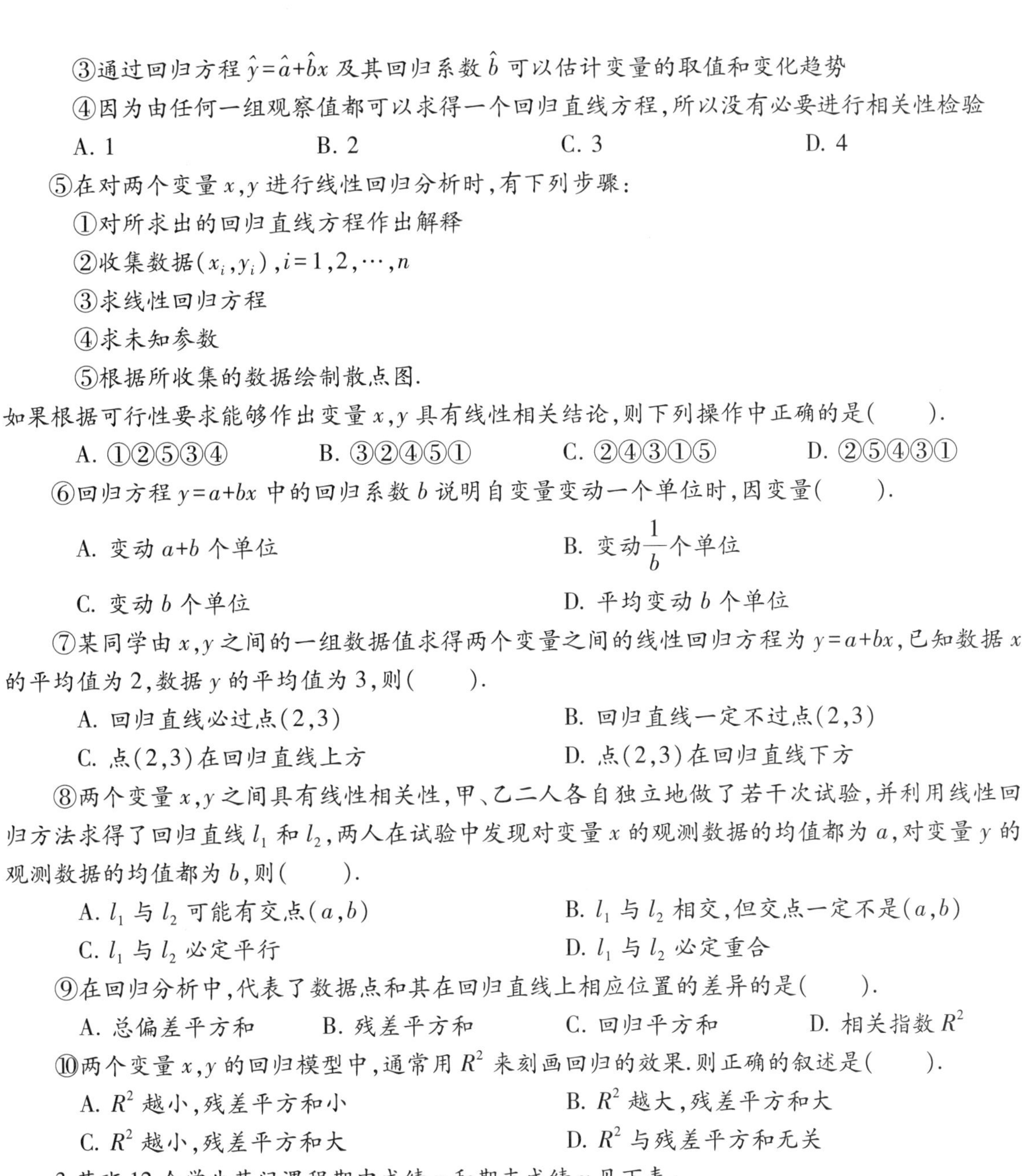

③通过回归方程 $\hat{y}=\hat{a}+\hat{b}x$ 及其回归系数 $\hat{b}$ 可以估计变量的取值和变化趋势

④因为由任何一组观察值都可以求得一个回归直线方程,所以没有必要进行相关性检验

A. 1　　B. 2　　C. 3　　D. 4

⑤在对两个变量 x,y 进行线性回归分析时,有下列步骤:

①对所求出的回归直线方程作出解释

②收集数据 (x_i,y_i),$i=1,2,\cdots,n$

③求线性回归方程

④求未知参数

⑤根据所收集的数据绘制散点图.

如果根据可行性要求能够作出变量 x,y 具有线性相关结论,则下列操作中正确的是(　　).

A. ①②⑤③④　　B. ③②④⑤①　　C. ②④③①⑤　　D. ②⑤④③①

⑥回归方程 $y=a+bx$ 中的回归系数 b 说明自变量变动一个单位时,因变量(　　).

A. 变动 $a+b$ 个单位　　B. 变动$\frac{1}{b}$个单位

C. 变动 b 个单位　　D. 平均变动 b 个单位

⑦某同学由 x,y 之间的一组数据值求得两个变量之间的线性回归方程为 $y=a+bx$,已知数据 x 的平均值为 2,数据 y 的平均值为 3,则(　　).

A. 回归直线必过点(2,3)　　B. 回归直线一定不过点(2,3)

C. 点(2,3)在回归直线上方　　D. 点(2,3)在回归直线下方

⑧两个变量 x,y 之间具有线性相关性,甲、乙二人各自独立地做了若干次试验,并利用线性回归方法求得了回归直线 l_1 和 l_2,两人在试验中发现对变量 x 的观测数据的均值都为 a,对变量 y 的观测数据的均值都为 b,则(　　).

A. l_1 与 l_2 可能有交点 (a,b)　　B. l_1 与 l_2 相交,但交点一定不是 (a,b)

C. l_1 与 l_2 必定平行　　D. l_1 与 l_2 必定重合

⑨在回归分析中,代表了数据点和其在回归直线上相应位置的差异的是(　　).

A. 总偏差平方和　　B. 残差平方和　　C. 回归平方和　　D. 相关指数 R^2

⑩两个变量 x,y 的回归模型中,通常用 R^2 来刻画回归的效果.则正确的叙述是(　　).

A. R^2 越小,残差平方和小　　B. R^2 越大,残差平方和大

C. R^2 越小,残差平方和大　　D. R^2 与残差平方和无关

3. 某班 12 个学生某门课程期中成绩 x 和期末成绩 y 见下表:

x	65	63	67	64	68	62	70	66	68	67	69	71
y	68	66	68	65	69	66	68	65	71	67	68	70

①构造一个散点图.

②求 y 关于 x 的直线回归方程.

4. 某一时间内某种商品的价格 p(元)与需求量 Y(件)的观测数据见下表：

p	2	3	4	5	6	8	10	12	14	16
Y	15	20	25	30	35	45	60	80	80	110

求需求量 Y 对价格 p 的直线回归方程.

5. 考察硫酸铜在水中的溶解重量 Y 与温度 x 的关系时，做了 9 组实验，其数据如下：

x/℃	0	10	20	30	40	50	60	70	80
Y/g	14.0	17.5	21.2	26.1	29.2	33.3	40.0	48.0	54.8

①求 Y 对 x 的回归方程.

②求出样本相关系数 r，并说明 r 在题中表示的意义.

6. 某市场连续 12 天卖出黄瓜的价格 x(元/kg)和销售量 Y(kg)的调查数据如下：

x	1	0.9	0.8	0.7	0.7	0.7	0.7	0.65	0.6	0.6	0.55	0.5
Y	55	70	90	100	90	105	80	110	125	115	130	130

①试求销售量对价格的回归方程.

②检验线性回归的显著性($\alpha=0.05$).

7. 为确定广告费用 x(万元)与销售额 Y(万元)的关系，现统计得如下资料：

x	40	25	20	30	40	40	25	20	50	20	50	50
Y	490	395	420	475	385	525	480	400	560	365	510	540

①求销售额对广告费的回归方程.

②检验回归的显著性($\alpha=0.05$).

③试求当广告费用为 43 万元时，销售额的预测值.

8. 下表列出了 6 个工业发达国家某一年的失业率与国民经济增长率的数据：

国　家	国民经济增长率 x/%	失业率 Y/%
美　国	3.2	5.8
日　本	5.6	2.1
法　国	3.5	6.1
西　德	4.5	3.0
意大利	4.9	3.9
英　国	1.4	5.7

①建立 Y 关于 x 的回归方程.

②检验回归效果是否显著性($\alpha=0.05$).

③若某一工业发达国家的国民经济增长率为 3%,求其失业率的预测值.

9. 实验室做陶粒混凝土实验中,考察每立方米混凝土用量(kg)对混凝土抗压强度(kg/cm^3)的影响,测得数据如下:

水泥用量 x	抗压强度 Y
150	56.9
160	58.3
170	61.6
180	64.6
190	68.1
200	71.3
210	74.1
220	77.4
230	80.2
240	82.6
250	86.4
260	89.7

①建立 Y 关于 x 的回归方程;

②检验回归效果的显著性($\alpha=0.05$);

③当 $x_0=225$ kg,求 Y 的预测值及预测区间($\alpha=0.05$).

10. 某商品需求量 Y 与价格 x 的统计资料见下表,试求需求函数的近似公式(设需求函数为价格的幂函数).

Y	543	580	618	695	724	812	887	991	1 186	1 940
x	61	54	50	43	38	36	28	23	19	10

11. 假设 x 为一可控变量,Y 为一随机变量,服从正态分布,x 与 Y 之间有线性关系.现就不同的 x 值,对 Y 进行观察,得如下数据:

x	0.25	0.37	0.44	0.55	0.60	0.62	0.68	0.70	0.73
Y	2.57	2.31	2.12	1.92	1.75	1.71	1.60	1.51	1.50
x	0.75	0.82	0.84	0.87	0.88	0.90	0.95	1.00	
Y	1.41	1.33	1.31	1.25	1.20	1.19	1.15	1.00	

①求 Y 对 x 的直线回归方程.

②求 Y 的 95%预测区间.

③为了把 Y 限制在区间[1.08,1.68]内,则 x 应在什么范围内取值?($\alpha=0.05$)

参考答案

习题 1

1.①× ②× ③× ④× ⑤√ ⑥× ⑦× ⑧× ⑨× ⑩×

2.①C ②A ③D ④C ⑤D ⑥B ⑦B ⑧B ⑨D ⑩A

⑪C ⑫B ⑬B ⑭B ⑮A

3.①$\Omega=\{n \mid n\geqslant 0, n\in N\}$

②$\Omega=\{10,11,\cdots\}$

③$\Omega=\{T \mid T_0\leqslant T\leqslant T_1\}$,$T_0$ 为该地区最低气温,T_1 为该地区最高气温

④$\Omega=\{0,1,2,3\}$,0 为不合格品

⑤$\Omega=$\{红红,白白,红白\}

4.①该生是计算机系一年级的男生,但不是运动员

②计算机系运动员全是一年级男生

③计算机系运动员全是一年级学生时,$C\subseteq B$

④当计算机系一年级学生全是女生,而其他年级学生全是男生的条件下,$\overline{A}=B$

5.①ABC ②$\overline{A}\,\overline{B}\,\overline{C}$ ③$AB\overline{C}$ ④$A\overline{B}\,\overline{C}$ ⑤$A\cup B\cup C$ ⑥$\overline{A}\,\overline{B}\cup\overline{A}\,\overline{C}\cup\overline{B}\,\overline{C}$

⑦$\overline{A}\,\overline{B}$ ⑧$\overline{AB}$

6.$\overline{A_1}$:甲不成功

$A_1\cup A_2$:甲乙至少有一人成功

$\overline{A_2A_3}$:乙丙至少有一人不成功

$\overline{A_2}\cup\overline{A_3}$:乙丙至少有一人不成功

$A_1A_2A_3$:甲乙丙都成功

$A_1A_2\cup A_2A_3\cup A_1A_3$:甲乙丙中至少有两人成功

7.①成立 ②成立 ③成立 ④不成立

8.略

9.略

10.略

11.q

12.①0.3 ②0.5

13.$P(\overline{B})=0.7$,$P(A-B)=0.5$

14.$\frac{5}{8}$

15.0.6

16.①0.6　②0.8　③0.2　④0.9

17.①$\frac{1}{7^6}$　②$\left(\frac{6}{7}\right)^6$　③$1-\frac{1}{7^6}$

18.①0.504　②0.496

19.①0.027　②0.189　③0.216

20.$\frac{1}{3}$

21.$\frac{3}{10},\frac{2}{9}$

22.$\frac{44}{45}$

23.是

24.略

25.略

26.$P(A\cup B)=0.58, P(AB)=0.12$

27.$r^5-r^4-2r^3+2r^2+r$

28.0.097

29.$C_{200}^1\times0.005\times0.995^{199}+0.995^{200}$　或　0.735 8

30. $\sum_{k=6}^{10}C_{10}^k\left(\frac{1}{4}\right)^k\cdot\left(\frac{3}{4}\right)^{10-k}$

31.约 4.5×10^{-5}

32.①$0.94^n$　②$C_n^2(0.06)^2(0.94)^{n-2}$　③$\sum_{k=2}^{n}C_n^k(0.06)^k(0.94)^{n-k}$

33.0.595

34.①$\frac{3}{20}$　②0.5

35.$\frac{2}{35}$

36.$\frac{49}{85}$

习题 2

1.①×　②×　③×　④×　⑤√　⑥×　⑦√　⑧×　⑨×　⑩×
　⑪√　⑫√　⑬×　⑭√　⑮×

2.①B　②C　③A　④A　⑤D　⑥B　⑦C　⑧C　⑨C　⑩B
　⑪C　⑫C　⑬C　⑭A　⑮A　⑯A　⑰C　⑱C　⑲C　⑳C

3.

X	0	1	2
P	1/10	3/5	3/10

$$F(x)=\begin{cases}0, & x<0;\\ \frac{1}{10}, & 0\leqslant x<1;\\ \frac{7}{10}, & 1\leqslant x<2;\\ 1, & 2\leqslant x.\end{cases}$$

4.$P(X=k)=C_8^k\left(\frac{3}{4}\right)^k\left(\frac{1}{4}\right)^{8-k},k=0,1,\cdots,8$

5.$P(X\geqslant 2)=1-P(X\leqslant 1)\approx 1-\sum_{k=0}^{1}\frac{0.1^k}{k!}e^{-0.1}=1-0.995\ 3=0.004\ 7$

6.$P(X>8)=1-P(X\leqslant 8)=1-\sum_{k=0}^{8}\frac{3^k}{k!}e^{-3}=1-0.996\ 2=0.003\ 8$

7.8

8.①$a=\frac{1}{2},b=\frac{1}{\pi}$　②$\frac{1}{2}$

9.①$A=1$　②0.4　③$f(x)=\begin{cases}2x, & 0<x<1,\\ 0, & 其他.\end{cases}$

10.①$a=10$　②$F(x)=\begin{cases}0, & x\leqslant 10;\\ 1-\frac{10}{x}, & x>10.\end{cases}$　③$\frac{1}{6}$

11.0.6

12.$P(Y=k)=C_5^k(e^{-2})^k(1-e^{-2})^{5-k},k=0,1,\cdots,5$

$P(Y\geqslant 2)=1-(1-e^{-2})^4(1+4e^{-2})$

13.①0.532 8　②0.308 8　③0.5

14.186.31 cm

15.

Y	2	$\frac{\pi}{2}+2$	$\pi+2$
P	$\frac{1}{4}$	$\frac{1}{2}$	$\frac{1}{4}$

Z	0	1
P	$\frac{1}{2}$	$\frac{1}{2}$

16. ① $f_Y(y)=\begin{cases}\dfrac{(y-1)^2}{18}, & -2<y<4,\\ 0, & \text{其他};\end{cases}$ ② $f_Y(y)=\begin{cases}\dfrac{3}{2}\sqrt{y}, & 0<y<1,\\ 0, & \text{其他}.\end{cases}$

17. $f_V(v)=\begin{cases}\dfrac{\sqrt[3]{\dfrac{6}{\pi}}}{3(b-a)}v^{-\frac{2}{3}}, & \dfrac{\pi}{6}a^3<v<\dfrac{\pi}{6}b^3,\\ 0, & \text{其他}.\end{cases}$

18.

X \ Y	1	2	3
3	$\frac{1}{10}$	0	0
4	$\frac{2}{10}$	$\frac{1}{10}$	0
5	$\frac{3}{10}$	$\frac{2}{10}$	$\frac{1}{10}$

19.

X_1 \ X_2	0	1
0	$1-e^{-1}$	0
1	$e^{-1}-e^{-2}$	e^{-2}

20. ① $C=\dfrac{21}{4}$ ② $f_X(x)=\begin{cases}\dfrac{21}{8}x^2(1-x^4), & -1<x<1,\\ 0, & \text{其他};\end{cases}$ ③ 0.15

21. ① $F(x,y)=\begin{cases}(1-e^{-3x})(1-e^{-4y}), & x>0,y>0,\\ 0, & \text{其他};\end{cases}$ ② 0.949 9

22. ① $\dfrac{1}{2}$ ② 0.120 7

23. ① $a=\dfrac{1}{6}$

②

X	0	1	2
P	$\frac{1}{2}$	$\frac{7}{24}$	$\frac{5}{24}$

Y	-1	$\frac{1}{2}$	1
P	$\frac{5}{24}$	$\frac{1}{2}$	$\frac{7}{24}$

③X 与 Y 不相互独立.

24.0.89

25.①6 ②$f_X(x)=\begin{cases}2x, 0<x<1,\\0, 其他;\end{cases}$ $f_Y(y)=\begin{cases}3y^2, 0<y<1,\\0, 其他;\end{cases}$

③$F(x,y)=\begin{cases}x^2y^3, 0<x<1, 0<y<1,\\x^2, 0<x<1, y\geqslant 1,\\y^3, x\geqslant 1, 0<y<1,\\1, x\geqslant 1, y\geqslant 1,\\0, 其他;\end{cases}$

④$P\{Y\leqslant X\}=\frac{2}{5}$

26.X 与 Y 不相互独立

27.①$\frac{1}{2}(1-e^{-2})$ ②$1-\frac{1}{2}e^{-1}$

*28.

$X+Y$	2	3	4	5
P	$\frac{1}{4}$	$\frac{3}{8}$	$\frac{1}{4}$	$\frac{1}{8}$

$X-Y$	-2	-1	0	1	2
P	$\frac{1}{8}$	$\frac{1}{4}$	$\frac{1}{4}$	$\frac{1}{4}$	$\frac{1}{8}$

$2X$	2	4	6
P	$\frac{5}{8}$	$\frac{1}{8}$	$\frac{1}{4}$

XY	1	2	3	6
P	$\frac{1}{4}$	$\frac{3}{8}$	$\frac{1}{4}$	$\frac{1}{8}$

习题 3

1.①× ②√ ③× ④× ⑤√ ⑥× ⑦√ ⑧× ⑨× ⑩×
⑪√ ⑫× ⑬√ ⑭√ ⑮×

2.①B ②C ③C ④B ⑤A ⑥B ⑦D ⑧A ⑨D ⑩C
⑪B ⑫A ⑬C ⑭A ⑮D ⑯D ⑰D ⑱B ⑲B ⑳B

3.$\frac{9}{2}$

4.$E(X)=3, E(X^2)=11, E[(X+2)^2]=27$

5.4

6.1

7.$a=0.1, b=0.3$,乙方差更小,更稳定

8.$E(X)=\frac{2}{5}, E\left(\frac{1}{X+1}\right)=\frac{1}{3}$

9.$E(X)=0, D(X)=2$

10.$\frac{3}{2}$

11.$\frac{1}{20}$

12.5

13.略

14.略

15.$E(Y)=0, E(Z)=\frac{1}{2}$

16.$\frac{1}{\lambda}(1-e^{-\lambda})$

17.$\frac{4}{3}$

18.$\frac{35}{3}$

19.$9\left[1-\left(\frac{8}{9}\right)^{25}\right]$

20.$E(Z)=\frac{1}{4}, D(Z)=\frac{39}{80}$

21.$E(Z)=1, D(Z)=\frac{1}{6}$

22.$E(X)=\frac{4}{3}, E(Y)=\frac{5}{8}, E(X+Y)=\frac{47}{24}, E(XY)=\frac{5}{6}$

23.$\mathrm{Cov}(X,Y)=-\frac{1}{4}n, \rho_{XY}=-1$

24. $\mathrm{Cov}(X-Y,Y)=-\frac{2}{3},\rho_{XY}=0$

25. $\frac{3}{5}$

26. $E(X)=0.6,E(Y)=0.2,E(XY)=0.12,\mathrm{Cov}(X^2,Y^2)=-0.02$

27. $E(Z)=\frac{1}{3},D(Z)=3,\rho_{XZ}=0$;$X$ 与 Z 不一定独立

28. $E(X)=\frac{2}{3},E(Y)=0,\mathrm{Cov}(X,Y)=0$;$X$ 与 Y 不独立

29. $a=\pm1,b=\frac{\sqrt{2}}{4},c=-\frac{3\sqrt{2}}{4}$或 $a=\pm1,b=-\frac{\sqrt{2}}{4},c=\frac{3\sqrt{2}}{4}$

30. 原点矩:$\mu_1=\frac{4}{3},\mu_2=2,\mu_3=\frac{16}{5},\mu_4=\frac{16}{3}$

中心矩:$v_1=0,v_2=\frac{2}{9},v_3=-\frac{8}{135},v_4=\frac{16}{135}$

31. $v_3=0,v_4=3\sigma^4$

习题 4

1. ①√ ②√ ③√ ④× ⑤√ ⑥× ⑦√
2. ①C ②B ③D ④A ⑤D
3. $\geqslant\frac{13}{16}$
4. $\geqslant\frac{3}{4}$
5. 略
6. 略
7. 0.522
8. 0.211 9
9. 0.952 5
10. ①0.180 2 ②$\leqslant443$
11. $n\geqslant25$
12. 16
13. 0.954 4
14. 0.816 4
15. ①0.001 35 ②33
16. $\approx0.012\ 8$
17. 6 135

习题 5

1. ①× ②√ ③√ ④× ⑤√ ⑥×
2. ①D ②C ③D ④B ⑤D ⑥C ⑦C ⑧C ⑨C ⑩C

⑪B ⑫D ⑬B ⑭D ⑮C

3. $P\{X_1=x_1,\cdots,X_n=x_n\}=p^{\sum\limits_{i=1}^{n}x_i}(1-p)^{n-\sum\limits_{i=1}^{n}x_i}$, $x_i=0,1,i=1,\cdots,n$

4. $P\{X_1=x_1,\cdots,X_n=x_n\}=\dfrac{\lambda^{\sum\limits_{i=1}^{n}x_i}}{\prod\limits_{i=1}^{n}x_i!}e^{-n\lambda}$, x_i 为非负整数

5. $f(x_1,\cdots,x_n)=(2\pi\sigma^2)^{-\frac{n}{2}}e^{-\frac{\sum\limits_{i=1}^{n}(x_i-\mu)^2}{2\sigma^2}}$, $-\infty<x_i<\infty,i=1,\cdots,n$

6. ① $f(x_1,x_2,\dots,x_6)=\begin{cases}\theta^{-6},0<x_1,x_2,\dots,x_6<\theta\\0,\ 其他;\end{cases}$

②0.8 0.052

7. ①、②、④是统计量 ③、⑤不是统计量,因为其中含有未知参数 μ

8. 略

9. 215.1,416.1,44 642.5,374.49

10. 0.829

11. 42

12. 0.95

13. ①0.98 ②0.97

14. $t(16)$

15. $c=\dfrac{1}{3}$

16. $c=\dfrac{1}{20}$,2

17. 7

18. ①3.325 ②21.666 ③27.488 ④26.217

19. ①2.602 ②1.341 ③2.681 ④−2.681

20. $c=-1.812$

21. 略

22. 0.888 6

23. 0.816 4

24. 0.025 4

25. 0.921 3

26. (0.025,0.05)

27. 0.450 4

习题 6

1. ①√ ②× ③√ ④× ⑤× ⑥√ ⑦√ ⑧√ ⑨√ ⑩×

2. ①A ②C ③D ④A ⑤B ⑥B ⑦A ⑧C ⑨B ⑩C

⑪B ⑫B ⑬D ⑭B ⑮D ⑯A ⑰D ⑱B ⑲A ⑳A

3.矩估计量为 $\hat{\theta}=\dfrac{1-2\overline{X}}{\overline{X}-1}$,最大似然估计量为 $\hat{\theta}=-1-\dfrac{6}{\sum\limits_{i=1}^{6}\ln X_i}$,

相应的估计值分别为 0.3,0.2

4.均为 $\hat{\lambda}=2$

5.$\dfrac{5}{6}$,$\dfrac{5}{6}$

6.$\hat{\mu}=\overline{X}$,$\hat{\sigma}^2=B_2$

7.$\dfrac{4}{3}\overline{X}$

8.$\hat{\theta}=\overline{X}$

9.$\hat{\theta}=\left(\dfrac{n}{\ln(X_1\cdot X_2\cdots X_n)}\right)^2$

10.$\hat{\mu}=1.22$,$\hat{\sigma}^2=1.27$

11.①$\hat{\theta}=2\overline{X}-1$ ②$\hat{\theta}=\min(X_1,X_2,\cdots,X_n)$

12.四个都是

13.略

14.提示:$E(\hat{\theta}^2)=D(\hat{\theta})+(E(\hat{\theta}))^2=D(\hat{\theta})+\hat{\theta}^2>\hat{\theta}^2$

15.是. $\hat{\mu}_1$ 最有效

16.略

17.[110.43,119.57]

18.[14.81,15.08],[14.74,15.16]

19.$n\geqslant 15.37\dfrac{\sigma^2}{L^2}$

20.[4.69,6.47]

21.[159.73,180.27]

22.[0.001 3,0.005 8]

23.[33.76,271.56]

24.$n\geqslant 97$

25.[7.64,12.36]

26.39 岁零 3 个月

习题 7

1.①√ ②× ③× ④× ⑤√ ⑥√ ⑦× ⑧× ⑨× ⑩×

2.①B ②B ③A ④D ⑤A ⑥B ⑦A ⑧A ⑨D ⑩D

3.显著性水平变小,犯第一类错误的概率会变小,相应地犯第二类错误的概率会变大

4.应该取大些,要使犯第二类错误的概率小些,就需要让第一类错误的概率大些

5.有显著差异

6.正常
7.有显著差异
8.不能同意生产商的说法
9.有显著变化
10.没有显著变化
11.没有显著差异
12.无显著差异
13.无显著差异
14.无显著不同
15.无显著差异
16.大小均匀度一样
17.事故与星期几无关
18.服从泊松分布
19.服从泊松分布
20.是

习题 8

1.①× ②× ③√ ④× ⑤√ ⑥√ ⑦√ ⑧√
2.①B ②B ③C ④C ⑤D ⑥D ⑦A ⑧A ⑨B ⑩C
3.①略 ②$\hat{y}=35.82+0.476x$
4.$\hat{y}=-1.428\ 6+6.428\ 9p$
5.①$\hat{y}=11.60+0.499\ 2x$
②$r=0.987\ 4$,它表示溶解度与温度高度线性相关
6.①$\hat{y}=\hat{a}+\hat{b}x$ ②销售量与价格显著线性相关
7.①$\hat{y}=319.086+4.185\ 3x$ ②销售额与广告费用显著线性相关 ③499
8.①$\hat{y}=7.94-0.91x$ ②失业率与国民经济增长率显著线性相关 ③5.21
9.①$\hat{y}=10.28+0.304x$ ②回归效果显著 ③[77.546,79.814]
10.$\hat{y}=9\ 141.38x^{-0.69}$
11.①$\hat{y}=3.033\ 2-2.065\ 5x$
②$[\hat{y}-\delta(x),\hat{y}+\delta(x)]$,其中$\delta(x)=0.112\ 7\times\sqrt{1.058\ 8+\frac{(x-0.703)^2}{0.709\ 35}}$
③[0.7,0.9]

参考文献

[1] 陈希孺.概率论与数理统计[M].合肥:中国科学技术大学出版社,1992.
[2] 李裕奇.概率论与数理统计:上册[M].北京:国防工业出版社,2001.
[3] 龚德恩.经济数学基础第三分册:概率统计[M].5 版.成都:四川人民出版社,2005.
[4] 赖斯.数理统计与数据分析[M].北京:机械工业出版社,2003.
[5] 徐全智,吕恕.概率论与数理统计[M].北京:高等教育出版社,2004.
[6] 同济大学应用数学系.工程数学-概率统计简明教程[M].北京:高等教育出版社,2003.
[7] 茆诗松.概率论与数理统计教程[M].北京:高等教育出版社,2004.
[8] M. R. 斯皮格尔,R. A. 斯里尼瓦桑.概率与统计[M].孙山泽,戴中维,译.北京:科学出版社,2002.
[9] 茆诗松,周纪芗.概率论与数理统计[M].2 版.北京:中国统计出版社,2000.
[10] 范金城.概率论与数理统计基本题[M].西安:西安交通大学出版社,2001.
[11] 于义良,张银生.实用概率统计[M].北京:中国 人民大学出版社,2002.
[12] 郭跃华.概率论与数理统计[M].北京:科学出版社,2007.